高等职业教育职业素养教材系列
HIGHER VOCATIONAL EDUCATION PROFESSIONAL QUALITY TEXTBOOK SERIES

主　编　伍丽娜　夏　君
副主编　李　磊
参　编　强萌萌　李　钒　于　欣　郭梦扬

CRAFTSMAN'S SPIRIT

工匠精神

（第2版）

天津大学出版社
TIANJIN UNIVERSITY PRESS

内容简介

本教材是高等职业教育职业素养教材系列之一。工匠精神对于个人，是干一行、爱一行、专一行、精一行，务实肯干、坚持不懈、精雕细琢的敬业精神；对于企业，是守专长、制精品、创技术、建标准，持之以恒、精益求精、开拓创新的企业文化；对于社会，是讲合作、守契约、重诚信、促和谐，分工合作、协作共赢、追求完美的社会风气。

本书分为两篇。第一篇为“匠心之道——实现民族伟大复兴”，分为5部分：工匠精神的含义、工匠精神与中国制造、入门小匠、进修工匠和大国工匠；第二篇为“匠心筑梦——实现自我发展 铸就精彩人生”，主要讲述如何锻造自身。

图书在版编目(CIP)数据

工匠精神 / 伍丽娜, 夏君主编 ; 李磊副主编 ; 强萌萌等参编. -- 天津 : 天津大学出版社, 2022.3（2024.2重印）
高等职业教育职业素养教材系列
ISBN 978-7-5618-7131-7

Ⅰ. ①工… Ⅱ. ①伍… ②夏… ③李… ④强… Ⅲ. ①职业道德－高等职业教育－教材 Ⅳ. ①B822.9

中国版本图书馆CIP数据核字(2022)第020839号

GONGJIANG JINGSHEN

出版发行 天津大学出版社
地　　址 天津市卫津路92号天津大学内(邮编:300072)
电　　话 发行部:022-27403647
网　　址 www.tjupress.com.cn
印　　刷 天津泰宇印务有限公司
经　　销 全国各地新华书店
开　　本 185mm×260mm
印　　张 11.5
字　　数 287千
版　　次 2022年3月第1版　2024年2月第2版
印　　次 2024年2月第3次
定　　价 49.00元

2版前言

工匠精神是人类文明的基础，在人类文明发展的历史长河中发挥着重要的作用。

本次修订的教材充分落实党的二十大报告中关于“实施科教兴国战略”“着力推动高质量发展”“推进文化自信自强”“促进人与自然和谐共生”等要求，落实立德树人根本任务，强化工匠精神、文化自信、绿色发展等新思想、新理念，弘扬爱国情怀，树立民族自信，培养学生的职业精神和职业素养。

新中国成立尤其是改革开放以来，我国制造业持续快速发展，建成了门类齐全、独立完整的产业体系，有力地推动了我国工业化和现代化进程，显著地增强了综合国力，支撑了我国世界大国的地位。因此，要缩小目前存在的自主创新能力、资源利用效率、产业结构水平、信息化程度、质量效益等方面同世界先进水平的差距，就必须培养具有工匠精神的高素质技术技能人才。他们具有专注、坚守、耐心、淡然、创新以及不断突破自我等优良品质；他们对职业敬畏、对工作执着、对产品和服务追求完美。大国工匠是工匠精神的具体化身，代表着制造强国技术技能人才的最高水平。

国民经济的各行各业，不但需要一大批科学家、工程师和经营管理人才，而且需要数以千万计的高技能人才和数以亿计的高素质劳动者。现在经济全球化深入发展，国际产业结构加快调整与重组，我们要抓住机遇，努力提高我国制造业水平，使“中国制造”在国际市场上真正有竞争力。因此，高职院校在注重提升人才培养质量的过程中，对学生开展专业、专注、精准、创新和个性化培养，培养学生具备未来大国工匠的基本素质：一方面需要不断培植“文化底蕴”，提升学生职业素养；另一方面需要不断强化“一技之长”，提升学生职业能力。本教材以图文和视频的方式呈现出我国古代工匠以及新中国成立以来涌现的大批劳模、大国工匠的生动案例，使读者对工匠精神有所感悟和领会。

本教材由天津渤海职业技术学院教师编写。其中,第 1 章由李磊、郭梦扬老师编写,第 2 章由于欣老师编写,第 3 章由强萌萌老师编写,第 4 章由伍丽娜老师编写,第 5 章由李钒老师编写,第 6 章由夏君老师编写,全书由伍丽娜、夏君和李磊 3 位老师统稿。

在本教材编写过程中,编者参考了大量的文献资料,在此向有关专家、作者表示由衷的谢意;另外,阅读了大量专家的博客、微信公众号、微博或相关的课件,但未能在教材中一一列出,在此向他们致歉并表示衷心的感谢;同时也感谢编者所在单位领导和同事的大力支持和热情帮助。

由于编写时间仓促及编者水平、经验有限,书中难免存在缺点和疏漏之处,敬请广大读者和专家批评指正,以便进一步研究、修改和完善。

编　者

2024 年 1 月

目　　录

Contents

第一篇　匠心之道——实现民族伟大复兴

第 1 章　工匠精神的含义 …… 3
1.1　工匠精神之爱岗敬业 …… 5
1.2　工匠精神之淡泊名利 …… 11
1.3　工匠精神之精益求精 …… 20
1.4　工匠精神之持之以恒 …… 27
1.5　工匠精神之求实创新 …… 35
1.6　工匠精神之薪火相传 …… 41
第 2 章　工匠精神与中国制造 …… 48
2.1　什么是中国制造 …… 48
2.2　工匠精神——中国制造在呼唤 …… 67
第 3 章　入门小匠 …… 80
3.1　学生技能大赛 …… 81
3.2　学生活动——学生社团 …… 89
3.3　学生志愿者活动 …… 94
第 4 章　进修工匠 …… 102
4.1　工匠精神的践行和弘扬——世界技能大赛 …… 102
4.2　工匠精神的践行和弘扬——职业技能大赛 …… 106
4.3　工匠精神的践行和弘扬——全国石油和化工行业职业技能竞赛 …… 109
第 5 章　大国工匠 …… 114
5.1　何为大国工匠 …… 114
5.2　践行大国工匠精神 …… 121
5.3　中国化工行业的典型案例 …… 124

第二篇　匠心筑梦——实现自我发展 铸就精彩人生

第 6 章　如何锻造自身 …… 137
6.1　匠心培养 …… 138
6.2　化工职业精神和化工工匠精神的融合 …… 154
6.3　匠心筑梦,实现自我价值 …… 162

第一篇

匠心之道
——实现民族伟大复兴

第1章　工匠精神的含义

工匠精神是一种严谨认真、精益求精、追求完美、勇于创新的精神。党的十八大以来，党中央多次强调要弘扬工匠精神。党的十九大报告提出“弘扬劳模精神和工匠精神”。党的十九届四中全会《决定》提出“弘扬科学精神和工匠精神”。中共中央总书记习近平在2020年全国劳动模范和先进工作者表彰大会上指出：大力弘扬劳模精神、劳动精神、工匠精神。“不惰者，众善之师也。”在长期实践中，我们培育形成了爱岗敬业、争创一流、艰苦奋斗、勇于创新、淡泊名利、甘于奉献的劳模精神，崇尚劳动、热爱劳动、辛勤劳动、诚实劳动的劳动精神，执着专注、精益求精、一丝不苟、追求卓越的工匠精神。劳模精神、劳动精神、工匠精神是以爱国主义为核心的民族精神和以改革创新为核心的时代精神的生动体现，是鼓舞全党全国各族人民风雨无阻、勇敢前进的强大精神动力。在新时代，大力弘扬工匠精神对于推动经济高质量发展、实现“两个一百年”奋斗目标具有重要意义。

我国自古就有尊崇和弘扬工匠精神的优良传统，一些工艺水平在世界上长期处于领先地位。瓷器、丝绸、家具等精美制品和许多庞大壮观的工程建造，都离不开劳动者精益求精的工匠精神。《诗经》中的“如切如磋，如琢如磨”，反映的就是古代工匠在切割、打磨、雕刻玉器等时精益求精、反复琢磨的工作态度。《庄子》中讲庖丁解牛游刃有余，“道也，进乎技矣”。可以说，我国古代非常注重工匠精神，形成了“尚巧工”的社会氛围。新中国成立以来，我们党在带领人民进行社会主义现代化建设的进程中，始终坚持弘扬工匠精神。无论是“两弹一星”、载人航天工程取得的辉煌成就，还是高铁、大飞机等的设计与制造，都离不开工匠精神，都展现出我们对工匠精神的继承与发扬。

弘扬工匠精神有助于提高创新能力、加快建设制造强国。我国是世界制造业第一大国。在世界500多种主要工业产品中，我国有220多种工业产品的产量位居世界第一。但总体而言，我国制造业大而不强，实现制造业转型升级迫在眉睫。加快建设制造强国，加快发展先进制造业，关键在于提高创新能力，而工匠精神是助推创新的重要动力。工匠精神不是因循守旧、拘泥一格的“匠气”，而是在坚守中追求突破、实现创新。把工匠精神融入生产制造的每一个环节，敬畏职业、追求完美，才有可能实现突破创新。我们要通过弘扬工匠精神，培育劳动者追求完美、勇于创新的精神，为实施创新驱动发展战略、推动产业转型升级奠定坚实基础，加快建设制造强国，推动经济高质量发展。

弘扬工匠精神有助于提升中国品牌国际形象。品牌是企业走向世界的通行证，也是国家竞争力的重要体现、国家形象的亮丽名片。近年来，我国品牌建设取得长足进步，但在国际上真正叫得响的品牌还不多，这与我国作为世界第二大经济体、第一制造业大国的地位很不相称。提升品牌形象，要求把工匠精神融入设计、生产、经营的每一个环节，做到精雕细琢、追求完美，实现产品从“重量”到“重质”的提升。通过弘扬工匠精神，让每个劳动者恪尽职业操守，崇尚精益求精，进而培育众多大国工匠，不断提高产品质量，打造更多享誉世界的中国品牌，建设品牌强国。

弘扬工匠精神，需要培养尊崇工匠精神的社会风尚、构建相应体制机制。一个国家、一个民族的发展，离不开各行各业劳动者的共同推动。社会对各种人才的评价会直接影响劳动者努力进取的方向。我国虽然有“尚巧工”的传统，但技能人才在传统社会一直得不到应有的重视。当前，社会上依然存在轻视职业教育、不重视技能人才的现象。2019 年 9 月，习近平总书记对我国选手在世界技能大赛取得佳绩做出重要指示强调，“劳动者素质对一个国家、一个民族发展至关重要。技术工人队伍是支撑中国制造、中国创造的重要基础，对推动经济高质量发展具有重要作用”，“要在全社会弘扬精益求精的工匠精神，激励广大青年走技能成才、技能报国之路”。这就要求我们倡导尊崇工匠精神的社会风尚，为弘扬工匠精神营造良好社会氛围。弘扬工匠精神，还要形成相应体制机制。健全技能人才培养、使用、评价、激励制度，注意提高劳模和技能人才的政治待遇、经济待遇、社会待遇，为劳模和技能人才发挥作用搭建宽广舞台，使他们在经济上有保障、发展上有空间、社会上有地位。

每一个劳动者、每一个企业家都要秉持这样的精神，生产出“工匠产品”，打造响亮的中国品牌，实实在在地助推经济转型、产业升级。我们如何重塑中国特色的工匠精神？一往无前、一路践行，他们的精神、品德、境界和追求，彰显了这个时代的正能量，值得我们去探寻和思考。

工匠精神既是一种技能，也是一种精神品质，代表着坚定、踏实、敬业和创新！一个国家和地区的制造业，没有工匠精神是很难发展起来的，也不可能形成真正的品牌。呼唤工匠精神、重塑工匠精神，是一个企业、一座城市乃至一个国家生存、发展、壮大的必由之路。

工匠精神是一种工作态度，是一种脚踏实地、坚持不懈、精益求精的精神。职业不分贵贱，无论我们从事什么行业，处于什么地位，工作时都要认认真真，力求把工作做到完美、无可挑剔，要时刻对自己的工作保持一颗敬畏之心。

工匠精神是对工作的专注。要带着一丝不苟的态度去做事，不能只为完成任务而马马虎虎地工作，更不能用凑合的态度去对待工作。做一个对工作专注度高的员工，就是要聚精会神，鼓足干劲，脚踏实地，扎实工作。

工匠精神是一种职业精神，它是职业道德、职业能力、职业品质的体现，是从业者的一种职业价值取向和行为表现。每个人都有各自的工作，不同之处在于工作的任务和责任以及工作者的态度。在日常工作中怀着对职业的敬爱之情，对产品质量精益求精，才有可能在平凡的工作中得心应手、脱颖而出。

工匠精神是对工作的坚持不懈和不断创新。在工作中，不可避免地会遇到各种各样的困难，这就需要我们敢于面对困难，制定解决问题的措施和办法，不断优化方案，不断开拓创新，想方设法攻克难关，保质保量完成工作任务。

我们选择了某个职业，就应该热爱这个职业，只有热爱，才会有坚持干下去的动力。我们还要不断学习相应的专业知识和技能，努力成为真正的行家里手，这样才能把工作干好、干精、干得尽善尽美。

1.1 工匠精神之爱岗敬业

中华民族历来有“敬业乐群”“忠于职守”的优良传统。早在春秋时期,孔子(图 1-1)就留下了“执事敬”“修己以敬”等话语,主张人在一生中始终要勤奋、刻苦,为事业尽心尽力;荀子也说“凡百事之成也,必在敬之”;宋代大学问家朱熹(图 1-2)曾解释道,“敬业”就是“专心致志以事其业”,即用一种恭敬严肃的态度对待自己的工作,认真负责,一心一意,任劳任怨。

图 1-1 孔子

图 1-2 朱熹

爱岗敬业是时代的需要,也是奋斗者所必备的第一素质。爱岗敬业是一种能力,又远胜于能力。爱岗敬业是一种精神,更是一种品格。爱岗敬业并不是一句空话,是需要我们每个人用行动去践行的职业操守;更是一种人生态度,它决定了你是不是一个值得信赖、可以勇担责任的人。作为新时代的奋斗者,我们更要脚踏实地、一点一滴、认真负责地去做实、做好每一件事和每一项工作。

人们在寻找生命的真谛,追求人生的价值时,就会审视脚下的每一步,思考存在的每一秒。而这每一步、每一秒的基础,就是岗位和工作。“一分耕耘,一分收获”,“未必尽如人意,但求无愧我心”。不论是科学技术人员,还是普通一兵;不论当公安局局长,还是做一名环卫工人,只要对祖国赤诚,对工作挚爱,勤勤恳恳地在自己的岗位上耕耘,就一定能释放出光和热,一定能绽放出鲜艳的理想之花。

工匠精神的要素首先是“工”。有位才能有为,成为一名劳动者是发扬工匠精神的前提。工匠精神虽然说是一种工作态度,但是最终还是要通过岗位去体现。不论是在哪一个岗位上,或教书育人的教师,或救死扶伤的医生,或妙手著文章的记者,或城市清洁“美容师”……都可以做出不平凡的工作业绩。岗位是塑造工匠精神的出发点,也是落脚点。

工匠精神的要素其次是“匠”。从“工”到“匠”不是简单的跨越,而是质的飞跃和突破。常言道:“没有平庸的工种,只有平庸的工作态度。”工匠精神所倡导的就是认真负责、精益求精的工作态度。“匠”字启迪我们,做平凡简单的工作也要有水滴石穿、久久为功的作为,只有这样才能做出不简单、不平凡的工作成就,成为一名真正的“匠”。

爱岗敬业是职业道德的内核之一。顾名思义,爱岗就是热爱自己的工作岗位,热爱本职工作,敬业就是要用一种恭敬严肃的态度对待自己的工作,敬业可分为两个层次,即功利的层次和道德的层次。爱岗敬业作为最基本的职业道德规范,是对人们工作态度的一种普遍要求。

职业道德就像是一个航标，没有它，就会迷失方向。爱岗敬业是职业道德的核心，也是前提。一个人是否有所作为，不在于他从事何种职业，而在于他是否尽心尽力把所从事的工作做好。“三百六十行，行行出状元。”争当“状元”是一种人生信念，一种永无止境的追求。一个人，只有将满腔热情和全部力量投入自己所从事的职业时，才可以说无愧于社会，无愧于良心。一滴水，只有融入江河，才能展现它的力量；一个人，只有脚踏实地、勤奋工作，才能实现其人生的价值。

爱岗敬业是工匠精神的力量源泉。爱岗敬业是中华民族的传统美德，是一种崇高的精神，“问渠那得清如许，为有源头活水来”，正是爱岗敬业精神激励着一代代工匠匠心筑梦。

岗位把工匠精神和爱岗敬业联系起来。没有岗位，工匠精神和爱岗敬业就是无源之水、无本之木，而岗位是劳动最基本的单位，是我们创造物质财富的平台。

敬业把工匠精神和爱岗敬业串联起来。没有敬业，工匠精神和爱岗敬业就无异于一盘散沙，做任何工作都不能长期做好，企业发展、社会发展就不能持续。

大国工匠精神的铸造，需要有千千万万爱岗敬业者的强力支撑。不能长成参天大树做栋梁之材，不妨做一棵小草献上一丝新绿；不能像海洋用宽阔的胸怀拥抱百川，也可以像一条小溪为土地捧上甘露。踏踏实实做好自己的本职工作，认认真真走好自己的每一步路，把普通的岗位变成灿烂的舞台，将平凡的事情做得有模有样。

1.1.1 汗水融入混凝土 青春建功大桥梦——大国工匠桥梁“医生”藕长洪

“天下之难事必作于易，天下之大事必作于细。”《韩非子·喻老》用这样的话来解释敬业，说明敬业就是专心致力于学业或工作。敬业精神，就是对自己所从事的职业有着崇敬和虔诚的态度，有着神圣的使命感和责任心，有着全身心投入的热忱。

藕长洪（图 1-3），2005 年毕业于安徽交通职业技术学院土木工程系试验检测专业，2009 年取得华中科技大学工程管理专业本科学历。参加工作以来，藕长洪分别在中铁大桥局七公司武汉青菱立交、湖北鄂东长江公路大桥及湖北杭瑞高速公路八标、恩来恩黔高速公路、宜昌庙嘴长江大桥等工地试验室工作，现任中铁大桥局七公司试验公司经理。

图 1-3 桥梁“医生”——大国工匠藕长洪

1. 施工一线就是人生舞台

藕长洪把每一个工地、每一个试验室都当成了实现理想、展示作为的舞台。2005 年，藕长洪刚参加工作,在武汉市三环线青菱立交项目,主要负责现场原材料及半成品检测,以及混凝土质量控制等工作。每次值班浇筑混凝土时,他一个人除了控制混凝土质量及做试件外,还会利用空隙时间把头一天做的混凝土试件拆了,然后搬到养护室进行养护。那时没有空压机等设备,拆试模时,只能脚踩打气筒,一只手打气,一只手拆模,最后还要把所有的试模铲干净,刷油,再摆放好。

2007 年 10 月,藕长洪被调往湖北鄂东长江公路大桥项目,做交通项目试验室的组建工作。不懂的,他去问;不会的,他去学。藕长洪一方面考察当地的原材料,一方面抓紧学习施工图纸、招投标文件中对试验检测的有关要求。安装试验室仪器时,在工人不足的情况下,他挽起袖子上阵,一次由于着急赶时间,他被运转失控的取芯机伤到左眼角,医生说要是再偏一点点,他的眼睛就保不住了。他不顾医生留院观察的要求,打完消炎针就回去继续忙碌了。那是他首次独立负责全项目试验工作,工作压力和极为认真的个性,让他渐渐由没有时间睡觉到有时间也睡不着。他失眠了两个多月,夜夜无眠让爱说笑的他几近崩溃。靠领导、同事和家人的关怀和支持,他整理思绪,平复心情,很快便如释重负,渐入佳境。在他的带领下,试验室一次性通过了湖北省交通厅质监局的验收。在 2009 年湖北省重点工程试验检测专项检查中,他负责的试验室取得了 90.5 分、全省第一名的好成绩。

干工程这一行,一项工程的结束就是另一项工程的开始。日复一日,年复一年,周而复始。武汉三环线三金潭立交工程开工半年后,家里需要装修婚房,而工地正值现浇箱梁、粉喷桩施工大面积铺开之际,试验室总共只有三个人,在最繁忙的半年时间里,他选择坚持值守工地,家里装修,他只回去了一天,陪着爱人买了几套灯具。2014 年,藕长洪在宜昌庙嘴长江大桥项目部主持试验工作。大桥主塔上横梁第一次混凝土浇筑前夕,女儿生病住院了,情况紧急,藕长洪心急如焚,但一想到主塔上横梁浇筑混凝土,需要泵送至 100 余米高的主塔上,又是第一次使用中热水泥混凝土配合比,混凝土的质量把控至关重要,他选择了留守工地。直到 9 天后女儿出院,忙碌的藕长洪才放下心来。

2. 书上学、现场练是工作常态

支撑一个人坚持不懈、执着努力的,一定是美好的理想。藕长洪乐此不疲、一直追求的理想,就是读书。

坚持学习已经成了藕长洪的习惯。藕长洪通过成人高考拿到了华中科技大学工程管理专业本科学历证书。藕长洪还取得了铁路试验检测员证书、计量检定员证书、国家内审员证书等一系列证书。当时他在鄂东长江公路大桥项目部,怀揣极大的决心一口气报了 4 门课程。近 3 个月时间,他每晚坚持学习到第二天凌晨,一清早又开始安排一天的工作。当感觉精力不济时,他就暗示自己:坚持,坚持,再坚持!天道酬勤,他坚持住了,通过了考试。他说,取证备考的过程就是一个学习专业、提高专业实操技能的过程。

然而,往往实际工作总和最初想象的不一样,学校专业知识和现场的实际运用也有差别,曾经心情低落的藕长洪,每天以写日记来排解不良情绪,每次写到结尾时,还要写很多勉励自己的话语,如"天雨大,不润无根之草;道法宽,只度有心之人""自助者,天助"……大桥局常年采用双导师制,传帮带的氛围很快感染了他。他快速整理思绪和心情,乐于在学习中修炼,在实践中成长，真正做到了工作学习两不误。

多年来数次在中铁大桥局、中国中铁试验检测技能大赛中历练并夺取多项奖牌的藕长洪，在2013年中央企业建筑材料试验工职业技能大赛上再次凭借出色的表现获得个人第15名的好成绩，摘得大赛银奖。2012年6月，他参加中铁大桥局第五届试验技能大赛，获得个人第1名，同时作为队长，他带领他的团队获得团体第1名，包揽个人、团体两块金牌。他个人被授予中铁大桥局“金牌职工”荣誉称号。2015年5月，在中铁大桥局第八届职工工程试验、电工技能大赛中，他担任七公司试验代表队教练，凭借自己多年的参赛经验和有效的训练方法，带领团队摘得团体第1名，且队员包揽个人前4名。

3. 创新、创效是项目建设的根本

工程试验事关工程质量大计。试验室人手紧、担子重，因而稍有不慎就会耽误施工生产，或影响工程质量。在每个项目施工过程中，藕长洪严格控制工程质量，对施工过程中所使用的原材料、半成品严格按照施工规范进行取样试验，对检测出的不合格品的原材料及半成品，坚决予以清退和返工，确保施工质量。在最终的工程验收中，混凝土结构及路基工程全部合格，很多工程达到优良标准。

藕长洪多年在工地一线，中午几乎不休息，在大方量混凝土浇筑时，坚持不离开现场，15小时连续值班是常有的事。他说，在关键时刻，感觉不到累，感觉不到苦。有几次在外地参加技能大赛，只要比赛一结束他就急速赶回工地，放弃赛后的参观活动或与家人团聚的机会，他说，“我已经离开项目多天了，项目部更需要我”。

每一个项目竣工，藕长洪都会写一份工作总结，把现场容易出现的问题及处理的细节记录下来，并进行分析。就是这样一点一滴总结、积累，工程质量得到了保证，项目成本得到了控制。

在湖北鄂东长江公路大桥建设中，藕长洪认真考察原材料，认真研究，反复试配，并优化混凝土配合比，在项目全线混凝土质量评比中名列前茅。他试配的混凝土不仅质量稳定性较好，还为项目节约成本约180余万元。

在宜昌庙嘴长江大桥，他扎根现场，全身心钻研，根据设计要求，反复试配。特别是对于锚碇大体积混凝土，他既考虑施工质量降低混凝土水化热，又考虑配合比的经济性，最后从近20组配合比试配中选出最优配合比，经过施工后检测表明，该优化配合比既保证了施工质量，又节约成本100余万元。他主持的“锚碇大体积混凝土施工质量控制”课题还获得中铁大桥局QC（质量控制）成果三等奖。

扫一扫：全国最美青工
——藕长洪

天道酬勤，丰富的理论知识和施工一线的历练成就了藕长洪。他先后获得湖北省、全国“五一劳动奖章”“中央企业技术能手”“中央企业青年岗位能手”以及中国中铁“青年岗位能手”“杰出青年岗位能手标兵”“全国最美青工”等荣誉称号。

汗水融入混凝土，青春建功大桥梦。藕长洪在追梦的路途上，一点一滴积累，一步一个脚印，用心编织着色彩斑斓的大桥梦。

1.1.2 几十年坚守"铸"就不凡——全国道德模范(敬业奉献奖),大国工匠毛腊生

几十年来,扎根一线工作,他只做了一件事——读懂砂子,铸好导弹;

几十年来,靠着一股韧劲,他完成了从初中生到大国工匠的华丽转身;

几十年来,怀揣一颗匠心,他用满腔热情铸造了自己不平凡的人生。

他,就是中国航天科工集团第十研究院贵州航天风华公司的铸造工人毛腊生(图 1-4)。

毛腊生数十年如一日追求着职业技能的极致,坚持学无止境,追求精益求精,靠传承和钻研、专注和坚守,成为有色金属铸造领域的特级技师和高级专家,入选贵州唯一的大国工匠。

几十年来,毛腊生参与生产的系列型号导弹,先后四次亮相国家盛大阅兵仪式,接受党和国家的检阅。他先后主持完成了多项研制任务,解决了多个行业难题,其中 10 余项课题或项目处于国内行业领先水平。

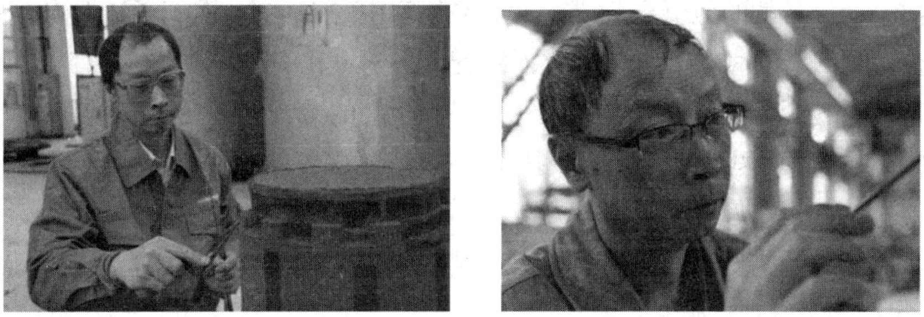

图 1-4 全国道德模范——大国工匠毛腊生

1. 刻苦钻研 成就大国工匠

1973 年,还是初中生的毛腊生在绥阳县农具厂学工,第一次在工厂里接触到了铸造行业。让他没有想到的是,这次结缘使铸造成为他日后毕生的事业。4 年后,在遵义市绥阳县团山公社插队的毛腊生,由于表现优秀被公社推荐进入时称风华机器厂的航天风华公司工作。在当时,作为农村青年能够进入国营工厂甚至是军工厂工作,十分不容易,毛腊生深知机会难得,心想一定要在军工岗位上做好自己的工作。初进厂选择工种时,与毛腊生同期进厂的人都选了当时的热门专业(车、钳、铣、刨、磨等),而他却偏偏选择了以"苦、脏、累"出名的铸造专业。而在这个俗称"翻砂"的岗位上,他一待就是 40 多年。然而,刚开始跟师傅学铸造造型操作,毛腊生就遇到了难题:仅有初中学历的他,最初连基本的铸造原理都不清楚,面对复杂的铸造零件,根本无从下手。

在一段时间里,毛腊生甚至只能打打下手,就连师傅也常常说他不开窍,他笑着说:"当时被说得最多的就是——笨!"虽然干活摸不着头绪,学习技术十分吃力,但是毛腊生并没有被困难吓倒。实在不会怎么办?"先天不足后天补,必须学!""笨鸟先飞"的毛腊生,不怕苦、脏、累,任劳任怨,一边跟着师傅干活,一边留心察看师傅操作。别人休息的时候,他在操作练习,一遍、两遍,对操作几遍做不出来的零件,便记录下来,请教同事,查阅资料,自己反复仔细揣摩。"遇到问题,就要多思考,多问,一定要把东西搞透。"正是通过这种心无旁骛、如饥似渴的

学习,短短半年时间,他就能够独立生产一般难度的铸件了。这让毛腊生更加坚定了做好铸造工作的信心,也提升了工作的热情。然而,军工铸造并非想象的那样简单,“造出来的东西,不仅要和图纸相同,更不能有一丝纰漏”。要想闯难关,必须得有真本事。于是,他更加自觉、有意识地向老师傅、技术人员请教。曾经有一次,由于图纸不清楚、模具尺寸对不上号,他连续三次骑行到两公里外的技术部门请教。同时,为了弥补文化底子薄的短板,他会在休息日到公司图书室泡上一天,放弃休息时间到工厂夜校进行文化补习,还会见缝插针地阅读专业书籍来充实自己。靠着自学和培训,毛腊生不断探索铸造生产的特性,了解掌握基础知识,积累经验,丰富理论。“但是感觉还不够,那就继续学,提升自己。”他用极大的毅力自学了铸造理论和与铸造相关的知识。

“铸造的学问太大了,见得多,做得多,知识才能不断丰富。”采访中,毛腊生强调说,正是刻苦钻研使自己练就了一套过硬的本领,成长为具备较高专业理论知识和丰富实践经验的高级技师。

直到现在,功成名就的他仍不放松学习。在他家中的书桌上,堆满了铸造专业书。借助平板电脑,他在遇到问题的时候常常从网上下载资料来学习和实践。

因苦苦修炼技艺,毛腊生撷取了硕大的成果和至高的荣誉。他在 1994 年取得工人技师资格,4 年后便成为当时厂里最年轻的高级技师。在他 40 多年的工作中,“航天技能大奖”“全国劳动模范”“中华技能大奖”“中国铸造大工匠”等荣誉纷至沓来。

回望走过的路,毛腊生感慨地说:“勤奋刻苦为我赢得尊严,精湛技艺让我收获荣誉,而我只是干好了自己该干的一件事。”

在毛腊生的人生历程中,学习和执着是他生命中最重要的两件法宝。正是严谨认真的工作态度和勤奋好学的努力付出,使这位只有初中文化水平的农村小伙成长为如今我国铸造业的大国工匠。

2. 探索创新 生产提质增效

某型号军工产品的整体铝合金壳体,形状结构很是复杂,产品质量要求又非常之高。“1 米多高的铸件,最大的问题就是尺寸很难达到要求,还经常出现质量问题,合格率较低。”为此,毛腊生对生产工艺、操作过程进行仔细研究、分析,在多次摸索后发明了一套新工艺并予以改进,终于成功制作出铸件,解决了困扰工厂多年的关键质量问题。同时,经过改进的铸件合格率由原来的 65% 提高到了 92%,既提高了产品质量又减少了报废损失,仅这一项每年就为工厂节约资金上百万元。

全面且高超的操作技能,加上广泛扎实的专业知识基础,让毛腊生不再只是一名普通的造型工,而是在修型、熔炼、浇注乃至产品设计上都有较高造诣的专业技术人才。面对难题,毛腊生和技术人员一起,潜心对工艺、造型、熔炼、浇注过程等反复进行细致研磨,最终找出原因,提出调整合金成分、更改模具、改变浇道数量和宽度等措施,并采用边浇注、边搅拌、边测量的方式,使问题迎刃而解,使技术和工艺质量都上了新水平。

从业 40 多年来,靠着对技术的非凡钻劲儿和面对生产难题时的韧性品格,毛腊生掌握和积累了大量先进的铸造技术和方法,成功地探索和推广了多项技术绝招,解决了生产过程中很多关键性的技术难题。

在他主持或参与的多项关于军民品的技术革新和科研课题中，某牌号镁合金新材料的研发通过了部级鉴定并获得航天工业总公司科技进步二等奖。他参加研制的某型医用直线加速器获国家科技进步一等奖，某型医用直线加速器被列为国家新产品。

3. 示范引领 传递匠人匠心

毛腊生已年过六旬，但每天在工厂的铸造车间，仍然会看到这个身材瘦小、略微驼背的小老头，或是蹲在地上仔细检查学徒们做好的砂箱模型，或是在车间一旁工作室里琢磨新的技术课题，甚至有时候还亲自做砂型示范。

作为一名退休后被公司返聘的技术顾问，每每会被问及这样的问题：您已经成为铸造行业高级技能人才，为何还要继续留在翻砂的岗位上？毛腊生只是轻描淡写地说道："我是一个工人，能干一天就要尽一天力。"

其实，毛腊生有很多机会能够离开铸造一线，进入二线管理层。车间领导为照顾他的身体，常常劝他当当顾问管管质量就行了，可是他每天照样和徒弟们在生产一线忙碌。平时，对于不合格、不满意的砂型，毛腊生不管大小总是推倒重来。若出现不合格产品，毛腊生总是一头扎进产品寻找原因，"他宁愿自己多花时间，也要让产品合格"。在铸造车间，劳动强度大、噪声大、灰尘大，在这种环境下，毛腊生从不拈轻怕重，难活、累活抢着干。毛腊生不仅自己勤奋工作，对技术精益求精，还注意培养新生力量，毫无保留地传授技艺。

他常常说，"师傅领进门，修行靠个人"，带徒弟不是简单的手把手教干活，更多的是点出关键点让他们自己琢磨、领悟。如今，他所带的数十名徒弟中有技师、工程师、助工等，其中有2名成为国家技师、6名成为高级技能工人。现在，这些人都已经成为车间的新生力量和技术骨干。

"毛师傅在技术上指导，更在职业道德、做人做事上引导，他既是师傅，又是长辈。"徒弟们都说，在毛师傅身上，不仅看到了他作为一位长者的师德，更看到了他作为一名铸造工人的艺德，这令人敬佩和感动。

毛腊生，几十年来，他只做了一件事——"读懂砂了，铸好导弹"，从而造就了技术的辉煌。对毛腊生而言，不只是铸造了一件件精密的产品，更是用心血把全力以赴、爱岗敬业的工匠精神发挥到了极致，从而铸造了自己不平凡的人生！虽然平凡是工作常态，但平凡能孕育伟大，平凡的工作也能成就崇高的事业，平凡的岗位也能铸就辉煌的人生。

1.2 工匠精神之淡泊名利

诸葛亮（图 1-5）在《诫子书》中说，"非淡泊无以明志，非宁静无以致远"，这句话道出了人生的许多真谛。追逐名利，是误入歧途；淡泊名利，可能平凡，但不至于平庸。追名逐利，可能会风光一时，但心灵不会自由，也活不出真正的精彩来。其实，名利是身外之物，面对名利，我们要做到处之泰然，不惊不喜；失之淡然，不悲不怒。为了名利而累心累身，确实是本末倒置的傻事。

淡泊是一个人的修养，是一个人精神的至高境界，是一种灵魂的典雅。真正淡泊之人，心态平和，视名利如粪土，能够堂堂正正做人，踏踏实实做事，最终获得精神上的享受。

精益求精的禀性，淡泊名利的心性，锲而不舍的韧性，锐意进取的个性，共同铸就了工匠精神的内涵。社会层面的价值认可和制度保障，则是工匠精神在时代洪流中得以传承和延续的动因。

“淡泊”是一种古老的道家思想，老子（图 1-6）曾说“恬淡为上，胜而不美”。“天下熙熙，皆为利来；天下攘攘，皆为利往。”“利”当然是社会发展最有效的润滑剂，但不可过分看重名利，过于为名利奔波不休，要有淡泊名利之心。

图 1-5　诸葛亮

图 1-6　老子

正确对待名利，要解决的主要问题就是正确对待自己，正确对待他人，正确对待集体。一个人无论取得了怎样的成绩，都应该清醒地看到，没有党和国家的培养，没有他人的帮助和支持，个人的力量和作用是有限的。我们要有这样的宽阔胸怀，有这样的精神境界，淡泊自守，任劳任怨，任何时候都把党和国家的利益放在首位，不计名利得失，不计荣辱进退，吃苦在前，享受在后，把自己的一切献给国家和人民。

高尚的精神境界需要在工作和生活中培养，其中一个重要的方面就是要努力提高思想道德素质和科学文化素质。知书才能达礼，好学才有品格。加强理论学习，提高文化修养，对于提高人的精神境界很有好处。掌握的理论和科学文化知识多了，政治水平和精神境界高了，讲政治，讲正气，才讲得起来。勤于学习，善于学习，不仅有利于我们更好地改造客观世界，也有利于更好地改造主观世界。

1.2.1　甘做航天焊接事业“孺子牛”，只为中国火箭焊“心脏”——大国工匠高凤林

突破极限精度，将“龙的轨迹”划入太空；破解 20 载难题，让中国繁星映亮苍穹。焊花闪烁，岁月寒暑，为火箭铸“心”，为民族筑梦，他就是——大国工匠高凤林（图 1-7）。

高凤林，中国航天科技集团有限公司第一研究院 211 厂（火箭总装厂）特种熔融焊接工，国家高级技师，全国劳动模范，2016 年中国质量奖唯一个人奖获得者，荣获“全国十大能工巧匠”“中央国家机关十杰青年”等荣誉称号。2014 年，荣获德国纽伦堡国际发明展三项金奖。1980 年至今，高凤林一直从事火箭发动机焊接工作，攻克了发动机喷管焊接技术世界级难关，为载人航天、北斗导航、嫦娥探月等国家工程的顺利实施，以及长征五号新一代运载火箭研制

做出了突出贡献。

图 1-7 航天火箭的“心外科医生”——大国工匠高凤林

1. 以国为重 勇攀高峰打造火箭心

发动机是火箭的“心脏”，是腾飞的引擎。20 世纪 90 年代，为长三甲系列运载火箭设计的新型大推力氢氧发动机，其大喷管的焊接曾一度成为研制瓶颈。X 光检测显示，高凤林攻关焊接的焊缝有 200 多处裂纹。在高层质量分析会上，高凤林在众多技术专家质疑声中，大胆直言自己的想法，认为是“假裂纹”。经过剖切试验，200 倍的显微镜显示他的判断是正确的。第一台大喷管的“死刑”得以改判，从而挽救了造价昂贵的产品，挽回了国家的经济损失。在后续的发动机系统可靠性增长的研究课题中，高凤林又多次参与论证并亲自实施，其中由他主焊完成的大喷管已经过累计一万多秒的地面试车考核，成为“功勋”喷管。

在国家 863 攻关项目 50 吨大氢氧发动机系统研制中，高凤林大胆采用新的工艺措施，在多种高低温合金混合焊接接头结构中，创造性地运用 σ_b 值、s 值，解决了被科技人员设为禁区的久攻不下的技术难关，为实施大型氢氧发动机稳定燃烧装置的研制生产开辟了新路。在长征五号先进上面级的研制生产中，发动机在发射台试验过程中出现内壁泄漏。面对身后几十米高的悬崖，高凤林临危不惧，经过数个小时的艰苦奋战，终于成功修复发动机内壁，避免了上百万元的经济损失。

在国家某重点型号发射车的研制中，他充分运用焊接系统控制理论，出色解决了一系列部组件的生产工艺难题，提高工效 5 倍以上，保证了国防急需。在国家一系列高新武器和杀手锏武器研制生产中，他多次受命攻克难关，保证了我国重点型号武器的顺利研制。

出色完成亚洲最大的全箭振动试验塔的焊接攻关；修复苏制图 154 飞机发动机；被丁肇中教授亲点，成功解决反物质探测器项目难题……高凤林把个人的追求与国家和民族的命运联系在一起，竭尽全力地发挥才智，多年以来，共攻克难关 200 多项，避免经济损失 3 500 多万元，在本职岗位上做出了突出的贡献。

2. 爱岗敬业 淡泊名利甘为孺子牛

高凤林热爱航天事业，刻苦钻研，默默奉献，在工作岗位上和实际奋斗中，实现自己的人生价值。为了练好基本功，他吃饭时拿筷子练送丝，喝水时端着盛满水的缸子练稳定性，休息时举着铁块练耐力，冒着高温观察铁水的流动规律。为了满足国外大容量、大吨位卫星的发射需求，我国建造了亚洲最大的全箭振动试验塔。为了保证振动大梁的最佳性能，需要在高温下持续操作，焊件表面温度高达几百度。高凤林的双手被烤得鼓起一串串的水泡，他咬牙坚持，最终焊出了合格的振动大梁。以后的10多年里，振动大梁经受住了时间的考验，而他的手上至今还有因严重烤伤而留下的疤痕。首台大喷管焊接中，高凤林常常要保持一个难以忍受的焊接姿势，一焊就是1个小时，每天熬夜工作到凌晨三四点，回到家时腰、手臂已近麻木，要用毛巾热敷，才能减轻痛苦。经过30个日夜的攻关，高凤林完成了长达近千米的焊缝加工。为了攻克国家某重点攻关项目，近半年的时间，他天天趴在冰冷的产品上，关节麻木了、青紫了，他甚至被戏称为“和产品结婚的人”。

在技术攻关的关键时期，他和恋人一周偶尔见一次面，只待10分钟就匆匆离去；恋人成为妻子后，他将家托付给妻子，即使妻子怀孕都无暇陪伴，直到孩子出世，才赶往医院；当母亲烫伤了双脚，他只利用午休时间，从食堂打出全天的饭菜送回家，晚上连夜加班。高凤林的理由很简单：因为国家任务不等人。

2014年德国纽伦堡国际发明展上，高凤林参加的三个项目全部获得了金奖，国内外都为他高超的技艺所震惊。多年的磨炼，奠定了他在焊接领域中独一无二的地位。许多外国相关的企业部门向高凤林抛出橄榄枝，还有外企开出是现在年薪8倍的高薪聘请他。“诱惑还是比较大的，你说谁能不心动，都是人。”妻子也劝他，“给房子给车，你就去呗”，但是最后高凤林还是拒绝了。

高凤林说，每当看到我们生产的发动机把卫星成功地送上天空，都有一种成功后的自豪感，这种自豪感用金钱买不到。为了名利而工作，一个人永远无法给后人留下传世精品，更无法留下自己工作的足迹。唯有怀以纯粹从容的工匠之心，看淡名利喧嚣，保持内心的宁静，才能真正让工匠精神在自己身上散发出光芒。

高凤林正是在这一次次自我超越、自我实现中，到达了别人无法企及的高度，这是真正的匠人精神。随着时代的超快前移，社会的高速发展，现代人内心浮躁不安。在商贸崛起的背景下，实业的稳步发展便显得不进则退，或许重工业时代的里程碑后，很难再回到踏实以技傍身的时代。但是无论何时，无论何种职业，极致钻研和实践的态度不能退化，时代的浪潮淘尽千姿百态，唯有踏实努力一步步前行的人，才会成为潮起潮落后屹立不倒的岩石。匠人精神永存，国家力量永强。

扫一扫：火箭“心脏”焊接大师——高凤林

高凤林执着坚守在航天一线，将个人利益置之度外，不计得失，全身心扑在工作上，用自己的默默奉献谱写出为祖国、为航天事业鞠躬尽瘁的人生壮歌。

1.2.2 淡泊名利甘为人梯——大国工匠胡双钱

他几十年如一日，精益求精。他的坚韧细腻、从容镇定、理智平和，打造国之重器，靠的是前行的信念，更是一位工匠与生俱来的执着。在中国新一代大飞机C919的首架样机上，他创造了打磨过的零件百分之百合格的惊人纪录。他凭着对航空事业的热爱和对民机梦想的执着追求，兢兢业业、任劳任怨，始终奋战在民机制造的第一线，用实际行动诠释了对品质的极致追求，为加工出一流质量的飞机产品做出了巨大贡献。

他就是中国商飞上海飞机制造有限公司高级技师胡双钱（图 1-8），现任数控机加车间钳工组组长，被人称为“航空手艺人”。胡双钱工作了几十年，生产了数十万个飞机零件，从没有出现过任何差错，因为从无差错，他连续 13 年获得厂里“质量信得过岗位”，享受到产品免检的待遇。在中国民用航空工业生产一线，很少有人能比他更有发言权。

图 1-8　航空手艺人——大国工匠胡双钱

在胡双钱工作的车间，目前还生产着波音和空客的零件，但胡双钱始终觉得，生产外国人的飞机零件，自己就是个机器人，只有制造中国人自己的飞机，才能融入情感，发挥自己的特长，做技术的创新。

2006 年，中国国产大飞机 C919 终于立项，大飞机的制造让胡双钱忙了起来，不仅要做形状各异的零件，有时还要临时救急。有一次，急需一个特殊零件，从原厂调配需要几天的时间。为了不耽误工期，只能用钛合金毛坯来现场临时加工，这个任务落在了胡双钱身上。胡双钱回忆：“一个零件要 100 多万元，关键它是精锻锻出来的，所以成本相当高。因为有 36 个孔，大小不一样，孔的精度要求是 0.24 毫米。”0.24 毫米，这个本来要靠细致编程的数控车床来完成的零部件，在当时却只能依靠老胡的一双手和一台传统的铣钻床，连图纸都没有。打完这 36 个孔，胡双钱用了 1 个多小时。当这场金属雕花结束之后，零件一次性通过检验，送去安装。

2017 年 5 月 5 日，C919 在上海浦东机场成功完成首飞。“很自豪，我当时眼眶都湿润了。”胡双钱回忆说。在《榜样》节目录制现场，当谈及“工匠精神”，胡双钱认为，“所谓工匠精神就是工匠的良心，飞机关乎乘客生命，飞机零部件制造绝不能出差错，99.99% 和 100% 是天壤之别，是生与死的差别”。这时台下响起了热烈的掌声。

现在，胡双钱的工作车间成立了“胡双钱大国工匠工作室”，用以培养更多优秀青年人才。在培养青年人的方式上，他有自己的风格。他说自己绝不会直接告诉年轻人如何操作，而是让他们去反复思考和琢磨，在关键的时候，才会去点拨。胡双钱一周有 6 天要泡在车间里，有时候加班加到第二天早上，看到同事都来上班了，他倒觉得比别人多活了一天，觉得很开心，根本不觉得苦。已近退休年龄的他，似乎身上有用不完的劲儿，他说，别说是再干 10 年，哪怕再干 20 年，自己也很乐意，希望天上飞的飞机，都写着“中国制造”。

胡双钱十分珍惜进入上海飞机制造厂技校学习的机会。他虚心向师傅请教，苦练技能，从不轻易放过任何一个问题。胡双钱的学习和成长经历或许可以告诉我们，只要虚心学习，潜心钻研，我们同样可以成为技能人才。在实现“中国制造 2025”所描绘的宏伟蓝图背景下，我们需要一大批高素质的技能人才支撑。胡双钱为我们树立了一个可学习参照的生动样本。

胡双钱用严谨和一丝不苟诠释了“大国工匠”精神。虽然看起来，胡双钱的工作枯燥而又简单，但是，要把这份工作做好，要生产出合格的产品，并不容易，丝毫的疏忽和纰漏都有可能使产品成为次品，进而影响飞机升空。为此，胡双钱每天睡前都喜欢想想今天做了什么，有没有做好。有一天，他对“上保险”这一环节感到不踏实，便在凌晨 3 点，又骑着自行车赶到单位，拆去层层外部零部件，直到看到保险出现，一颗悬着的心才落了下来。从此，每做完一步，他都会定睛看几秒再进入下道工序！这样严谨和一丝不苟的工作态度，让我们感到，这正是每个行业都应当秉持的敬业要求。

胡双钱用理想信念支撑起“大国工匠”梦。让中国制造的大飞机翱翔在蓝天，成为胡双钱的执着追求和坚定信念。为了这个理想，他对每一个产品都精雕细琢。在他加工的零部件中，最大的将近 5 米，最小的比曲别针还小。有一次，在加工某个定位圈时，由于零件的直径小，零件定位直口的孔径更小，而孔又较深，孔径的公差要求高，通常加工完孔径的内圆尺寸后，内径无法进行打表测量，也没有专用量具。他反复琢磨，积极探究解决问题的办法，这样的努力正是因为在他心中有个让中国制造的飞机在蓝天翱翔的理想支撑。

胡双钱加工的数十万个飞机零件无一次品，靠的是扎实的理论学习和坚韧的技术钻研；靠的是对产品完美和极致的追求；靠的是让中国大飞机翱翔在蓝天的心愿。胡双钱对工作的一丝不苟，对产品的精雕细琢，对自己理想和信念的追求成就了自己，也必将影响和带动更多的人，在自己的工作岗位上尽职尽责努力做到精致。

在上海陷入漫长的低谷期时，一家私营企业以胡双钱当时工资 3 倍的高薪聘请他去当技师，但是他不为所动。胡双钱坚持信念，不轻言放弃，为实现自己的梦想，为实现飞机的“中国制造”，胡双钱坚持留了下来，将工作视同自己的生命。我们要学习胡双钱淡泊名利的品质。“工匠精神”字面意思便是“手艺工人们的精神”，如果我们利欲熏心，那我们便不再是“工匠”，更何谈“工匠精神”。守住一份本心，对工作保持热爱，清心寡欲，保持初心，才能使让我们牢记本职工作，扎根人民群众，为人民谋福利。

1.2.3 匠心报国 淡泊名利 甘为人梯——大国工匠王树军

他是维修工，也是设计师，更像是永不屈服的斗士！临危请命，只为国之重器不能受制于人。他展示出中国工匠的风骨，在尽头处超越，在平凡中非凡，他就是——潍柴动力股份有限公司一号工厂机修钳工王树军（图 1-9）。

王树军致力于中国高端装备研制，不被外界高薪诱惑，坚守打造重型发动机“中国心”。他解决了进口高精加工中心光栅尺气密保护设计中存在的缺陷，相关技术填补了国内空白，这成为中国工匠勇于挑战进口设备的经典案例。他独创的“垂直投影逆向复原法”，解决了进口加工中心定位精度为千分之一度的 NC 转台锁紧故障，打破了国外技术封锁和垄断。

王树军是潍柴高精尖设备维修保养的探路人和领军人，也是潍柴装备智能升级、智慧转型的引领者和推动者。工作20多年来，他一心扎根基层，专心致志与设备打交道，凭借精湛的技艺成为潍柴乃至国内发动机行业中设备检修技术的集大成者，是潍柴工匠人才的典型代表。王树军有两项高超的技能，一是擅长自动化设备的定制化设计及自主研发制造，二是精通各类数控加工中心和精密机床的维修。

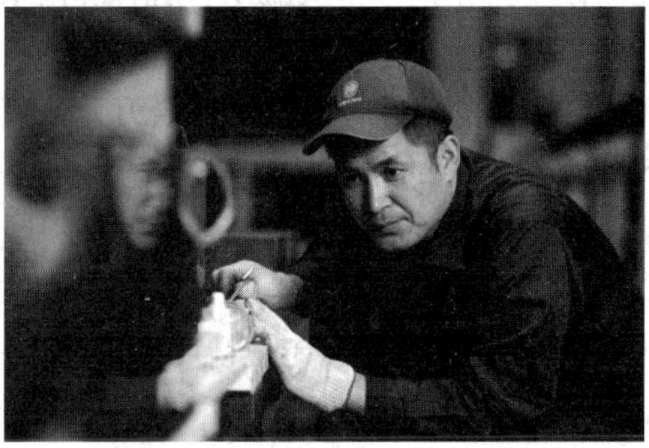

图 1-9　潍柴动力首席技师王树军

2013年，潍柴专门以王树军命名成立了创新工作室。依托这一平台，接下来的5年里，王树军带领团队改造、制造柔性设备生产线5条、自动化设备109台套，实施重大创新项目230多项，累计创造经济效益2.62亿元。凭借优异的业绩，“王树军劳模创新工作室”被中国机械冶金建材工会命名为“全国机械冶金建材系统示范型职工（劳模）创新工作室”，被山东省总工会命名为“山东省劳模创新工作室”。同时，王树军个人先后荣获山东省“齐鲁大工匠”“齐鲁首席技师”“山东省有突出贡献技师”“山东省省管企业道德模范”“鸢都产业领军人才”“潍坊市劳动模范”“潍坊市首席技师”“潍坊市有突出贡献技师”“潍柴十大工匠”“潍柴劳动模范”等荣誉称号。

1. 向洋权威说“不”　做高精尖设备维护第一人

1）折服国外专家，为中国工人赢得尊重

作为中国最重要高速发动机制造基地的潍柴，拥有世界一流的加工设备。2005年，潍柴为提升主力产品WP10发动机竞争力，先后从德国和日本引进了世界最先进的数控加工中心和加工单元。在这些顶尖设备安装初期，负责调试的都是充满优越感的外方工程师。在某品牌加工中心调试过程中，废品率高达10%，这令外国专家一筹莫展。王树军根据非对称铸造件内应力缓释原理，结合实际，大胆创新，在原设计基础上加装夹紧力自平衡机构，将废品率成功控制在0.1%之内，为中国工人赢得了尊重。他进一步提出成立“中外联合设备调试小组”的建议。面对这个曾经击败过自己的中国人，外国专家不得不同意这一要求，这为中国维修人员打开了难得的国外高精尖设备维修这一禁区。而以王树军为组长的中方调试小组也不负众望，联合调试仅4个月，就解决了技术难题72项，不仅得到了外国专家的肯定，更积累了3万多字的技术资料。

2）大胆质疑，解决进口数控设备行业难题

随着高精设备服役时间的不断增加，某加工中心光栅尺故障频发。光栅尺是数控机床最精密的部件，相当于人的神经，一旦损坏只有更换。而采购备件不仅产生巨额费用，还严重影响企业生产。“我怀疑这批设备有设计缺陷，导致了光栅尺的损坏”，王树军大胆质疑惊呆众人，世界最先进的设备怎么可能会有设计缺陷？王树军无异于将自己推到风口浪尖上。在众人的怀疑中，他利用一周的时间，对照设备构造找到了该批次加工中心的设计缺陷，继而通过拆解废弃光栅尺、3D 建模构建光栅尺气路空气动力模型，利用欧拉运动微分方程计算出 16 处气路支路负压动力值，搭建了全新气密气路。该方案成功取代了原设计，攻克了该加工中心光栅尺气密保护设计缺陷难题，将故障率由 40% 降至 1%，年创造经济效益 780 余万元，该设计填补了国内空白，也成为中国工人勇于挑战进口设备行业难题的经典案例。

3）挑战不可能，打破国外精密转台维修垄断

进口加工中心精密部件很多，数控转台、主轴等涉及生产厂家的核心技术，厂家既不提供相关资料，也不做培训，一旦发生故障，只能求助厂家。2012 年，一台定位精度为千分之一度的进口加工中心 NC 转台锁紧出现严重漏油现象，面对这个整合了机械、液压、电器、气动各个环节的铁疙瘩，售后服务人员也无从下手，建议返厂维修。王树军利用独创的“垂直投影逆向复原法”，绘制传动三维示意图确定复原思路，在不使用专用工装的情况下，凭借“机械传动微调感触法”，成功在微米级装配精度下排除设备故障，打破了外国专家垄断维修数控转台的神话。

2. 助力中国内燃机迈向高端 做自动化设备改造的领军者

1）自主造血，消除生产瓶颈

2016 年，潍柴推出了一款引发行业震动的产品——WP9H/10H。这是一款潍柴自主研发的国内领先、世界先进，国Ⅵ排放的大功率发动机，是中国内燃机的高端战略产品，是名副其实的“中国心”。投放市场以来，订单持续火爆，完全超出日产 80 台的设计预期。要想提升产能，最简单的方法就是增加新设备，但至少 18 个月的采购周期将极大影响与外国产品的竞争。“既然我们的产品已经实现了从中国制造向中国创造的突破，那么我们的设备同样可以实现自主研发制造的突破！”王树军决定带队为 WP9H/10H 这颗“中国心”自主造血！他采用“加工精度升级、智能化程度升级”的方式，升级主轴孔凸轮轴孔精镗床等 52 台设备，自制“树军自动上下料单元”等 33 台设备，制造改制工装 216 台套，优化刀具刀夹 79 套，不仅节约设备采购费用 3 000 多万元，更将日产能从 80 台提高到 120 台，缩短市场投放周期 12 个月，每年创造直接经济效益 1.44 亿元。

2）逆向思维，突破加工禁区

产品的高端不仅体现在前期工艺设计上，更体现在新材料的应用上。WP9H/10H 采用了蠕墨铸铁这一新型铸铁，在实现柴油机轻量化的同时，对自制件加工提出了更高的要求。发动机机体后端集成齿轮室最薄位置仅 8 毫米，加工过程中极易出现震刀现象，严重影响产品加工精度，属于机械加工的“禁区”。王树军团队最初通过调整刀片材料、修整切削参数，有效减小了震刀，但单工位加工时间高达 22 分钟，无法满足生产线 15 分钟的节拍要求。后来，王树军逆向思维提出“反铣刀”设计概念。新的“反铣刀”刀片用正前角的设计方案代替负前角，借助

正前角刀片耐冲击的特性，横向分散加工应力，同时将刀柄由分体式刀柄改为一体式刀柄，新刀具应用后单工位加工时间降至 13 分钟，不但解决了加工难题还提高生产效率 41%，为企业创造了巨大的经济效益。

3）大胆尝试，助推智能制造

潍柴是工信部确定的智能制造示范基地。王树军所在的一号工厂是高端柴油发动机智能工厂，王树军也成为装备智能化升级的领军人物。潍柴新一代高端产品采用全新 4 气门整体式气缸盖，其设计较前代产品实现革命性突破，加工难度也不可同日而语。为保证生产线平衡率，公司决定在导管阀座底孔工序启用三台斗山 HM8000 加工中心，以并行作业的方式生产。柔性加工中心以其多品种换型作业而独占优势，但工序间转换效率低，成为行业无解的难题。而在王树军的字典里从来就没有"无解"这两个字，"跨工序智能机器人协同系统"成为他又一次大胆的尝试。以闲置机器人为运载核心，增设地轨实现六轴运载向七轴运载的突破，同时辅以光感识别系统，实现物料状态的自动识别调整。随着该系统的使用，四气门整体式气缸盖加工效率一举提升 37.5%，高效高质的定制化生态成为这颗"中国心"的新名片。

2014 年，他仅用 10 天时间，成功改进进口双轴精镗床，解决了产品新工艺刀具不配套的加工难题，缩短了新产品的投产周期，节约购置资金 300 余万元。2016 年，他用 50 天时间，主持完成了气缸盖两气门生产线向四气门生产线换型的改造，改进设备 15 台套、改进工装 20 套，累计节省采购成本 1 024 万元。由他设计制造的"气缸盖气门导管孔自动铰孔装置"解决了漏铰及铰孔质量差的问题，每年创造效益 500 余万元，获得国家实用新型发明专利。"H1 气缸盖自动下料单元"有效解决了人工搬运工件及翻转磕碰伤问题，每年创造效益 850 万元，获得潍柴科技创新大会特等奖。"机体框架自动合箱机""机体主螺栓自动拧紧单元"等 10 多项自动化设备成功用于生产，整体效率提升 25%，每年创造经济效益 2 530 余万元。

3. 德技双馨做工匠精神的坚定践行者

1）不忘初心，大力弘扬工匠精神

王树军始终将对企业忠诚放在首位。在潍柴濒临破产的时期，他信念坚定，毫不动摇。在成名之后，山东电视台等省市媒体对他进行了大量宣传，很多企业想要高薪聘请他，但是他始终不为所动。单位领导多次想让他从事管理工作，他也婉言谢绝，他常说的一句话就是"不忘初心，牢记职责，干好工作，心中快乐"。作为目前潍坊市唯一的齐鲁大工匠，他走出潍柴，通过言传身教，在社会上大力弘扬工匠精神。潍坊科技学院、潍柴大学聘请他为客座教授，并为他建立了工作室。王树军定期为学生授课，每年培训学生 2 000 多人次，影响和带动了大批青年人。

2）忠诚企业，毫无保留地传承匠艺

为企业培养高技能人才是王树军的另一项使命，他将自己总结的经验和方法倾囊相授，联合 5 名高级技师成立了创新工作分站，并通过首席技师大讲堂和潍柴网上学习平台与潍柴全球各子公司进行技术交流和技术培训。他每年授课达 240 课时，培养的学员个个成为装备管理的骨干。除了开展以技师讲堂为主的教、授立体式培训以外，他在车间还建立了技术成果交流推广机制，每月开展两次以典型故障、维修案例为题材的头脑风暴活动。他带的徒弟中，7

人获得技师资格证书，5 人获得高级技师资格证书。2018 年，王树军的两个徒弟分别获得全国机器人大赛、自动化控制大赛二等奖。

王树军作为潍柴工匠人才的一面旗帜，凭借精益求精、持之以恒、爱岗敬业、不断创新的工匠精神，为广大职工树立了一个正直进取、勤学实干、技能突出的榜样形象。他是千千万万坚守一线岗位默默奉献的工匠们的缩影，他们正在为中国制造业自主创新、迈向高端不懈奋斗。

扫一扫：向洋人说“不”的潍柴大国工匠——王树军

1.3　工匠精神之精益求精

《论语·学而》：“《诗》云：‘如切如磋，如琢如磨。’其斯之谓与？”朱熹说：“言治骨角者，既切之而复磋之；治玉石者，既琢之而复磨之；治之已精，而益求其精也。”这就道出了“精益求精”一词的丰富内涵。

古人云：“玉不琢，不成器。”精雕细刻、精益求精是工匠精神的核心。工匠精神代表一种情怀、一种执着，一份坚守、一份责任，体现在具体工作中则是专注坚持、永不言弃，精雕细琢、追求完美和极致。

老子云：“天下难事，必作于易；天下大事，必作于细。”从古至今，大凡功勋卓著者，多是勤奋务实、追求完美之人。历经时代淘洗与先贤实践，精益求精的精神已融入国人血液，并日见厚重。近年来，人们耳熟能详的“工匠精神”，亦可视为新时代对精益求精的另一种注解与诠释。在纷繁社会中，我们只有沉下身、静下心，术业专攻，才能抵达新境界，精益求精，收获精彩。

精益求精，本质是一种高度负责的精神，是对技术、效率、品质、专业的极致追求，通俗地说，就是真正做到干一行、爱一行、钻一行、精一行。

大国工匠的气质，首先体现在凡事耐心雕琢、精益求精的工作态度上。尽管从事的是普普通通的工作，但他们对产品和工艺却有着极致的追求，这需要极致的耐心。像高凤林、宁允展、潘玉华等，正是他们对工作的耐心细致、精益求精，才让手中的产品绽放出璀璨的光彩。

工匠对自己的产品精雕细琢，精益求精，追求完美的精神理念是对工匠精神的最好诠释。工匠精神的目标是打造本行业最优质的产品，打造其他同行无法匹敌的卓越产品。概括起来，工匠精神就是追求卓越的创造精神、精益求精的品质精神、用户至上的服务精神。他们虽不都是毕业于名牌大学，有着耀眼的文凭，但都在默默坚守着自己所热爱的岗位，他们的工作虽然很平凡，但是他们那追求完美和极致的精神令人敬佩。

坚守在不同岗位上的技术工人们，用他们的刻苦钻研、辛勤付出、不懈努力创造着一个个看似不可能的奇迹，也在诠释着“360 行，行行出状元”的至理名言。也只有那些热爱本职、脚踏实地，勤勤恳恳、兢兢业业，尽职尽责、精益求精的人，才可能成就一番事业，才可望拓展人生价值。

1.3.1 精益求精铸就青春信仰——新锐大国工匠陈行行

青涩年华化为多彩绽放，精益求精铸就青春信仰。大国重器的加工平台上，他用极致书写精密人生。胸有凌云志，浓浓报国情，他就是——中国工程物理研究院机械制造工艺研究所高级技师陈行行（图 1-10）。

陈行行从事保卫祖国的核事业，是操作着价格高昂、性能精良的数控加工设备的新一代技能人员，优化了国家重大专项分子泵项目核心零部件动叶轮叶片的高速铣削工艺。他精通多轴联动加工技术、高速高精度加工技术和参数化自动编程技术，尤其擅长薄壁类、弱刚性类零件的加工工艺与技术，是一专多能的技术技能复合型人才。

年仅 29 岁的青年技工陈行行，进入核武器研究生产基地，成长为数控机械加工领域的能工巧匠。虽然只是中国工程物理研究院机械制造工艺研究所加工中心的一名操作工，陈行行却已先后荣获"全国五一劳动奖章""全国优秀共青团员""全国技术能手"等多项国家级荣誉。

图 1-10 中国工程物理研究院机械制造工艺研究所高级技师陈行行

1. 勇于追梦 农家娃变身大工匠

创建于 1958 年的中国工程物理研究院是我国的核武器研制生产单位，中国第一颗原子弹、第一颗氢弹先后在这里诞生。

1989 年出生在微山湖畔小乡村的陈行行，小时候就展现出极强的动手能力和强烈的好奇心，经常把家里的自行车、电视的零部件拆散重装、看个究竟。

2006 年至 2011 年，他先后在山东技师学院机械工程系学习，在相关食品设备企业从事机加工艺与数控程序编制、调试及新产品开发等工作。他曾经在不到半年时间里便被提拔为机械加工车间副主任。

2011 年，陈行行无意中与中国工程物理研究院结缘，一位年轻技工的职业路径就此改变。

进入研究院工作后，他靠着全面的技能、扎实的编程功底和精湛的操作技术，取得了加工中心高级技师、数控车技师、高级制图员等 8 项职业资格证书，掌握了多种铣削加工参数化编程方法、精密零件铣削及尺寸控制方法，以及成型刀具的手工刃磨方法，不仅在新设备运用、新功能发掘、新加工方式创新等方面成为单位的领军人才，还在第六届全国数控技能大赛中荣获加工中心（四轴）赛项职工组第 1 名，被授予全国五一劳动奖章。

2. 追求极致 把不可行变成可行

在中国工程物理研究院，陈行行操作的是高精尖数控设备，每天接触的是国防尖端产品，所承担的任务也是行业内最为严苛的考验，他需要一次次向技艺极限冲击。

在数控加工中心操作中，他精通多轴联动加工技术、高速高精度加工技术和参数化自动编程技术等，尤其擅长薄壁类、弱刚性类零件的加工工艺与技术窍门。曾有一次任务，需要他用比头发丝还细 0.02 毫米的刀头，在直径不到 2 厘米的圆盘上打出 36 个小孔，其难度相当于用绣花针给老鼠种睫毛。陈行行凭着一股不服输的韧劲儿，通过无数次修改编程、摸索尝试后，终于攻克难题。

在陈行行不算长的职业生涯中，类似的挑战还有很多。

国家重大专项分子泵项目核心零部件动叶轮不仅加工精度要求高，而且加工过程中程序调试异常烦琐，费时费力，尤其会因加工振动而导致零件表面质量差。陈行行与技术人员一起从问题、难点入手，通过优化铣削方式、加工刀具和工装夹具，编制合理的加工程序和发掘设备智能辅助专家系统的两个高级功能，攻克了加工振动导致的质量难题，同时消除了叶片边缘的毛刺现象，不仅节省了工序，而且较大幅度提高了加工质量，加工效率提高了 3.5 倍。

某型号定型产品重要零件的批量加工中，陈行行通过对加工刀具、切削方式和加工程序及装夹方式进行优化，使加工效率提高了，有效解决了刚性差导致的加工变形问题，节省了钳工研磨工序，产品合格率高于 98%。

“必须想尽一切办法，实现零件所需的极致状态。”面对重要型号产品的急难险重任务，陈行行总是想尽一切办法，把不可行变成可行。也正因为如此，从业多年来，陈行行与同伴们一起，以技术革新推动技术进步，啃下了一个又一个硬骨头。

3. 信念笃定 在工业强国路上青春无悔

除了工作中的实际操作，“学习”是陈行行一直以来未曾松懈的事。他还把这种理念不断传递给身边的同事和学生。至今，经他培训和指导的选手有 5 人次分获国家级技能比赛职工组前十名，还有 5 人次获四川省级职工组的前三名。2015 年，他被国家高技能人才基地聘为特约教师。

陈行行毫无保留地将在工作、学习和比赛中积累的心得经验、窍门绝活分享给其他同事；对车间新来的年轻人，他也总是不厌其烦地手把手教，从看图纸到操作，从零部件的加工到工装夹具的使用，每一个步骤、每一个细节都知无不言、言无不尽。

作为研究所唯一的特聘技师，陈行行管理着 3 个高技能人才工作站，兼任了某壳体高效加工和加工中心两个高技能人才工作站的领办人。作为领办人，他希望能够和团队一起把工作站建设成数控加工创新成果的孵化器。

扫一扫：2018 年“大国工匠年度人物”——陈行行

“投身国防，扎根岗位，技能成就人生，学习创造未来。”这是年仅 29 岁的新锐工匠陈行行为自己写下的人生信条。

1.3.2 滴水掘金、精炼人生——大国工匠潘从明

“匠心‘淬金睛’、滴水‘炼真金’”这是对潘从明（图 1-11）的最恰当的赞誉。潘从明从一名学徒到普通工人、高级技师，到大国工匠，再到中国好人、全国劳模、最美职工，他在技术创新

的路上锲而不舍、精益求精，为中国贵金属行业培养了一批又一批优秀的高精人才，成为铂族贵金属提炼核心技术的传承人和创新者。

铂、钯、铑、铱等贵金属是精密电子、航空发动机、燃料电池、光纤制造等国家战略高科技产业的关键基础材料，也是世界各国争相储备的重要战略资源。因受限于技术封锁，中国相关矿产资源利用率不足 50%，供应长期依赖于其他国家，仅铂、钯的对外依存度就高于 80%，铑、铱、锇、钌就更不用说了。

潘从明所在的提纯班要从贵金属总含量不足 10% 的原料中，完成 7 种贵金属的高效分离，将每一种贵金属产品中 20 余种杂质的总含量稳定控制在万分之一以下，确保在质量达到 100% 的同时纯度达到 99.99% 的要求，为了达到这个要求，20 多年来在创新路上潘从明从未停歇。

图 1-11　全国劳动模范——大国工匠潘从明

潘从明作为全国劳动模范、大国工匠、国家级技能大师、全国五一劳动奖章获得者、甘肃省五一劳动奖章获得者、首届甘肃省“陇原工匠”、西北地区首位获得国家科技进步奖（工人农民组）获得者的一线产业工人，能够从铜镍冶炼“废渣”中同时提取 8 种以上稀贵金属，成为仅凭溶液颜色就能准确判断 99.99% 产品纯度的传奇人物。工作 20 多年来，潘从明扎根一线，“找问题、啃难点”，以科技创新增效益。近年来，他先后主持并参与国家级科研项目 1 项，省部级重大科研项目 6 项，公司重大科技攻关项目 20 余项，完成各类创新项目 215 项，拥有国家授权专利 30 项，发表论文 16 篇，致力于各类一、二次资源物料中贵金属清洁、高效提取技术及装备的研究与应用，解决了贵金属冶炼行业多项技术难题，为推动我国贵金属绿色高质量发展做出了突出贡献。

20 多年来，潘从明不仅练就出火眼金睛，仅用肉眼便能判断出浑浊溶液中不同贵金属的含量，同时更创新设计出新型铂、钯、铑、铱提取技术，推动了我国贵金属清洁、高效生产技术的飞速进步。他带领团队通过设备改造、工艺优化等，使金川铂族贵金属从设计能力 400 千克到现在生产能力 4 500 千克以上，创造出贵金属产品连续 33 年保持 99.99% 纯度、品级率达到 100% 的奇迹。

1. 精炼、滴水掘金

当年甘肃地质队在永昌县境内的戈壁滩上发现了矿点。第一代创业者背冰卧雪，开拓了中国铂族金属工业之路。1965 年，金川集团公司成功提炼出首批 8.5 千克铂族金属，这批铂族金属如同“孔雀绿”一样耀眼、瞩目。31 年后，刚从技校毕业的潘从明进入金川集团公司当学徒，他眼前的贵金属生产车间神秘而庄严。银光闪烁的铂、钯、铑、锇、铱、钌等铂族贵金属，正日益成为现代航空航天、军工电子、医疗化工、精密电子、燃料电池、光纤制造等行业重要的“工业维生素”。

潘从明说，遗憾的是，铂族金属极为稀有，而我国贵金属储量仅占全球的 0.39%，少之又少，而且其中大部分就“埋”在金川集团公司的镍铜矿石及冶炼后的电解镍渣、阳极泥等矿渣废料中，贵金属回收的重要意义不言而喻。如果没有一套世界领先的提纯技术，冶炼后的电解镍渣、阳极泥、二次含贵金属物料等，只能作为工业废料被抛弃，没有贵金属，“天宫”“蛟龙”“天眼”这些大国重器就都无从谈起了。

提炼铂族金属，需要用到 60 余种化学试剂，涉及 800 多个化学方程式，更为棘手的是，其中七成以上是在教科书中找不到的。对于潘从明来说，要熟练掌握铂族金属提炼技术非一日之功。

在当时，铂族金属的生产原料加入白瓷缸后，还需人力搅拌均匀后加入漏斗摇晃，比较费事。即便如此，潘从明对学习的热情丝毫不减，十几年里啃下了 120 多本专业书籍，写下了 30 多万字的学习笔记，800 多个贵金属冶炼工艺化学方程式被他反复思索、不断推敲、持续试验。人之贵，在志与恒。同事们逐渐发现，潘从明有了一双“火眼金睛”，能在浑浊的液体中观察到极其微妙的色彩变化，甄别和捕捉那些若隐若现的贵金属分子。普通的液体也被他描述得斑斓万千、浩瀚无垠。

“溶液中带有蓝色，说明含有铜杂质；偏红色则是有铁杂质……”他把曾经废弃的矿渣变成颜色不同的液体，再从液体中准确掌控每个微妙变化，最终成功提取出几克、几微克的贵金属。从此，潘从明沿着他所创造的“颜色判断法”的“绝技、绝活”之路越走越远，先后承担国家和省（部）级重点科研项目 9 项，金川集团重点科研项目 36 项，完成各类创新项目 215 项，拥有受理授权国家专利 56 项，在核心期刊上发表科技论文 18 篇，成为业内首屈一指的铂族金属“炼金师”。

2. 99.99% 极致追求

贵金属提取的工序有多复杂？

99.99% 是贵金属提炼的纯度标准，而镍矿废渣里的铂族贵金属含量极低，每提取一种贵金属，要经过 20 多道工序，有 200 多个技术控制指标，稍有不慎就会前功尽弃。在金川集团公司，提纯 1 克贵金属，需要用 60 多种化学试剂，在至少 5 吨镍矿废渣中反复萃取，直至剩余万分之一的杂质，才能生产出 99.99% 的稀贵金属产品。潘从明的工作，就是将堆积如山的废渣变成浑浊的液体，再让藏身在色彩斑斓水滴中的铂族贵金属，乖乖地“列队”流淌进成品槽中。

正因如此，产品质量异常关键。

1999 年，铂钯班一年总共生产了 16 个批次的钯，就有 9 个批次不合格。面对异常严峻的生产问题，潘从明经过连续数月的跟班操作，找到了问题所在：原来，按照操作流程，提纯多少次，加多少溶液，用多少层滤纸，每项都有严格要求，但有人却没认清其中的利害关系，为偷懒少干活，在流程上缩水，使得产品质量大打折扣。

“在操作过程中，别说一根细小的头发丝，就是一粒更小的尘埃都能影响纯度，甚至用手摸一下金属器皿，都可能让价值数千万元的产品返工。”在潘从明看来，这种对产品的“极限追求”正是从技校生成长为大国工匠的必由之路。

长年累月的工作中，潘从明不断追求精细化管理，从生产组织、工艺改进和人员管理等多方面入手，将质量管理拓展到生产流程的各个环节，发现并完善细化质量控制条件达 280 余项，组织攻关质量管理、质量控制类课题近 18 项。

正是潘从明和同事们对贵金属生产线工艺系统的精确把握、对关键工艺技术参数的持续优化改进、对贵金属产品质量的精细控制，使金川贵金属冶炼生产技术一步步跨入国际领先水平，贵金属单位加工成本降低了 60% 以上，劳动生产率提高了 70% 以上，创造了贵金属产品连续 30 多年保持 99.99% 纯度、品级率达到 100% 的成绩，同时还实现了贵金属湿法精炼的清洁生产。

从铂族金属高效分离与精炼新工艺、贵金属全萃取工艺的研发与应用，到攻克银阳极泥中金铂钯清洁工艺、铂钯铑铱高效分离技术、贵金属废气净化与回收等三大世界性技术难题，在贵金属世界中不断探索的潘从明认识到，如果不求创新、不思进取，大的工艺就很难有变化。

镍阳极泥是提取铂钯铑铱的主要原料之一，但镍阳极泥中铂钯铑铱的清洁高效回收，一直是困扰国家贵金属冶炼高质量发展的难题。2009 年，潘从明提出了贵金属清洁冶炼技术的整体思路，带领团队开始了颠覆性工艺的研发。在此后 4 年多的时间里，潘从明累计开展了 2 000 多次试验研究，全身心投入到“镍阳极泥中铂钯铑铱绿色高效提取技术”的研发中。2014 年，潘从明全面完成整套工艺研发并实现工业化应用，解决了沿用 38 年的传统工艺存在的原料适应性差、资源利用率低、清洁性差等问题。2018 年，中国有色金属工业协会组织专家鉴定，专家们一致评定该技术达到国际先进水平。2019 年，该技术问鼎国家科技进步二等奖。

在贵金属一、二次资源回收精炼过程中，极易产生大量湿法废气，废气中含有氨类、氮氧化物类以及微量贵金属元素，对人伤害大、不环保，传统液碱湍冲喷淋吸收装置对废气中氨类和氮氧化物类吸收效率低，造成贵金属流失，严重制约了贵金属冶炼技术的突破。为此，潘从明另辟蹊径，自主设计研发了以高硼硅玻璃为材质的玻璃冷凝器和 PVC（聚氯乙烯）材质的筛板氨水吸收塔的成套回收装置，首次实现了贵金属废气中微量贵金属、酸类、氨类试剂等的高效回收，大幅降低了精炼成本，在提高贵金属回收率的同时改善了现场作业环境。

“雄关漫道真如铁，而今迈步从头越。”甲子岁月，匆匆而过。潘从明说，已取得的成绩是一种鞭策，促使自己在砥砺奋进中精炼人生。

扫一扫：全国劳动模范“滴水成金”的大国工匠——潘从明

1.3.3 在金属上雕刻的“大国工匠”——李凯军

他坚守五尺钳台 30 载，用精湛技艺为企业创造品牌、赢得声誉、创造价值；他集“中华技能大奖”“全国高技能人才十大楷模”“全国五一劳动奖章”“全国劳动模范”等众多荣誉于一身；

他曾作为中国产业工人的唯一代表，向国务院总理建言并被当场采纳；他言传身教，在 100 多个徒弟心中德艺双馨、亦师亦父；他凭借对工作近乎痴迷的热爱、对完美始终如一的追求，还有远远超出常人的艰苦付出，练出一身精湛的技艺，不仅在中国一汽家喻户晓，并且蜚声行业内外，成为技术工人的杰出代表。他就是中国一汽铸造公司铸造模具设备厂模具钳工高级技师李凯军（图 1-12）。

图 1-12　一汽集团钳工班班长——大国工匠李凯军

1. 精益求精就是对完美的孜孜以求

“模具平滑光亮，是他一遍遍抛光而来；制件精度分毫不差，是他细心雕琢而成；模具工艺的改进，是他从体力冲锋到脑力创新的跨越；徒弟们成为公司生产的主力军，是他以情传授结的硕果。”这是 2017 年 3 月 21 日在中国汽车业十大工匠评选颁奖盛典上给予李凯军的颁奖词，准确地勾画出李凯军出类拔萃的大国工匠风范。

李凯军凭着对工作满腔的热爱，凭着对自我的极致要求，刻苦钻研模具制造专业知识，练就出高超的钳工技术，加工制造了数百种优质模具，尤其是出色完成了重型车变速箱壳体等高难度压铸模具的制造，在我国高、精、尖复杂模具加工方面独具特色。工件只要出自李凯军之手，就不会有瑕疵。在实际工作中，并没有人要求李凯军必须把每一个模具做成精品，除了他自己，这主要源于他强烈的自尊心，因而能够守住心里给自己设定的底线和标准。当然，周围人对他的夸赞也让他有了更多的满足感。

2.“人刀合一”就是心手契合的极致境界

“台上一分钟，台下十年功。”凭借对工作近乎痴迷的热爱、对完美始终如一的追求及远远超出常人的艰苦付出，李凯军练就了一身精湛的技艺，磨炼出“人刀合一”的非凡功力。

有一次，在加工德国大众的检具时，由于当时厂里数控设备陈旧，而且没有三维数据，机床无法加工，无法满足将误差控制在 0.02 毫米以内的技术要求，厂领导自然而然地想到他们的“定海神针”李凯军——他或许会有办法！艺高人胆大，“人刀合一”的李凯军对超差检具进行了一个多小时的手工修磨，终于将误差锁定在 0.01 毫米以内，成功通过德方认证。

变不可能为可能的李凯军，靠的不仅是对极致的不懈追求，更是常人想象不到的艰苦努力。以手工操作为主的模具钳工，必须有一般人难以企及的专注和严谨，才可以做到精准地去控制一把锉刀。李凯军经常说，只有操作上练精肯定不行，动刀前一定要先看、先琢磨。对锉刀的每一道纹路，经过操作面的每一个瞬间，都要做到心中有数，这样才能人刀合一。

带了许多徒弟的他如今已不需要整天都工作在钳台上,模具投产前的策划和验收评审、重难点项目的攻关占去了他很大一部分精力。但在重要的项目上,李凯军仍坚持上手操作。直到现在,他依然坚持不断练习锉削基本功,他也这样要求他的每一个徒弟。为了保持手的稳定性,把操作推向极致,李凯军已经坚持 20 多年滴酒不沾。更令人感慨的是,由于常年的手工打磨、抛光,李凯军的手指指纹已被磨没了。

"宝剑锋从磨砺出,梅花香自苦寒来。"李凯军是技压群雄的顶尖高手,也是日常工作中全身心投入的"拼命三郎"。在一次奔腾轿车缸体低压铸造模具的钳工制造任务中,为了保证打磨精度,李凯军曾将半个身子钻进 300 多度高温的模具型腔内,忍着烫伤疼痛,记录间隙数据。李凯军说,最忙的一年他仅休了 4 天假,为了抢生产任务,加班熬夜是常态。经常的彻夜不眠让他在 30 岁时就过早患上了高血压。繁忙的工作几乎占据了他所有的时间和精力。辛劳的妻子仅仅是为了证明自己有丈夫,消除邻里们的闲言碎语,就想能在晚饭后和李凯军像别的夫妻一样也在小区里散散步,可李凯军似乎永远忙不完,因此这只是一种奢望。

3."绝活儿"就是令人拍案叫绝

李凯军对工艺的严苛追求更像是他骨子里的东西。从他进厂的第一天开始,他就利用午休和下班时间学习模具结构知识,练习车、钳、铣、刨、电焊等技术。入厂仅 7 个月,李凯军就独立完成 CA141 发动机盖板模具的制造。他完成的这套模具技术要求高,尺寸误差小,得到质检员的由衷称赞,被定为一等品。李凯军至今还记得那件模具筋槽的亮度,"上面映着我的脸。"他骄傲地说。

钳工的基本功之一就是锉削。在李凯军劳模工作室内摆放着一件"艺术品",它完全可以代表锉削技艺的全国最高水平,这件"艺术品"就出自李凯军之手。那是 2000 年,李凯军代表中国一汽赴无锡进行交流展示。活动期间,他经过 4 个多小时的精雕细刻,把一个圆球通过纯手工的方法,锉削成了正十二面体——尺寸精度达到正负 0.01 毫米。0.01 毫米是什么概念?就是相当于一根头发丝直径的六分之一!经过他锉削抛光后如镜子一般光亮的工艺品呈现出来的这个正十二面体,把在场那些见多识广的专家们彻底征服了。这"艺术品"刷新了见多识广的专家们的认知——在他们看来,这在手工界简直不可能!因为他们都知道,制件属立体加工,空间基准难找,定位测量困难,机械和数控设备都无法加工出来。李凯军就是用他自创的"指压寸动法",手工锉削而成。专家们说:这是千锤百炼的真功夫!

"极致标准,极致要求",这既是李凯军始终如一的追求,也是他自身作为远近闻名的"中国工匠"的真实写照。李凯军常常把锉刀拿在手里,所谓"拳不离手,曲不离口",这是一个匠人多年养成的行为习惯,更是他们技艺精湛、本领高强的核心理由。

扫一扫:金属上的雕刻师——李凯军

1.4 工匠精神之持之以恒

中国一句古话,"良田百顷,不如薄艺在身"。在中国传统社会的劳动阶层人民眼里,再多的财富都有失去的时候,唯有一门手艺可以保证自己永远衣食无忧。正因如此,人们愿意学习手艺,而且为了饭碗稳固,也会主动将手艺磨炼得越来越好。这种传统积淀下来,形成了行业内对技艺的崇拜以及中国工匠独特的专业精神。

工匠代表着一个行业顶尖的技能水平。而真正的工匠,必须具备坚守品质,也就是要持之以恒,善始善终,兢兢业业,从不半途而废。在当今"一招鲜,吃遍天"的技能经济时代,拥有一技之长的重要性日益凸显。工匠们令人惊叹的绝技,源自他们一生做好一件事的专注。正是岁月,赋予了他们的手艺以力量。滴水穿石,绳锯木断,专注可以使弱小变为强大,使柔软胜过刚强。所谓绝招,就是在经年累月中把普通的招数练到极致。

1.4.1 坚守初心,努力奋斗

生于20世纪70年代的刘西峰,郑州轻工业学院烟草工程专业毕业后进入了永寿卷烟厂,由于销售不畅,工厂无法正常生产,经常处于停工状态,万般无奈之下,他和烟厂几位同事另谋出路,几天求职无果,几位同事就回家了,唯有他找了一份同事们不愿意干的保健品公司业务员的工作。揣着300元路费,刘西峰只身去了长春。初到长春的一个多月,这家保健品公司就倒闭了,于是刘西峰又到了当年红极一时的三株公司,从发传单做起,一直做到了县域经理。1998年,刘西峰又受聘于步长制药,从进入步长制药的第一天起,他就立志必须走出一条生路。于是,他从最底层做起,并且乐在其中, 20多年来不管遇到多大困难,从来没有半途而废,从烈日炎炎的广东到白雪皑皑的东北,从被客户上万次拒绝到与客户成为好朋友,从挑灯夜战到专业学习,厚积薄发。3年、5年、8年、10年、20年……他始终没有放弃,用一份乐观执着砥砺前行,销售回款从200万元到500万元,再到2 000万元,累计回款超过2亿元,他成为陕西乃至全国最优秀的职业经理人之一。他本人也很享受这份工作带给他的成就感,所以一干就是20多年。现在,刘西峰的销售队伍已达50余人。这些年来,刘西峰带出了一批地区经理及大区经理,使得更多的有志青年实现了个人梦想及社会价值。他在步长制药的20多年,也是步长制药跨越式发展的20多年,企业从最初数千万到数亿、数十亿、上百亿元的年销售额,成为A股市场最具投资价值的上市公司之一。刘西峰个人的成长与步长制药的发展一脉相承,这也充分证明了坚持是成功的关键因素。他个人对自己取得成就的心得是:一个人1年肯定不能干好10项工作,但是用10年时间肯定能干好1项工作。

其实当我们追寻每一位大国工匠的成长轨迹,不难发现,他们身上都有着共同的特质:长年累月苦练职业技能,专注持久深耕同一领域,成为行业中不可替代的专家型人才。他们都是新时代工匠以技能立身的典范。

1.4.2 执着专注,一生只做一件事

在撒哈拉沙漠中,生活着一种体形类似麻雀的鸟,主要依靠在沙地上寻找食物维持生存。然而就在小鸟寻找食物时,它又成了潜伏在沙子中的蛇的猎物。每当这种小鸟刚落到地上,蛇就会忽然从沙子里蹿出,试图一口将小鸟吞下。然而现实中这一幕并不经常发生,因为身体弱小的小鸟总能靠一种绝招改变双方的力量对比,化劣势为优势。小鸟之所以能够击败蛇,生物

学家给出了答案，小鸟在经过长期的经验积累后，掌握了一套对付蛇的本领，那就是瞄准蛇头部的一个点，长时间不停地用爪子拍击。小鸟就是以这种坚忍不拔的方式，一点点改变力量对比，最终在这场力量悬殊的较量中取得胜利。小鸟用爪子拍击蛇的头部，一次两次算不得是什么攻击，但如果坚持拍击上千次，那就成了克敌制胜的法宝。

这让人想起了工匠们，他们也如同小鸟一样，数十年如一日地专注于一个点，因此才能在平凡的岗位上取得非凡的成就。六小龄童扮演的美猴王，是荧屏上永恒的经典，也是他人难以逾越的高峰（图 1-13）。有人说，别人演美猴王，都是人扮猴子，而六小龄童扮演的美猴王，则是猴子扮人。最神的是，有一次《西游记》剧组在一座山上取景，山里的猴子以为六小龄童是自己的同类，竟朝他打起招呼来。美猴王的精彩形象并非与生俱来，而是六小龄童用刻苦努力换来的。为了练就一双“火眼金睛”，六小龄童一早起就盯着日出看；白天看别人打乒乓球，人站在场中间，头不动，眼珠跟着球走；晚上再点上一炷香，使劲盯着香上那一点亮光。最后，六小龄童终于练出能够摄人心魄的眼神。六小龄童从艺数十载，扮演过不少角色，但他觉得所有角色加起来，都比不过一个孙悟空。他说：“我把一生都交给了《西游记》。”对于六小龄童来说，《西游记》也代表了一个家族百年来对“猴戏”艺术的传承。从六小龄童的曾祖父章廷椿老先生开始，章家一家四代就开始在绍兴老家的农田里扮演美猴王。六小龄童说：“一生做好一件事，而把一件事做好的前提，就在于坚持，硬向西去一步死，绝不东归半步生。”一家四代人，一百多年的接力，只为一个美猴王。认准一件事，就要专心致志做下去。经得起诱惑、耐得住寂寞，这正是工匠精神的完美写照。

图 1-13　六小龄童扮演的美猴王形象深入人心

王津（图 1-14），是故宫文保科技部钟表修复室一名古钟表修复师，钟表馆内展出的国宝，基本都经他的手进行修复过。自 1977 年初中毕业进入故宫以来，他已经为故宫工作了 40 多年，修复过的钟表有二三百件。虽然对于故宫来说，40 多年只是弹指一挥间，但对于王津来说，这却是自己的沉沉半生。

粘补外壳，恢复机件功能，这是王津的日常主要工作。例如一座铜镀金乐箱水法双马驮钟，高 112 厘米，是乾隆时期异国使节朝拜觐见时所献上的国礼。当年的熠熠生辉早已被如今的暗淡残损所取代，而王津的任务，就是让它重现往日风采。

图 1-14　故宫钟表师王津——一双巧手修复流金时光

修复钟表的第一道工序，就是清洗。任何使用在文物上的材料，故宫都有着严格的限定，对于老钟表来说，最佳的清洗剂就是煤油，但这也意味着，钟表师傅的手，要一直浸泡在煤油里了。而王津则一直恪守老一辈修复师传袭下来的规矩——“宁可伤手，也不伤文物”。

修复这座钟，需要对其中一个齿轮进行“微创手术”——手工栽尖，即在不到 1 毫米的中心点下钻,垂直打出一个 0.4 毫米的孔,重新载入钢轴。这种细小的钻头极脆,稍微用力过猛就会折断。这就要求修复师“心有准谱,眼有准星,手有准头”。而如此严苛的技术要求,对于王津来说,算是基本功。

修复文物要本着“修旧如旧”的铁律,即对文物的干预要最小化。而在修补轮齿这一方面,王津更是可以做到几乎百分之百还原:将一块铜料磨成米粒大小焊接在齿轮上,再在这一轮齿上锉磨出与原轮齿完全一致的磨损纹理。在微纤之间做到分毫不差,凭借的是王津心、眼、手妙到毫巅的相合。

经过拆卸、清洗、除锈、锉削等近百道工序的修整,这座钟进入了最后的调试阶段,可当时钟进入运转后,齿轮再一次损坏了。但王津的脸上看不出任何的焦躁,反而是耐着性子进行深入研究。在面对问题时,他依旧保持着对文物修复的一片赤诚。

经过一番测查,王津确定问题出在时钟本身。毕竟 200 年前的制作工艺不甚发达,异国工匠忽略了时钟内部的缓冲装置,导致这一部位的齿轮更加容易磨损。但是, 21 世纪的工匠,却不能够在钟内增置零件,这可是文物修复的大忌。虽然王津不能够替古代异国工匠改正这一小小的疏忽,但是在一遍遍的文物修复中,他却感受到了一种超乎时空的对话。

在钟表小小的零件表面,有数代匠人标刻的痕迹,从这些痕迹中,王津不仅仅能了解到一座时钟的变化历史,更能够体会到一代代匠人的良苦用心,透过文物,与旧时代的“同行”们畅聊,才是他真正迷恋这份工作的原因。而通过这一段段的对话,他也更了解到什么是对一份职业的敬畏之心。

“糊弄验收很容易,我们想让它三十遍、二十遍都不出问题。”王津对品质的追求,还要从他师父那里说起。

王津师承故宫钟表修复第二代传人马玉良,而师父认真寡言的形象也深深地刻在了王津的心里。他日日跟随师父默默研习取经,师父的真传,也就在日积月累中浸润于他的内心。“你要从这代人就开始糊弄,那后代人怎么办?”扎扎实实干活,问心无愧做人,这就是工匠的境界,是一代代钟表修复师言传身教传承下来的“规矩”。以此为信条,才敢承接前代的真传,才有底气说出对后世的嘱托。正如王津自己所说:“人家传了 100 年都没出现问题,不能因为我们的粗心大意造成文物损伤,那也对不起师父。”

几年前,王津因为《我在故宫修文物》这一纪录片被人们熟知,各大媒体纷纷向他抛出橄榄枝,但都被他婉拒。常年来,他出行的交通工具不过是公交、单车;衣物不过是一套深蓝色的工作服。说话轻声细语的他,无疑也把自己活成了一座时钟,任尔斗转星移,我自岿然不动。而工匠精神对于他来说,不过是“责任”二字,是上对得起天地,下对得起自己的那一份热忱初心。

只有将有限的精力集中在一个点上,才能够在专业技能上不断提高。而且随着技能的提高,人们从技能中获得的乐趣也就越来越多,在别人眼中看起来很枯燥的事情也会变得趣味盎然。随着知识和技能的逐渐累积,人们渐渐就会觉得这件事情就是自己命中注定的事业。由于受“职人”“匠人”文化的影响,在日本用一生的时间钻研、做好一件事的工匠并不鲜见,有些行业还出现一个家庭十几代人只做一件事的现象。

中国工艺美术大师郑春辉（图 1-15）是国家级非遗项目莆田木雕的代表性传承人，也是第一个被授予“大国工匠”称号的民间手艺人。

木雕是一项古老的技艺，兴于唐宋，盛于明清。传承至今，福建莆田的木雕以“精微透雕”享誉海内外。新中国成立以来，莆田一共出了 4 位中国工艺美术大师，郑春辉是其中的一位。炉火纯青的木雕技艺，让郑春辉收获了中国工艺美术领域的所有奖项。然而，他并未满足于此。几十年来，郑春辉积极探索，用刻刀刻出诗意家园。他以沉稳、灵动的手法，赋予作品古朴浑厚、深沉润泽、别有风韵的艺术效果，把中国山水画和古典诗词的意蕴与形态丰富的沉香木融合在一起，独树一帜地开创了莆田木雕乃至中国木雕的新品类——山水木雕。他用精湛的雕刻技法开创了山水木雕全新的意境。

郑春辉历时 4 年完成的珍稀沉香木雕作品《清明上河图》，是世界上最长的木雕，成功地创造了一项吉尼斯世界纪录。郑春辉向全世界展示了中国传统技艺的艺术魅力和文化自信。

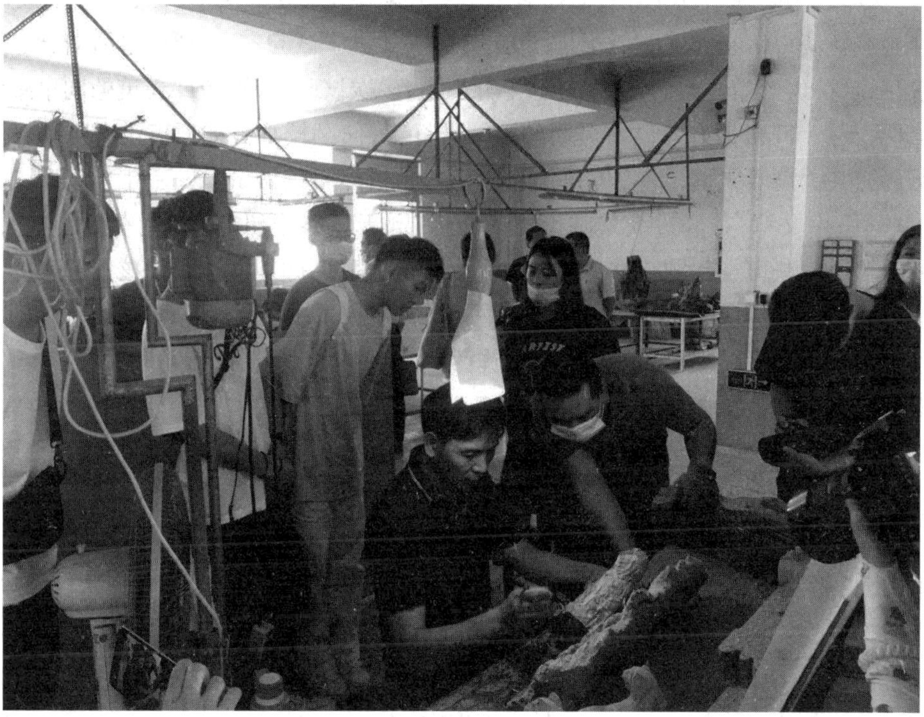

图 1-15 郑春辉教授技艺

持之以恒、执着专注是工匠精神的最为动人之处。具备工匠精神的人是内向收敛的，他们隔绝外部纷扰，凭借执着与专注从平凡中脱颖而出。他们甘于为一项技艺的传承与发展奉献毕生的才智与精力。

1.4.3 永不言弃，从平凡到极致

英国独立制表大师乔治·丹尼尔斯是欧米茄的工匠代表。在成为表坛的一颗巨星之前，丹尼尔斯和许多人一样，一直在钟表之路上默默耕耘。他从钟表修复开始，历数十年之工，终成

世界级制表大师。乔治·丹尼尔斯通过自己的努力成为英国钟表协会会长，他的钟表作品融知识性、历史性和技术性于一炉。即使在机械表举步维艰的20世纪70年代，他也从未想过放弃机械表。丹尼尔斯表示："我的主要兴趣就在于研发不依赖电力的精密计时。"

全国优秀共产党员、中车长春轨道客车股份有限公司焊工李万君说过，工匠精神的内涵一是创新发明开拓，攻克非凡的难题；一是始终如一日，把平凡的工作做到极致。在我国同样有一个品牌，那是一对夫妻数十年如一日永不言弃，在平凡的职业中做出的不平凡的成就。这个品牌就是南京英涛品牌。"南京英涛"是一家研究皮肤问题的公司，成立于2001年，多年来英涛创始人邱天英女士与先生丁钢涛只做一件事——研究问题性肌肤，为更多人解决肌肤困扰。邱天英女士本是南京集庆门医院皮肤科的一名主任，之所以会创办英涛，是因为她在2001年接触过一位病人。当时一名小女孩顶着满脸的斑走进科室，邱天英在和女孩的交谈中发现，由于女孩脸上的斑，她的生活和工作受到了很大的限制和约束。邱天英感觉到了女孩的失落感和绝望。从那一刻起，邱天英明白，肌肤对一个女人来说是多么重要。邱天英想要解决女孩的困扰，让她重新获得信心和美丽。于是，邱天英一头扎进了试验室，想要通过科研，经过临床试验研究出一款祛斑产品。然而，这个过程十分不易，多次试验失败，让邱天英的同事感到不解。同事劝邱天英放弃吧，做好自己本分内的事情就好了，何必较真。邱天英没有听劝，她继续坚持着自己的想法，就算被同事说"倔强"也没关系，她依然坚持做试验。一年半以后，通过研究中外皮肤学医术文章，并经过大量临床试验之后，邱天英终于研究出"色素提取棒"，做到安全、有效地解决皮肤斑点问题。这最终解决了女孩的肌肤问题。通过小女孩事件，邱天英觉得她不是在从事一项工作，更多的是为他人带去美丽，使人重获新生，这是一份爱的事业。她要把这份爱传递下去，所以跟她的爱人丁钢涛先生创立了英涛品牌。

相信很多人都看过《阿甘正传》这部影片，智商只有75的阿甘，凭着上帝赐予的"飞毛腿"开始了一生不停的奔跑。影片虽然简单地串联了阿甘的几个故事，但是却给每一位影迷带去了极大的震撼。阿甘的做事风格其实就是坚持到底并全力以赴。在橄榄球场上，他只知道拿着球就向前冲，冲到哪里他并不知晓；军队里的他，只想着把好友救出来，没有顾及自己的安全；捕虾时，只想着捕虾，没有计较成败……他的执着很单纯，有冲劲，有着不达目的绝不放弃的行动力。阿甘的人生，其实充斥着非常多的困难和苦难，但是阿甘始终没有放弃，一直往前跑，用这种简单的实干赢得了成功。这种毫不复杂的实干，毫无其他心思的执着，值得我们学习，并将这种简单纯粹的执着实干劲儿带到工作中去。

在《中国梦·大国工匠》导读中有这样一段话："一份专注，淬炼出时光的品质；一份坚守，琢磨出情怀的精致；他们的手，有毫厘千钧之力；他们的眼，有秋毫不放之工；他们兢兢业业，让平凡有了梦想的温度。他们是大国工匠，是'中国制造'的时代精神。"也许我们的岗位很平凡、工作很琐碎、经历很平淡，但一个人能够像工匠一样，尽到本分，把工作做到极致，也是一种成功。

1.4.4 工作有狠劲儿，业务有钻劲儿

有一种疯狂，是对真理和美好事物永无止境的追求，是"用技能创造伟大、用工作改变世

界”的宏伟愿景，是对事业不顾一切地投入。想要取得优秀的业绩，体现工匠精神，在工作上就要有一股狠劲儿，有一种不达目标不罢休的钻劲儿。

日本有一家公司叫树研工业，他们曾用整整 6 年的时间，生产出当时世界上最轻的齿轮——重量仅仅有十万分之一克。4 年后，他们又研制出重量仅有百万分之一克的粉末齿轮，直径为 0.147 毫米、宽为 0.08 毫米，每个齿轮上有五个小齿，精巧程度令人叹为观止。更令人惊异的是，并没有人要求他们一定要做出最小的齿轮，他们这样做只是为了在自己的领域不断追求完美和极致。树研工业对技术的追求，有点儿接近于体育竞技精神，正是不断追求完美和极致的工匠精神的体现。这种追求背后，还蕴藏着一种一定要把事情做成的强烈愿望。稻盛和夫认为，为了实现理想，仅仅有一般的愿望是不行的，而是要有强烈的愿望。“要废寝忘食地渴望着、思考着，全身上下从头顶到脚尖都充满这个愿望，就好比身上划破后流出的是‘愿望’而不是血。”

有一位 80 后中国姑娘，在专业领域一路执着探索最终成为行业传奇，她就是魏菲。魏菲来自周口商水，18 岁到法国留学。她在法国留学期间，先后通过国际贸易师（高级）考试，获得国际市场营销学士学位、国际银行与金融硕士学位。随后，她进入美国运通公司、英国通济隆公司、法国巴黎银行集团工作。这位 80 后姑娘背后的努力和专注是常人无法想象的。魏菲一开始在美国运通公司法国分公司实习，运通公司是世界著名的跨国公司，能在这里工作，是魏菲梦寐以求的事情。实习工作虽然辛苦，但她硬是坚持了下来。当时，魏菲负责的工作十分零散，作为实习生的她必须付出一百二十分的努力才能获得认可。魏菲带着一股不服输的精神，运用麦肯锡工作法、四象限法则等来规划工作，并且努力钻研业务，将大量的时间全都放在了工作上。很多疑难问题，在这个实习生身上都得到了快速解决。凭借着这股狠劲儿，实习结束后，魏菲顺利进入该公司成为正式员工，并负责公司的外汇兑换业务，一跃成为人人艳羡的跨国公司白领。当时，公司里有一项关于外汇兑换的业务十分困难，很多工作了几年的老员工都难以解决。魏菲主动承担过来，她开始了“拼命三郎”的工作模式。一个月下来，她平均每天只睡 4 个小时，每天盯着电脑趋势图，最终在她的努力下，问题在最短时间内得到了解决。本应该有大量提升空间的她，却因为 2008 年的金融危机而终止了在运通公司工作。当时，美国运通公司放弃了外汇兑换业务。2009 年，魏菲转到英国通济隆公司工作。2011 年，魏菲又凭借着高超的业务水准成功跳槽到法国巴黎银行集团。在法国巴黎银行集团，魏菲从事财务方面的工作，位于全球十多个国家的分公司的财务报表都要汇总到她这里。有时候，魏菲一到办公室首先看到的是一摞高高的报表。她没有抱怨，继续埋头苦干，将心思全都放在了这些报表上，并且在研究报表的同时，不断钻研国际金融趋势。几年后，魏菲被调到法国银行集团的租赁国际部工作。凭借出色的工作能力，魏菲很快获得了上司的认可，成为国际部秘书长。这位普通中国姑娘一路成长的传奇故事，背后是她的付出与汗水，是一股狠劲儿，一股拼劲儿，这正是工匠精神的一种表现！

1.4.5 持之以恒，全力以赴

公牛集团创始人、公牛安全插座发明者阮立平曾说：“人这一辈子拥有的时间是有限的，能做成的事情也是有限的！一旦认准了一件事，就要心无旁骛地做下去，要做就要做到底。”

阮立平认为，专注力的价值就体现在某些领域，你可以做得比别人好。正因如此，他将自己的事业最终定位在电器行业，一心一意做插座。专注使阮立平变得专业，其他事情他常常记不住，但有关插座的事情，他都记得特别清楚。专业使公牛集团生产的公牛牌插座，最终成为“中国插座之王”。公牛集团书写了年销售额超过 20 亿元，市场占有率全球第一的“公牛神话”，成为能够挑战国际大牌的国货精品生产企业（图 1-16）。

图 1-16　公牛集团——因为专注所以专业

有这样一则小故事发人深省，有一个老木匠，做了一辈子木匠工作。他技艺精湛又勤奋敬业，因此深得老板信任。由于年老体衰，他向老板申请退休，老板再三挽留没有成功，只好答应他的请求，不过希望他在临走前能再帮自己盖一座房子，老木匠答应了。但此时的他已归心似箭，心思全不在工作上，连最基本的用料和做工都马马虎虎，全无往日水准。等到房子盖好后，老板将房子钥匙交给了老木匠。“这是你的房子，”老板说，“我送给你的礼物。”老木匠一下子愣住了，悔恨和羞愧一齐涌上心头：他一生盖了多少精美的别墅，最后却给自己盖了一座粗制滥造的房子！这不是因为他的技艺减退了，而是因为他丢失了自己的工匠精神。持之以恒，全力以赴，奋斗终生，始终对工作心存敬畏，对工作永葆激情，这正是新时代大学生要学习的工匠精神。正如工业和信息化部工业文化发展中心主任罗民说的那样，一个拥有工匠精神、推崇工匠精神的国家和民族，必然会少一些浮躁，多一些纯粹；少一些投机取巧，多一些脚踏实地；少一些急功近利，多一些专注持久；少一些粗制滥造，多一些优品精品。

细数大国工匠们，他们的人生，虽平凡，但却不失精彩。他们每天都在努力追求精进，不断向道德和技艺的高峰攀登。职业精神是衡量一个国家制造业实力和品牌竞争力的一面镜子。德国、美国、日本等国家具有强大的工业实力，起决定作用的不是其尖端的科技、先进的设备、完善的管理，而是无数分散在各行各业中的普通生产者身上的职业精神——一份专注，一份坚守，用工匠的技与心撑起了一个国家工业的强大。

1.5 工匠精神之求实创新

1 400 多年前，工匠大师李春用石头砌出 50 多米长的赵州桥，历经洪水、地震等，至今巍然挺立。时针再继续往前推，2 000 多年前，另一对李姓父子——李冰父子，设计、修建了都江堰，一直到现在还继续发挥着巨大的排灌作用，这都是“工匠精神”的真实体现(图 1-17)。在当下“互联网 +”时代，楼盘开张、桥梁贯通、线上秒杀、物流穿梭，生活景象千变万化。在快节奏的生活中，我们逐渐缺少了工匠精神。很多人一提到工匠精神，就以为是像机器一般埋头苦干，事实上，机械做事不是真正的工匠，精于求新才是工匠的追求、梦想和目标。

图 1-17 古代人民智慧的结晶——赵州桥、都江堰

创新是一个民族进步的灵魂，是一个国家兴旺发达的强大动力。当把目光聚焦于人类工业革命进程时，我们就会发现，正是那些工匠的手，在摇动着工业革命的摇篮。那些改变和影响我们生活的发明和产品，无不与工匠精神息息相关。

1.5.1 不满现状，创新彰显工匠本色

乔伊大学毕业之后顺利进入芝加哥的一家网游公司，成为一名软件开发员。自从踏上工作岗位之后，乔伊工作一直很踏实，工作起来也认认真真。然而，两年多过去了，乔伊还是在原地踏步。而转眼看同期进入公司的朋友，他们很多都得到了提拔，甚至还有些做了技术主管、项目经理等。乔伊不明白，从专业水平和工作态度上看，自己都不差，为什么却得不到进阶呢？带着这个疑问，乔伊找到了部门经理。他和经理诉说了自己的想法，然后问经理：“经理，您觉得我还有哪些地方需要改进？”乔伊的项目经理早就猜到了他的来意，对他说：“其实就算你不来找我，我也想要找你谈谈。我一直很欣赏你的脚踏实地，工作中也缺少像你这样的人。但是你要明白，要想把工作做好，只靠踏实肯干是不够的，尤其是做网游开发工作，重要的是创新，如果你只是做‘搬运工’，那么你永远也无法实现更高的价值。要有创新力，才会有更吸引用户的产品，这也正是你所欠缺的。”乔伊听了经理的这番话之后，恍然大悟。从那之后，他开始在做好基本工作之余，不断尝试创新。在开发软件的过程中，他不断琢磨推陈出新的技术，努力学习新技能，并运用新技术来开发软件。在乔伊不断探索的过程中，他逐渐做出了具有乔

伊特色的软件开发项目，而且还大大提高了工作效率，并且赢得了公司管理层的认可。后来，他顺利被提拔为项目经理。

在《工匠精神：缔造伟大传奇的重要力量》一书中，作者亚力克·福奇认为工匠就是“一群不拘一格，依靠顽强意志和不屈劲头，以发明和创新改变世界的人”。在亚力克·福奇看来，工匠是一群用我们周围已有的东西创造出全新之物的人。工匠们注重的是各种平时在我们身边被忽视的“小玩意儿”，利用已有的产品和技术对它们进行再创造，帮助人们解决工作和生活中的难题。工匠的创新主要体现在利用技术和发明，创造或完善现有产品或服务上。

图 1-18　华特·迪士尼电影公司标志

问世于 20 世纪 40 年代的晶体管虽然不是索尼公司发明的，但索尼公司却能够依靠推出晶体管收音机、晶体管电视、小型录像机而独霸小型电子产品市场。同样，华特·迪士尼本身并不是一名发明家，但他却将最新的科学技术应用于产品中，创作了世界第一部有声动画和彩色动画。迪士尼公司也成为享誉全球的动画电影公司（图 1-18）。

不满现状，不断创新成就传奇的还有苹果公司，图形用户界面技术最早是由施乐公司发明的，但是苹果公司却在这项技术的基础上不断完善，终于制造出了具有划时代意义的麦金塔电脑。麦金塔电脑被认为是电脑史上最不可思议的发明，它真正开创了图形界面的未来，真正改变了世界。在这个过程中，施乐只是扮演了科学家的角色，而苹果公司则扮演了伟大的工匠角色，他们将施乐发明的技术转换为成功的产品，从而缔造出一个伟大的商业传奇。

与一些令人耳目一新的创新噱头相比，产品的完美体验更为重要。库克在点评苹果公司的经营策略时说，苹果是不求第一，但求最好。苹果公司生产出的产品往往不是市场首例，但却是最好的。无论是 MP3（一种常用的数字音频压缩格式）播放器、智能手机还是平板电脑，苹果公司都不是最先推出同类产品的，但却是市场占有率最高的。苹果公司并不关心自己是否是第一个推出产品的，而是花费更多的时间把产品做得更好。如果做不到这一点，他们宁愿放弃。因而，工匠的创新还体现在对产品的不断完善上。与一些革命性的创新相比，累积性的技术创新和产品改善，在原有基础上无限接近更好则带来了更多创新。假设每个人进步 1%，上千名研发工程师的创新叠加在一起，产生的效应则是难以估算的。

工匠精神在传承中创新，青出于蓝而胜于蓝。如今各行各业的工匠们，应当思考自己的社会价值，时刻关注用户的需求，注重技术和创新的实用性，以最开放的姿态吸收最先进的技术和发明，从而为社会和消费者们创造出更好的产品和服务。

1.5.2　熟能生巧，创造力是精通的副产品

熟能生巧，“巧”字既有技艺精湛的意思，同时还有发明创新的内涵。精诚所至，金石为开。创新灵感，不是天才的专利，而是“顽强劳动后获得的奖赏”。创造力是精通的副产品，而精通则是通过长期的辛苦磨炼来培养的。工匠的创意发明都是在工作的敲打中，伴随着辛勤

汗水的挥洒而出现的。创新很少来自干净整洁的办公室，基本上都诞生于人手与机器的碰撞打磨之间。

许振超（图 1-19）只上过一年多的初中，却成了鼎鼎有名的“桥吊专家”。他带的技术团队，打破了吉尼斯世界纪录，被称作“振超效率”。这一切都来自他在工作中的勤学苦练。他说过一句话：“咱当不了科学家，但可以做个能工巧匠。”正是抱着这样勤学苦练的心态，许振超在工作中陆续练就了“一钩准”“无声响操作”“倒退模板”“一针穿靶”等绝活，是同事眼中的“桥吊大拿”。许振超的“巧”不仅体现在精湛的技艺上，同时还体现在发明创新上。有一次，一台桥吊出了故障，公司请来一名外国工程师维修，但对方却要价 4 万多元，当时公司上百人、几十台机械，忙活一天一夜，也挣不了这么多钱。许振超心里开始琢磨，我们能不能自己修桥吊？他试着向外国专家请教，却遭到了拒绝。这深深刺痛了许振超。从此，只有初中文化的他着了魔似的开始自己钻研起来。整整 4 年间，他画了两尺多厚的电路图纸，这些图纸成了桥吊排障、提效的有力武器。几年下来，经许振超主持修理的项目，累计为青岛港节约 800 万元，节约的就是效益。许振超的创造力还体现在团队管理上。他带领队友多次打破世界集装箱装卸记录。“振超效率”名扬国际航运界。有一年，青岛港老港区承运了一批化工剧毒危险品，这种货物稍微碰撞，就可能引发恶性事故。当时有关领导和船东、货主都赶到了码头。为确保安全，码头、铁路专线都派了武警和消防员。许振超和他的队友们不慌不忙地亮出绝活，只用了一个半小时，将 40 个集装箱全部有条不紊、悄无声息地卸下船，又一声不响地装上火车。这行云流水般的作业让紧张了许久的货主们发出了热烈的欢呼声。世界第一的“振超效率”为青岛港创造了巨大的品牌效应，许多世界知名的航运公司都主动寻求与青岛港合作。在技术不断进步的同时，许振超还著书把自己的经验介绍给大家。他编写的《青岛港集装箱装卸桥吊司机操作手册》不仅成为港口新桥吊司机的培训教材，而且还被一些大专院校定为机械专业的教材。他编撰实施的《振超管理法》还荣获“全国职工科技创新奖”。如果说许振超的成功有什么秘诀的话，那就是勤学苦练。

图 1-19　最美奋斗者——许振超

2010 年 4 月 27 日，全国劳动模范和先进工作者表彰大会在北京人民大会堂隆重举行。一位农民工成为座上宾，与众多科学家、企业家一样披红戴花受到党和国家领导人的亲切接见。他就是山东豪迈机械科技股份有限公司设计员、电火花技术科研小组组长——王钦峰。王钦峰是高密市井沟镇隋家庄村人，1992 年初中毕业的他刚满 16 岁，由于家庭不大富裕，因而他未能继续上学。为了能赚点钱补贴家用，他就到原呼家庄镇汽车配件厂打工。1995 年，该厂被分割拍卖，高密豪迈机械有限公司成立，王钦峰与维修车间的全部职工一起成为该公司的职工。1998 年，豪迈公司投入全部资金，生产销售了 20 多台轮胎模具专用电火花机床。由于是新产品，这些机床存在缺陷，个别产品甚至影响了客户的正常生产，导致客户怨气很重，有的要求退货。当时负责售后服务的王钦峰，不是独自背着沉重的仪器在外面给客户维修产品，就是照着书本修改图纸，反复试验改进产品方案。自此，王钦峰一心扑在解决机床“烧结”的难题上。凭借这股韧劲儿，经过无数次的失败和试验，王钦峰发明的电火花防弧电路终于研制成功，在全国同行业中率先解决了机床“烧结”难题，成为我国电火花行业的一大革新。

工匠有着艺无止境的学习理念。他们对技艺的追求没有尽头，这让他们除了入门时勤学苦练，更多的是在实践中不断学习、善于学习、终身学习，不断提升技艺水平，敢于面对挑战，敢于创新进取，从而不断完善自我。

1.5.3 创新精神筑时代梦想

民以食为天。在漫长的历史长河中，解决人们的温饱问题，一直是各朝各代的梦想和追求，也曾有无数的科学家为此夙兴夜寐、鞠躬尽瘁。但在中国及世界人民心中筑起丰衣足食这道丰碑的，是“杂交水稻之父”、中国科学院院士袁隆平（图 1-20）。

1953 年袁隆平大学毕业时，学校向全体毕业生发出号召：服从统一分配，到基层去，到农村去，到艰苦的地方去，到祖国最需要的地方去！袁隆平去的地方是湖南省安江农校，去做一名农业科技工作者。袁隆平立志要解决粮食增产问题，不让老百姓再挨饿！

人类的许多奇迹，往往都是从梦想开始的。袁隆平有两个梦想：第一个梦想是“禾下乘凉梦”——杂交水稻的茎秆像高粱一样高，穗子像扫帚一样长，籽粒像花生米一样大，他和助手们一起在稻田里散步，在稻穗下乘凉……第二个梦想是杂交水稻覆盖全球梦——将全世界所有的稻田都种上杂交水稻，让全世界的人都不再挨饿。这两个梦，是他美好理想和丰富想象力的艺术展示。他说：“神奇的梦想诞生于平凡之中，也能够在平凡之中成真。”为实现自己的梦想，袁隆平从未停下研究的脚步。

“发展杂交水稻，造福世界人民”是袁隆平毕生的追求。研究杂交水稻之初，为寻找水稻的天然雄性不育株，袁隆平冒着酷暑，在茫茫稻海中一行行、一株株、一穗穗地寻找。为抢救残存秧苗，他奋不顾身地跳进深井；为完成试验，他在遭遇强烈地震时冒着生命危险抢救种子，坚持 3 个月住操场、睡草席。自 1968 年在海南开辟了水稻研究基地后的半个世纪里，他像候鸟一样往返于三亚和长沙，以空间换时间，游走奔波，从未间断。在 1973 年实现了“三系”配套成功后，1986 年至 1995 年，历时 10 载，他宣告两系法研究成功。1996 年，他又主动请缨，立项“超级杂交稻”育种计划并组织实施。1997 年，他开展超级杂交稻研究，设计出了以高冠层、矮穗层和中大穗为特征的超高产株型模式和培育超级杂交稻的技术路线，分别于 2000 年、2004 年、2012 年、2018 年，实现中国超级稻第一期亩产 700 公斤、第二期亩产 800 公斤、第三期亩产 900 公斤、第四期亩产 1 000 公斤的目标，提前实现了“争取在 2020 年实现每公顷 18 吨的世界最高纪录目标”。

同时，针对我国人增地减的现状，袁隆平于 2006 年提出了运用超级杂交稻技术成果的“种三产四”丰产工程，2007 年率先在湖南省 20 个县（市、区）启动实施，取得了显著成效。2011 年，袁隆平又提出了“三分地养活一个人”的“三一”粮食高产工程，2014 年在湖南省 16 个县（市、区）实施，到 2010 年在全省推广应用 73.33 万公顷。目前，杂交水稻在中国的年种植面积超过 1 600 万公顷，居世界第一位。湖南省水稻育繁水平全国领先。近年来，袁隆平的研究团队成功培育出海水稻、沙漠稻及茎秆两米多高的巨型稻，开启了水稻研究的崭新一页。

图 1-20 杂交水稻之父袁隆平

崇尚工匠才会产生英雄，争做工匠才能大国工匠辈出。2019 年 9 月 29 日，袁隆平院士荣获“共和国勋章”。他的事迹和贡献将永远写在共和国的史册上！

真正的匠人会不断要求自己，给自己施加压力，不断提升目标。张炜是杭州水印天公共造型艺术有限公司高级工艺美术师，从事岩彩殿堂壁画研究创作近 20 年，是杭州市非物质文化遗产“殿堂壁画”的代表性传承人。张炜的作品历获省、市工艺美术精品博览会金奖、银奖和特等奖，其中《庄子秋水》获首届世界手工艺大会艾琳奖银奖。张炜被浙江省人民政府授予“浙江省工艺美术大师”称号。2017 年 4 月 25 日，张炜被杭州市政府认定为首届“杭州工匠”。张炜是土生土长的余杭人，家里三代都是民间壁画工匠。他从小就对壁画创作感兴趣。然而做殿堂壁画并非想象中那样简单，也不是机械地埋头苦干，而是需要灵性和创作。传统的殿堂壁画，要先用木头雕出线条，然后用传统的矿石粉末上色，再沥粉贴金，有时候也会根据需要镶石。这些工艺流程，在史书上都有记载，张炜想要照搬并不困难，但张炜认为，不应该停留于故有的表现形式，而是应该通过继承与创新，使其更符合现代建筑或环境空间的装饰需求。张炜为了实现壁画创作的梦想，在画中呈现出最好的效果，曾经跑了十趟九寨沟，就是为了从那一汪清水里找到自己想要表达的东西。他总说，好的作品不应该去刻意复制别人，更不是凭空想象出来的。所谓灵感都来源于生活和大自然。张炜认为这世上没有完美，只有唯美。如果非要让他说出哪件作品是最好的，他永远都只期待“下一件”。张炜曾经说，最让他兴奋的事情，是作品完成的那一瞬间。随着时间的推移，他总能从作品中看到不足。他说，一个人如果一味沉浸在自己作品的某个阶段，作品的感染力就会随着自我陶醉而失去生命力。

1.5.4 让求实创新成为我们新的生活方式

在一个狭窄的地方待得太久，手脚往往会被捆绑起来，无的放矢。任何事情都源于生活，在工匠们手下的精品也是源于生活而进行的二次创造和多次改良。因此在工作中，我们需要不断提升自身的发现力和观察力，寻找生活中的小创意，将其运用融合在工作中，这样才更具匠心。

自 1996 年进入公交集团之后，吴有清就承担着公司 LNG 天然气公交车和新能源混合动力汽车等车辆的维修和保养任务，他深知此项任务的艰巨和责任的重大。在公交汽车中，一个部件的损坏，一颗螺丝的松动，一时的疏忽大意都有可能导致事故的发生，带来难以估量的后果。为此，在机修工作中，吴有清注重修理质量，努力学习，提高钻研修理技能，严格检修，对车辆的定期保养工作也从不马虎。一保、门检、小修作业，一干就是几个小时，甚至一天一夜，加班加点更成了家常便饭。对那些顽固的问题，吴有清还特别具有创新精神。针对金龙 6930 型和宇通 6930 型车辆缓速器、控制器的使用寿命短、维修成本高等问题，当吴有清发现这些主要问题来源于控制器的继电器触点容易烧坏后，他便开始集思广益，多次探究。他更是从一些小汽车、摩托车甚至家用的电动车上发现了相似的问题和解决方案，最后做出了大胆的设想和方案——在继电器前加装一个电容器，使继电器触点减少电弧，延长了继电器的使用寿命，从而减少了成本支出。吴有清还兼任分公司仓库、材料的管理，配件更换的审核工作，这些工作可谓繁杂细小。他在工作中十分用心，看到电视上播出《废物利用》节目之后，他将这种可利用的思维运用在汽车维修和材料管理上，把那些能改装修复的配件留起来，绝不废弃，日积月累为公司减少了可观的成本，同时还能寻求更高的再利用价值。吴有清还充分利用空余时间自学，并多次组织修理人员对 LNG 和国Ⅲ发动机及油电混合动力汽车进行故障排除、案例分析、实践操作等方面的培训学习，使公司修理班同事对新技术进一步加深了了解。从 1999 年到 2015 年，吴有清多次被评为“科级先进工作者”，2016 年还被评为“最美公交人”。

生活就是创新最好的老师，日本著名平面设计大师田中一光的许多设计都来源于对生活的观察。他说：“只有努力用心观察的人，才能源源不断地获得灵感。”在田中一光看来，设计不仅是一种创意，同时也是一种生活方式的体现。设计的目的就是帮助人们发现生活中的美，找到一种适合自己的生活方式。因此，田中一光认为设计师工作的原点就是观察：观察世界，观察人类，观察文化。他对助手常说的一句话就是：“无论如何，先去多看看好的东西。”每当助手进入事务所工作满 3 年后，田中一光都会让助手一个人去海外旅行，不管是建筑还是绘画，尽可能多地接触真正好的实物，因为观察生活的时间越久，就越容易产生新的兴趣，进而成为一种习惯。这对于设计工作者来说十分重要。

无独有偶，OPPO 手机 R9（图 1-21）“凝光腰线”的设计灵感，也是来源于在设计师范晓宇旅游时，映入他眼中的一道雪山之光。那束阳光穿越连绵的雪山，在山间形成一种明暗交接的奇妙景色，“这道阳光是太阳在地球雕塑出来的一件作品，其间蕴含的力量是人类无法企及的。忽然，脑间出来一个对话框，灵感来了，那是所有设计师都渴望的时刻，就是它了！”范晓宇当时的想法就是把山峰带给自己感觉，运用在新一代的手机设计中，将他感受到的这种力量通过手机让每个消费者也可以感受到。

在这个快速变革的时代，创新要成为一种思维常态和例行的工作。就像日本 7-ELEVEN 总裁铃木敏文说的那样，现在已经进入了变化异常激烈的年代，以至于“朝令夕改”这个词的意思也完全转变了，成了优秀公司的一个特征。因此我们当代大学生，更应继承和发扬求实创新的工匠精神，从日常做起，从点滴生活入手，将创新精神当成我们的新生活方式，努力推动我国从制造大国走向创造大国。

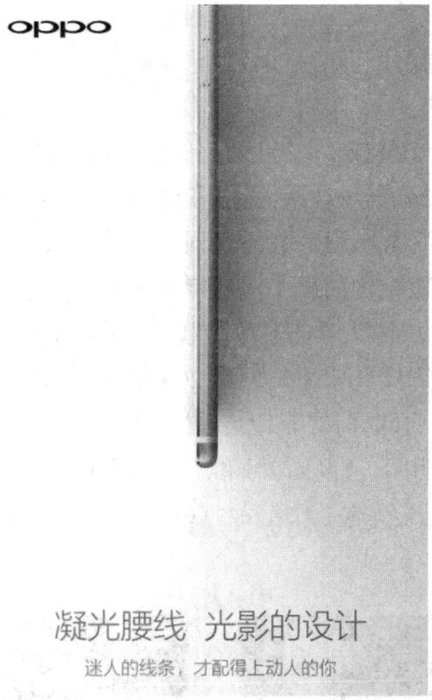

图 1-21 OPPO 手机 R9

1.6 工匠精神之薪火相传

1.6.1 古代工匠精神源远流长

在中华文明史中,悠久发达的手工业造就出大批能工巧匠,孕育了中国独特的工匠文化与传统工匠精神。传统工匠精神为古老中国技术引领世界做出了杰出的贡献。

17 世纪的中国,同样人才辈出。东方古国文化积淀深厚,建筑艺术日臻精深。从历史深处走来的这群能工巧匠,身怀古老手工技艺,成竹在胸,从江西辗转京城,抖振衣襟的征尘,合力开启中国古典建筑艺术宝库的大门。

如果说建筑是“凝固的音乐”,三山五园清代皇家园林建筑就是恢宏的“交响乐章”。山环水绕的建筑理念,道法自然的构图原则,等级分明的布局安排,别具式样的组合装饰。一砖一瓦,浓缩清代政治经济文化,表达王朝统治思想;一草一木,透露帝王审美旨趣,传递中外美学哲思。这一切乃至引发了 18 世纪欧洲“中国园林建筑风”。

清代皇家专门执掌建筑的设计机构,称为“样式房”。统领设计事务的称为“掌案”,相当于皇家首席建筑师。从康熙中叶到清末,“样子匠”雷氏家族执掌皇家建筑事务计八代跨 200 余年,因贡献卓绝,享“样式雷”之美誉(图 1-22)。同治十二年(1873 年),第六代传人雷思起获赏二品顶戴,为内务府大臣和侍郎品级,样式雷家族达到事业和荣耀的顶峰。

样式雷家族与建筑遗产相关的“旨谕、奏折、工程备要、销算黄册”,以及传世的“图样模型及《旨意档》《堂司谕档》等文档”统称“样式雷图档”。

“烫样”是清代对建筑模型的专有称谓，用草纸板热压而成，“既供皇帝御览所用，亦被工地现场施工所用”。从整体设计、内檐装修，到室内陈设、水利工程，“凡文字无法表述者，无不诉诸烫样”。雷氏家族按 1∶100 或 1∶200 的比例制作模型，进呈内廷，供帝后亲自审定。“台基、瓦顶、柱枋、门窗、床榻桌椅、屏风纱橱、室内陈设”无不齐备，屋顶、陈设均可开阖、移动。

图档类型众多，由工匠沿木尺用毛笔徒手划线绘成。“建筑的正立面、侧立面、等高线图等，工程的每一个细节，每一个结构的尺寸，全部有所记载。”

对样式雷做专门研究的天津大学王其亨教授在《世界记忆遗产——样式雷的发现》一文中介绍：雷氏世家赓续执掌清代皇家建筑设计 200 余年，业绩惊人。清代皇家园林的重大工程，“都城、宫苑、坛庙、陵寝、府邸、衙署等，大多留下了样式雷的不磨记忆”。

香山静宜园、玉泉山静明园、清漪园（颐和园）、圆明园、西苑、承德避暑山庄、道光至光绪的帝王陵寝、慈禧慈安皇太后定东陵、天坛、故宫……被列入世界遗产的中国建筑设计，五分之一出自雷氏家族。

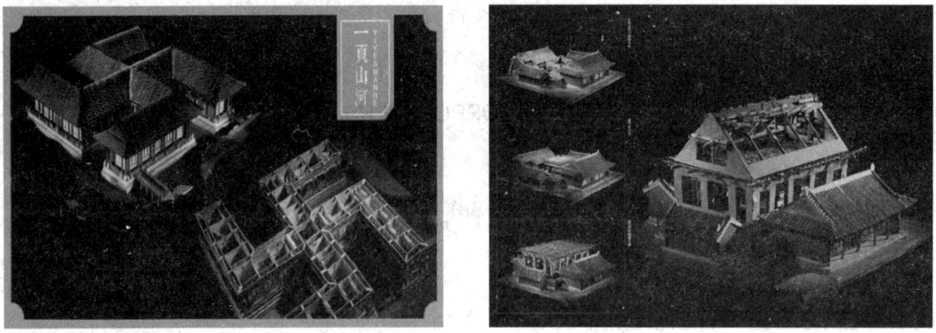

图 1-22　样式雷——水榭楼台寄寓人间仙境

正是因有大国工匠样式雷累八代奇功，才使今日三山五园之绝世遗珍尤为可观——水榭楼台寄寓人间仙境的梦想追求，楼堂馆所汇聚世间百态的奇思妙想，御笔楹联博采古今圣贤的治世经验，雕梁画栋记录文化典籍的传世诗篇。

那些传承百年的中华老字号，同样是我国古代工匠精神的优秀代表，在如今也依旧发光发热。一提起中华老字号，我们脑海中就会出现六必居、同仁堂、张小泉剪刀、全聚德……这样一连串名字。在这些老字号中，有的已传承数百年，还有的已有上千年历史。世代传承的老字号，往往都有自己的工匠文化，如同仁堂的“炮制虽繁必不敢省人工，品味虽贵必不敢减物力”，胡庆余堂的“戒欺”“是乃仁术”，张小泉剪刀的“良钢精作”，等等。任凭岁月更迭、时代变迁，其精神不变，品质始终如一。

六必居酱菜成立于明嘉靖九年（1530 年），是由山西临汾人赵存仁、赵存义、赵存礼三兄弟合伙创立的，至今已有 490 年的历史，堪称老字号之最（图 1-23），其酱菜品质也一直为人称颂。据日本的一家腌菜协会称，日本的酱菜技术就是师承于中国。在日本有“站在东海岸看到六必居”的说法，可见其在日本的受欢迎程度。1972 年，日本首相田中角荣访问中国时，曾专门提出要参观六必居，并嘱咐秘书购买六必居酱菜带回日本。六必居享誉海内外，同样也得益于它的工匠精神。六必居酱菜的原料，都有固定的产地。它制作黄酱和甜面酱的黄豆，都选自河北省丰润区马驹桥和通州永乐店，因为这两个地方的黄豆饱满、色黄、油性大。白面则选自京西涞水县，这里的小麦黏性大，经过六必居独特的加工工艺后，更适宜做甜面酱。六必居从选料到加工，同样遵循着“炮制虽繁必不敢省人工，品味虽贵必不敢减物力”的工匠精神，一分一厘的成本，一分一秒的工夫都不能省。有些酱菜用食品添加剂腌制，两三天就能上市，但六必居不行，对于食材的选取和制作要求都十分严格。例如，老秧瓜（菜瓜）必要“七寸白”的成熟；黄瓜必要“顶花带刺”二两（旧秤）一条；糖蒜选料必要夏至前三天收进厂，每头四至六瓣。黄豆酱的制作要历经半年以上：每年春节过后将黄豆发酵，制成“黄子”，然后晒干碾碎入缸，直到处暑方能起缸。用这样的食材和好酱制成的酱菜，自然地道好吃。“黍稻必齐、曲蘖必实、湛之必洁、陶瓷必良、火候必得、水泉必香”，六必居成立之初定下的“六必”要求，汲取我国古代几千年酿制工艺的精髓，其中对质量严苛要求的精神，被一代代传承下来。与六必居同时代的许多劣质低价的酱菜铺都消失了，唯有六必居，依靠坚持“六必”的工匠精神，数百年屹立不倒，至今仍有强大的生命力。

图 1-23　坚持“六必”工匠精神的中华老字号

尽管手工业时代早已成为过去，但手工劳动在当代社会生产体系和社会生活中仍然存在，并起着不可替代的辅助作用。特别是随着现代工业的人性化和个性化发展，机器生产正在重复手工业时代的某些特征，从而为工匠精神的存在和发展开辟了广阔前景。培育和弘扬工匠精神，不仅有利于我国制造业的转型升级，而且在全社会范围内具有精神价值，有利于形成尊重劳动、尊重普通劳动者的风尚，有利于增强工人阶级的存在感和影响力，也有利于抵制在社会中弥漫的浮躁风气，形成理性平和的社会心态。

1.6.2　近代中国涌现大批大国工匠

扫一扫：超带感的工匠精神，这才是中国气质

工匠精神体现在产品的完美度“从 99% 提高到 99.99%”的过程中，它是认真、执着、精细、完美的代名词。正是技术从业者们精益求精、追求完美，让生产过程成为类似工艺品的雕琢过程，铸就了我国传统制造业曾经的辉煌。新中国成立以来，我们党在带领人民进行社会主义现代化建设的进程中，始终坚持弘扬工匠精

神。无论是“两弹一星”、载人航天工程取得的辉煌成就，还是高铁、大飞机等的设计与制造，都离不开工匠精神，都展现出我们对工匠精神的继承与发扬。

2015 年五一劳动节开始，中央电视台推出了《大国工匠》八集系列节目（图 1-24），选取了胡双钱、孟剑锋、高凤林、张冬伟、宁允展、周东红、管延安、顾秋亮等 8 名奋斗在生产一线的杰出劳动者，他们以精湛的技艺、敬业的精神以及无私奉献的品德生动诠释了工匠精神的时代内涵。

图 1-24 《大国工匠》节目

胡双钱，一个专门加工大飞机零件的工人，是大飞机制造首席钳工技师。他坚守在自己的岗位上，面对其他高薪资工作的诱惑却无动于衷。几十年的职业生涯，胡双钱加工过数十万个零件，有的精密零件甚至与一根头发丝的粗细相似，而所有的零件中没有一个是次品，他被称为航空“艺人”。日日夜夜全身心投入在自己的岗位，对家庭的照顾少之又少，但获得的无数奖项，是他对家人的安慰。如今，年老的他依然想为祖国的航天事业多做十几年二十几年的贡献。

同样为航天事业献身的还有高凤林。与胡双钱不同的是，高凤林从事火箭方面的工作，他被誉为火箭“心脏”焊接人。0.13 毫米的焊线误差，一次焊接工作就要数万次点焊，工作的艰辛有时候让他 10 分钟都不敢眨一次眼，连呼吸都很小心。每一个焊点都凝聚着中国人的梦想，这些梦想随火箭飞向太空，探索宇宙。

捞纸大师周东红，30 多年置身于捞纸的过程中，是宣纸工艺高级技师，每做一张纸就有上百道工序，每一天要做数不清的纸张，每一天都重复着捞纸的动作。所有的纸都被他捞出了质量，捞出了名气。正因如此，国内许多著名书法家都点名用他做出的宣纸。从业多少年，敬业多少年，把每一件产品都做出最好的质量，同时也把自己的技艺练得深厚。

管延安 18 岁时就开始跟着师傅学习钳工。“干一行，爱一行，钻一行”是他对自己的要求。有空的时候就看书学习，是他最大的工余爱好。历经 20 多年的勤学苦练和对工作的专注，心灵手巧的他不但精通錾、削、钻、铰、攻、套、铆、磨、矫正、弯形等各门钳工工艺，而且对电器安装调试、设备维修也是得心应手。他先后参与了世界三大救生艇企业之一——青岛北海船厂、国内最大的集装箱中转港——前湾港等大型工程建设，先后荣获港珠澳大桥岛隧工程“劳务之星”和“明星员工”称号。他因其精湛的操作技艺被誉为中国“深海钳工”第一人。

新时代的大国工匠们，用自己的灵巧双手，匠心筑梦，在自己平凡的工作岗位上创造着不平凡的成就，他们的事迹正激励着新一代年轻人，为实现中华民族的伟大复兴奋勇前进。

1.6.3 当代中国重塑和培育工匠精神的重要意义

扫一扫：让工匠精神深入人心

工匠精神内涵丰富，是中国优秀传统文化的精髓，是在传统手工业时代逐渐形成的一种追求精、巧、专的职业精神，包含了精益求精、严谨细致、专注敬业等精神特质。在工业化、现代化的当代中国，重塑和培育工匠精神对于培育社会主义核心价值观，推动当下中国社会转型发展，实现“两个一百年”奋斗目标和中华民族伟大复兴的中国梦，具有十分重要的现实意义。

第一，重塑和培育工匠精神是培育和践行社会主义核心价值观的客观需要。工匠精神是中华民族优秀传统文化的重要组成部分，它与社会主义核心价值观高度契合，两者同根同源，只有重塑和培育工匠精神才能促进社会主义核心价值观的培育和践行。

第二，重塑和培育工匠精神是推动当代中国社会转型发展的现实需要。重塑和培育工匠精神可以助推“中国制造”向“中国创造”的转变。当前我国已成为一个制造大国，但还不是制造强国。与制造强国相比，我们创新不足，品牌意识差，文化软实力不强。改革开放 40 多年来，我国经济发展快速，取得了举世瞩目的伟大成就，但这种单纯依靠资源消耗和廉价劳动力推动的数量扩张型经济增长模式已经不能适应新形势的发展要求，抓住新一轮科技和产业革命机遇，推动制造业从数量扩张向质量提升的战略转型，是目前中国制造业发展的重中之重，而精益求精的工匠精神正是推进高品质“中国制造”的文化基础。重塑和培育工匠精神有助于提升中国品牌国际形象。品牌是企业走向世界的通行证，也是国家竞争力的重要体现、国家形象的亮丽名片。提升品牌形象，要求把工匠精神融入设计、生产、经营的每一个环节，做到精雕细琢、追求完美，实现产品从“重量”到“重质”的提升。通过弘扬工匠精神，让每个劳动者恪尽职业操守，崇尚精益求精，进而培育众多大国工匠，不断提高产品质量，打造更多享誉世界的中国品牌，建设品牌强国。

第三，重塑和培育工匠精神是实现中华民族伟大复兴中国梦的迫切需要。实现中华民族伟大复兴的中国梦，离不开经济实力的增强，离不开文化水平的提升，更离不开优秀民族文化的传承和创新。工匠精神所蕴含的创造和创新是一个国家、一个民族生存发展的原生动力。

培育与弘扬工匠精神是提高我国综合国力的需要，是提升文化自信的要求，也是实现中华民族伟大复兴中国梦的必然选择。

1.6.4 当代青年要继承和发扬工匠精神

杰出的工匠一定是过硬技术与工匠精神相结合的典范。没有精湛的技艺，就不可能有优质的产品；没有辛勤的劳动，就不可能有事业的成就。高超的本领是恪尽职守、践行工匠精神的前提和基础。因此,钻研技术、勤学苦练、提高技能水平是成长为一名杰出工匠的第一步。工匠精神是企业精神、职业精神的综合体现。没有工匠精神的企业是虚弱的企业,没有工匠精神的职业是萎靡的职业,没有工匠精神的员工是平庸的员工。弘扬工匠精神,不仅需要内化于心,更加需要外化于行。一个员工只有集敬业、乐业、勤业、精业于一身,才能做到追求极致、工作精致。这是大国工匠们的共识,也是每个正走在工匠之路上的职业技术院校学生的行为指南。

匠心筑梦需要我们把国家之梦、民族之梦作为自己的梦想,以大国工匠为标杆,将自己的岗位变成舞台,将自己的劳动变成创造,将工匠精神内化于心,外化于行,在技能报国的理想追求中,塑造自己的精彩人生。

技能报国需要杰出工匠,更需要打造一支高技能人才后备军。正在职业技术院校就读的同学们正是这样一支成长中的生力军。今天,他们带着梦想走在努力成为大国工匠的路途上,是为了明天能够成为从"中国制造"走向"中国创造"的攻坚者。对此,国家和人民都寄予厚望、充满期待。

当前,我国正处在实现"两个一百年"奋斗目标和中华民族伟大复兴中国梦的伟大时代,弘扬工匠精神重任在肩,打造技能强国正当其时。职业技术院校的同学们,必须确立技能立身、技能报国的理念,同时将改变自身命运、追求美好未来的理想寄予中国梦的伟大实践中。唯有这样,才不会有思想的迷茫,才会有行动的方向,才能在当下自觉学习大国工匠的事迹、践行大国工匠的精神,并且坚信工匠之路一定会带给自己一路的精彩,成就自己一生的梦想。

工匠精神不是口号,它应该存在于每一个人的身上、心中。如果你希望改变现状、打造一个与众不同的自己,成为被需要、被尊重、众望所归的成功者,就从当下的事情做起,成为一个充满魅力的工匠。

【本章小结】

工匠不仅要具有高超的技艺和精湛的技能,而且要有严谨、细致、专注、负责的工作态度和精雕细琢、精益求精的工作理念,以及对职业的认同感、责任感、荣誉感和使命感。他们的共同点是:喜欢不断雕琢自己的产品,追求完美和极致,对细节有很高要求,不厌其烦地改善自己的工艺,享受着产品在双手中升华的过程。大国工匠追求极致创新。精益求精、敬业守信的工匠精神铸就伟大工程。在人类的探索之路上,工匠是迈步的前驱,是铺路的基石。

【扩展】

1. 高职院校学生应该如何在学习中锻造工匠品质?

2. 2020 年 12 月 10 日,习近平总书记在致首届全国职业技能大赛的贺信中强调要大力弘扬劳模精神、劳动精神、工匠精神,梳理劳模精神、劳动精神和工匠精神三者之间的关系。

【参考文献】

[1] 贾娜娜. 高职院校学生职业素养的培养路径研究:基于工匠精神的传承 [D]. 杭州:浙江师范大学,2020.

[2] 武雪洋. 理工科大学生工匠精神的培育路径研究 [D]. 太原:中北大学,2020.

[3] 谭梅,卢晓东,王长缨. 高职院校工匠精神培养的主要问题和策略研究 [J]. 吉林工程技

术师范学院学报,2020,36(12):19-21.

[4] 顾卉,袁铭."工匠精神"引领下高职学生职业素养培育路径研究 [J]. 南通航运职业技术学院学报, 2020,19(4):71-75.

[5] 高远. 工匠精神培育研究现状及展望 [J]. 扬州大学学报(高教研究版), 2020, 24(6): 26-31.

[6] 付守永. 工匠精神:向价值型员工进化 [M]. 北京:中华工商联合出版社, 2013.

[7] 亚力克·福奇. 工匠精神:缔造伟大传奇的重要力量 [M]. 陈劲,译. 杭州:浙江人民出版社, 2014.

[8] 张保文. 工匠精神 [M]. 北京:石油化工出版社,2018.

[9] 宋卫泽, 彭彤. 传统文化在高职工匠人才培养中的作用 [J]. 管理观察, 2020(4):2.

第 2 章　工匠精神与中国制造

2.1　什么是中国制造

制造业是国民经济的主体，是立国之本、兴国之器、强国之基。自 18 世纪中叶开启工业文明以来，世界强国的兴衰史和中华民族的奋斗史一再证明，没有强大的制造业，就没有国家和民族的强盛。打造具有国际竞争力的制造业，是我国提升综合国力、保障国家安全、建设世界强国的必由之路。

新中国成立尤其是改革开放以来，我国制造业持续快速发展，建成了门类齐全、独立完整的产业体系，有力推动了工业化和现代化进程，显著增强了综合国力，支撑了我国世界大国地位。然而，与世界先进水平相比，我国制造业仍然大而不强，在自主创新能力、资源利用效率、产业结构水平、信息化程度、质量效益等方面差距明显，转型升级和跨越发展的任务紧迫而艰巨。

扫一扫：了解什么是“四个全面”

当前，新一轮科技革命和产业变革与我国加快转变经济发展方式形成历史性交汇，国际产业分工格局正在重塑。我们必须紧紧抓住这一重大历史机遇，按照“四个全面”战略布局要求，实施制造强国战略，加强统筹规划和前瞻部署，力争通过 3 个 10 年的努力，到新中国成立 100 年时，把我国建设成为引领世界制造业发展的制造强国，为实现中华民族伟大复兴的中国梦打下坚实基础。

2013—2014 年，中国工程院组织了“制造强国战略研究”重大课题研究，有 50 多位院士、近 100 位专家参与研究。2014 年，工信部在重大课题研究基础上，会同国家发展改革委、科技部、财政部、国家质检总局、工程院等政府部门，启动了《中国制造 2025》编制工作，期间，广泛听取地方工业和信息化主管部门、企事业单位以及国务院有关部门和单位的意见。2015 年 5 月 19 日，国务院正式印发了《中国制造 2025》。《中国制造 2025》对我国制造业转型升级和跨越发展做了整体部署，提出了我国制造业由大变强“三步走”战略目标，明确了建设制造强国的战略任务和重点，是我国实施制造强国战略的第一个 10 年行动纲领。

2.1.1　发展形势和环境

1. 全球制造业格局面临重大调整

新一代信息技术与制造业深度融合，正在引发影响深远的产业变革，形成新的生产方式、产业形态、商业模式和经济增长点。各国都在加大科技创新力度，推动三维（3D）打印、移动互联网、云计算、大数据、生物工程、新能源、新材料等领域取得新突破。基于信息物理系统的智能装备、智能工厂等智能制造正在引领制造方式变革；网络众包、协同设计、大规模个性化定制、精准供应链管理、全生命周期管理、电子商务等正在重塑产业价值链体系；可穿戴智能产品、智能家电、智能汽车等智能终端产品不断拓展制造业新领域。我国制造业转型升级、创新发展迎来重大机遇。

全球产业竞争格局正在发生重大调整，我国在新一轮发展中面临巨大挑战。国际金融危机发生后，发达国家纷纷实施“再工业化”战略，重塑制造业竞争新优势，加速推进新一轮全球贸易投资新格局。一些发展中国家也在加快谋划和布局，积极参与全球产业再分工，承接产业及资本转移，拓展国际市场空间。我国制造业面临发达国家和其他发展中国家“双向挤压”的严峻挑战，必须放眼全球，加紧战略部署，着眼建设制造强国，固本培元，化挑战为机遇，抢占制造业新一轮竞争制高点。

2. 我国经济发展环境发生重大变化

随着新型工业化、信息化、城镇化、农业现代化同步推进，超大规模内需潜力不断释放，为我国制造业发展提供了广阔空间。各行业新的装备需求、人民群众新的消费需求、社会管理和公共服务新的民生需求、国防建设新的安全需求，都要求制造业在重大技术装备创新、消费品质量和安全、公共服务设施设备供给和国防装备保障等方面迅速提升水平和能力。全面深化改革和进一步扩大开放，将不断激发制造业发展活力和创造力，促进制造业转型升级。

我国经济发展进入新常态，制造业发展面临新挑战。资源和环境约束不断强化，劳动力等生产要素成本不断上升，投资和出口增速明显放缓，主要依靠资源要素投入、规模扩张的粗放发展模式难以为继，调整结构、转型升级、提质增效刻不容缓。形成经济增长新动力，塑造国际竞争新优势，重点在制造业，难点在制造业，出路也在制造业。

3. 建设制造强国任务艰巨而紧迫

经过几十年的快速发展，我国制造业规模跃居世界第一位，建立起门类齐全、独立完整的制造体系，成为支撑我国经济社会发展的重要基石和促进世界经济发展的重要力量。持续的技术创新，大大提高了我国制造业的综合竞争力。载人航天、载人深潜、大型飞机、北斗卫星导航、超级计算机、高铁装备、百万千瓦级发电装备、万米深海石油钻探设备等一批重大技术装备取得突破，形成了若干具有国际竞争力的优势产业和骨干企业，我国已具备了建设工业强国的基础和条件。

但我国仍处于工业化进程中，与先进国家相比还有较大差距。制造业大而不强，自主创新能力弱，关键核心技术与高端装备对外依存度高，以企业为主体的制造业创新体系不完善；产品档次不高，缺乏世界知名品牌；资源能源利用效率低，环境污染问题较为突出；产业结构不合理，高端装备制造业和生产性服务业发展滞后；信息化水平不高，与工业化融合深度不够；产业国际化程度不高，企业全球化经营能力不足。推进制造强国建设，必须着力解决以上问题。

建设制造强国，必须紧紧抓住当前难得的战略机遇，积极应对挑战，加强统筹规划，突出创新驱动，制定特殊政策，发挥制度优势，动员全社会力量奋力拼搏，更多依靠中国装备，依托中国品牌，实现中国制造向中国创造的转变，中国速度向中国质量的转变，中国产品向中国品牌的转变，完成中国制造由大变强的战略任务。

2.1.2 战略方针和目标

1. 指导思想

坚持走中国特色新型工业化道路，以促进制造业创新发展为主题，以提质增效为中心，以加快新一代信息技术与制造业深度融合为主线，以推进智能制造为主攻方向，以满足经济社会发展和国防建设对重大技术装备的需求为目标，强化工业基础能力，提高综合集成水平，完善多层次多类型人才培养体系，促进产业转型升级，培育有中国特色的制造文化，实现制造业由大变强的历史跨越。基本方针如图 2-1 所示。

图 2-1　中国制造 2025 基本方针

（1）创新驱动。坚持把创新摆在制造业发展全局的核心位置，完善有利于创新的制度环境，推动跨领域跨行业协同创新，突破一批重点领域关键共性技术，促进制造业数字化网络化智能化，走创新驱动的发展道路。

（2）质量为先。坚持把质量作为建设制造强国的生命线，强化企业质量主体责任，加强质量技术攻关、自主品牌培育。建设法规标准体系、质量监管体系、先进质量文化，营造诚信经营的市场环境，走以质取胜的发展道路。

（3）绿色发展。坚持把可持续发展作为建设制造强国的重要着力点，加强节能环保技术、工艺、装备推广应用，全面推行清洁生产。发展循环经济，提高资源回收利用效率，构建绿色制造体系，走生态文明的发展道路。

（4）结构优化。坚持把结构调整作为建设制造强国的关键环节，大力发展先进制造业，改造提升传统产业，推动生产型制造向服务型制造转变。优化产业空间布局，培育一批具有核心竞争力的产业集群和企业群体，走提质增效的发展道路。

（5）人才为本。坚持把人才作为建设制造强国的根本，建立健全科学合理的选人、用人、育人机制，加快培养制造业发展急需的专业技术人才、经营管理人才、技能人才。营造大众创业、万众创新的氛围，建设一支素质优良、结构合理的制造业人才队伍，走人才引领的发展道路。

2. 基本原则

（1）市场主导，政府引导。全面深化改革，充分发挥市场在资源配置中的决定性作用，强化企业主体地位，激发企业活力和创造力。积极转变政府职能，加强战略研究和规划引导，完善相关支持政策，为企业发展创造良好环境。

（2）立足当前，着眼长远。针对制约制造业发展的瓶颈和薄弱环节，加快转型升级和提质增效，切实提高制造业的核心竞争力和可持续发展能力。准确把握新一轮科技革命和产业变革趋势，加强战略谋划和前瞻部署，扎扎实实打基础，在未来竞争中占据制高点。

（3）整体推进，重点突破。坚持制造业发展全国一盘棋和分类指导相结合，统筹规划，合理布局，明确创新发展方向，促进军民融合深度发展，加快推动制造业整体水平提升。围绕经济社会发展和国家安全重大需求，整合资源，突出重点，实施若干重大工程，实现率先突破。

（4）自主发展，开放合作。在关系国计民生和产业安全的基础性、战略性、全局性领域，着力掌握关键核心技术，完善产业链条，形成自主发展能力。继续扩大开放，积极利用全球资源和市场，加强产业全球布局和国际交流合作，形成新的比较优势，提升制造业开放发展水平。

3. 战略目标

立足国情，立足现实，力争通过“三步走”实现制造强国的战略目标。

第一步：力争用 10 年时间，迈入制造强国行列。到 2025 年，制造业整体素质大幅提升，创新能力显著增强，全员劳动生产率明显提高，两化（工业化和信息化）融合迈上新台阶。重点行业单位工业增加值能耗、物耗及污染物排放达到世界先进水平。形成一批具有较强国际竞争力的跨国公司和产业集群，在全球产业分工和价值链中的地位明显提升。

第二步：到 2035 年，我国制造业整体达到世界制造强国阵营中等水平。创新能力大幅提升，重点领域发展取得重大突破，整体竞争力明显增强，优势行业形成全球创新引领能力，全面实现工业化。

第三步：新中国成立 100 年时，制造业大国地位更加巩固，综合实力进入世界制造强国前列。制造业主要领域具有创新引领能力和明显竞争优势，建成全球领先的技术体系和产业体系。

2.1.3 战略任务和重点

实现制造强国的战略目标，必须坚持问题导向，统筹谋划，突出重点；必须凝聚全社会共识，加快制造业转型升级，全面提高发展质量和核心竞争力。围绕实现制造强国的战略目标，《中国制造 2025》明确了 9 大战略任务，如图 2-2 所示。

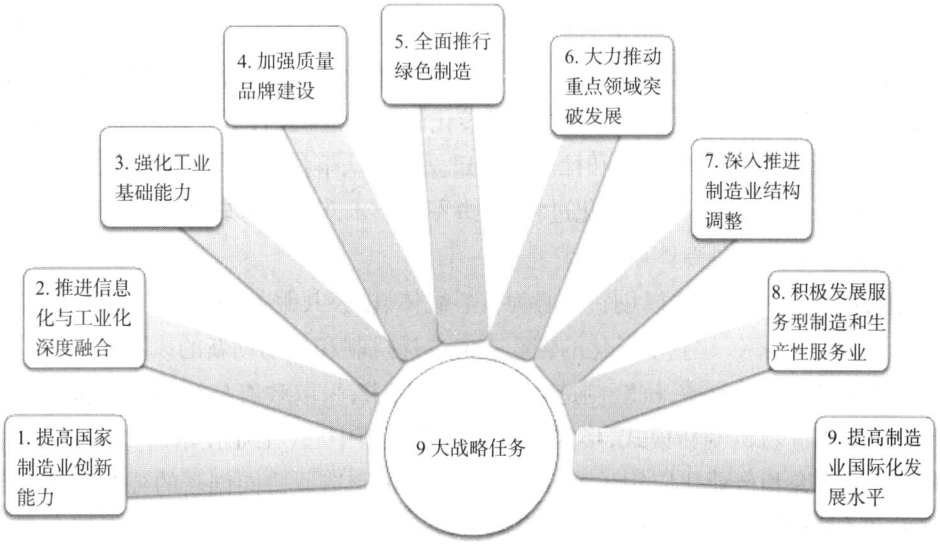

图 2-2 《中国制造 2025》9 大战略任务

1. 提高国家制造业创新能力

1）完善以企业为主体、市场为导向、政产学研用相结合的制造业创新体系

围绕产业链部署创新链，围绕创新链配置资源链，加强关键核心技术攻关，加速科技成果产业化，提高关键环节和重点领域的创新能力。

2）加强关键核心技术研发

强化企业技术创新主体地位，支持企业提升创新能力，推进国家技术创新示范企业和企业技术中心建设，充分吸纳企业参与国家科技计划的决策和实施。瞄准国家重大战略需求和未来产业发展制高点，定期研究制定发布制造业重点领域技术创新路线图。继续抓紧实施国家科技重大专项，通过国家科技计划（专项、基金等）支持关键核心技术研发。发挥行业骨干企业的主导作用和高等院校、科研院所的基础作用，建立一批产业创新联盟，开展政产学研用协同创新，攻克一批对产业竞争力整体提升具有全局性影响、带动性强的关键共性技术，加快成果转化。

3）提高创新设计能力

在传统制造业、战略性新兴产业、现代服务业等重点领域开展创新设计示范，全面推广应用以绿色、智能、协同为特征的先进设计技术。加强设计领域共性关键技术研发，攻克信息化设计、过程集成设计、复杂过程和系统设计等共性技术，开发一批具有自主知识产权的关键设计工具软件，建设完善创新设计生态系统。建设若干具有世界影响力的创新设计集群，培育一批专业化、开放型的工业设计企业，鼓励代工企业建立研究设计中心向代设计和出口自主品牌产品转变。发展各类创新设计教育，设立国家工业设计奖，激发全社会创新设计的积极性和主动性。

4）推进科技成果产业化

完善科技成果转化运行机制，研究制定促进科技成果转化和产业化的指导意见，建立完善科技成果信息发布和共享平台，健全以技术交易市场为核心的技术转移和产业化服务体系。完善科技成果转化激励机制，推动事业单位科技成果使用、处置和收益管理改革，健全科技成果科学评估和市场定价机制。完善科技成果转化协同推进机制，引导政产学研用按照市场规律和创新规律加强合作，鼓励企业和社会资本建立一批从事技术集成、熟化和工程化的中试基地。加快国防科技成果转化和产业化进程，推进军民技术双向转移转化。

5）完善国家制造业创新体系

加强顶层设计，加快建立以创新中心为核心载体、以公共服务平台和工程数据中心为重要支撑的制造业创新网络，建立市场化的创新方向选择机制和鼓励创新的风险分担、利益共享机制。充分利用现有科技资源，围绕制造业重大共性需求，采取政府与社会合作、政产学研用产业创新战略联盟等新机制新模式，形成一批制造业创新中心（工业技术研究基地），开展关键共性重大技术研究和产业化应用示范。建设一批促进制造业协同创新的公共服务平台，规范服务标准，开展技术研发、检验检测、技术评价、技术交易、质量认证、人才培训等专业化服务，促进科技成果转化和推广应用。建设重点领域制造业工程数据中心，为企业提供创新知识和工程数据的开放共享服务。面向制造业关键共性技术，建设一批重大科学研究和实验设施，提

高核心企业系统集成能力,促进向价值链高端延伸。

6)加强标准体系建设

改革标准体系和标准化管理体制,组织实施制造业标准化提升计划,在智能制造等重点领域开展综合标准化工作。发挥企业在标准制定中的重要作用,支持组建重点领域标准推进联盟,建设标准创新研究基地,协同推进产品研发与标准制定。制定满足市场和创新需要的团体标准,建立企业产品和服务标准自我声明公开和监督制度。鼓励和支持企业、科研院所、行业组织等参与国际标准制定,加快我国标准国际化进程。大力推动国防装备采用先进的民用标准,推动军用技术标准向民用领域的转化和应用。做好标准的宣传贯彻,大力推动标准实施。

7)强化知识产权运用

加强制造业重点领域关键核心技术知识产权储备,构建产业化导向的专利组合和战略布局。鼓励和支持企业运用知识产权参与市场竞争,培育一批具备知识产权综合实力的优势企业,支持组建知识产权联盟,推动市场主体开展知识产权协同运用。稳妥推进国防知识产权解密和市场化应用。建立健全知识产权评议机制,鼓励和支持行业骨干企业与专业机构在重点领域合作开展专利评估、收购、运营、风险预警与应对。构建知识产权综合运用公共服务平台。鼓励开展跨国知识产权许可。研究制定降低中小企业知识产权申请、保护及维权成本的政策措施。

2. 推进信息化与工业化深度融合

加快推动新一代信息技术与制造技术融合发展,把智能制造作为两化深度融合的主攻方向;着力发展智能装备和智能产品,推进生产过程智能化,培育新型生产方式,全面提升企业研发、生产、管理和服务的智能化水平。

1)研究制定智能制造发展战略

编制智能制造发展规划,明确发展目标、重点任务和重大布局。加快制定智能制造技术标准,建立完善智能制造和两化融合管理标准体系。强化应用牵引,建立智能制造产业联盟,协同推动智能装备和产品研发、系统集成创新与产业化。促进工业互联网、云计算、大数据在企业研发设计、生产制造、经营管理、销售服务等全流程和全产业链的综合集成应用。加强智能制造工业控制系统网络安全保障能力建设,健全综合保障体系。

2)加快发展智能制造装备和产品

组织研发具有深度感知、智慧决策、自动执行功能的高档数控机床、工业机器人、增材制造装备等智能制造装备以及智能化生产线,突破新型传感器、智能测量仪表、工业控制系统、伺服电机及驱动器和减速器等智能核心装置,推进工程化和产业化。加快机械、航空、船舶、汽车、轻工、纺织、食品、电子等行业生产设备的智能化改造,提高精准制造、敏捷制造能力。统筹布局和推动智能交通工具、智能工程机械、服务机器人、智能家电、智能照明电器、可穿戴设备等产品研发和产业化。

3)推进制造过程智能化

在重点领域试点建设智能工厂/数字化车间,加快人机智能交互、工业机器人、智能物流管理、增材制造等技术和装备在生产过程中的应用,促进制造工艺的仿真优化、数字化控制、状态信息实时监测和自适应控制。加快产品全生命周期管理、客户关系管理、供应链管理系统的推广应用，促进集团管控、设计与制造、产供销一体、业务和财务衔接等关键环节集成，实现智能管控。加快民用爆炸物品、危险化学品、食品、印染、稀土、农药等重点行业智能检测监管体系建设，提高智能化水平。

4）深化互联网在制造领域的应用

制定互联网与制造业融合发展的路线图，明确发展方向、目标和路径。发展基于互联网的个性化定制、众包设计、云制造等新型制造模式，推动形成基于消费需求动态感知的研发、制造和产业组织方式。建立优势互补、合作共赢的开放型产业生态体系。加快开展物联网技术研发和应用示范，培育智能监测、远程诊断管理、全产业链追溯等工业互联网新应用。实施工业云及工业大数据创新应用试点，建设一批高质量的工业云服务和工业大数据平台，推动软件与服务、设计与制造资源、关键技术与标准的开放共享。

5）加强互联网基础设施建设

加强工业互联网基础设施建设规划与布局，建设低时延、高可靠、广覆盖的工业互联网。加快制造业集聚区光纤网、移动通信网和无线局域网的部署和建设，实现信息网络宽带升级，提高企业宽带接入能力。针对信息物理系统网络研发及应用需求，组织开发智能控制系统、工业应用软件、故障诊断软件和相关工具、传感和通信系统协议，实现人、设备与产品的实时联通、精确识别、有效交互与智能控制。

3. 强化工业基础能力

核心基础零部件（元器件）、先进基础工艺、关键基础材料和产业技术基础（以下统称“四基”）等工业基础能力薄弱，是制约我国制造业创新发展和质量提升的症结所在。要坚持问题导向、产需结合、协同创新、重点突破的原则，着力突破制约重点产业发展的瓶颈。

1）统筹推进“四基”发展

制定工业强基实施方案，明确重点方向、主要目标和实施路径。制定工业“四基”发展指导目录，发布工业强基发展报告，组织实施工业强基工程。统筹军民两方面资源，开展军民两用技术联合攻关，支持军民技术相互有效利用，促进基础领域融合发展。强化基础领域标准、计量体系建设，加快实施对标达标，提升基础产品的质量、可靠性和寿命。建立多部门协调推进机制，引导各类要素向基础领域集聚。

2）加强“四基”创新能力建设

强化前瞻性基础研究，着力解决影响核心基础零部件（元器件）产品性能和稳定性的关键共性技术。建立基础工艺创新体系，利用现有资源建立关键共性基础工艺研究机构，开展先进成型、加工等关键制造工艺联合攻关；支持企业开展工艺创新，培养工艺专业人才。加大基础专用材料研发力度，提高专用材料自给保障能力和制备技术水平。建立国家工业基础数据库，加强企业试验检测数据和计量数据的采集、管理、应用和积累。加大对“四基”领域技术研发的支持力度，引导产业投资基金和创业投资基金投向“四基”领域重点项目。

3）推动整机企业和“四基”企业协同发展

注重需求侧激励，产用结合，协同攻关。依托国家科技计划（专项、基金等）和相关工程等，在数控机床、轨道交通装备、航空航天、发电设备等重点领域，引导整机企业和“四基”企业、高校、科研院所产需对接，建立产业联盟，形成协同创新、产用结合、以市场促基础产业发展的新模式，提升重大装备自主可控水平。开展工业强基示范应用，完善首台（套）、首批次政策，支持核心基础零部件（元器件）、先进基础工艺、关键基础材料推广应用。

4. 加强质量品牌建设

提升质量控制技术，完善质量管理机制，夯实质量发展基础，优化质量发展环境，努力实现制造业质量大幅提升。鼓励企业追求卓越品质，形成具有自主知识产权的名牌产品，不断提升企业品牌价值和中国制造整体形象。

1）推广先进质量管理技术和方法

扫一扫：了解什么是“六西格玛”？

建设重点产品标准符合性认定平台，推动重点产品技术、安全标准全面达到国际先进水平。开展质量标杆和领先企业示范活动，普及卓越绩效、六西格玛、精益生产、质量诊断、质量持续改进等先进生产管理模式和方法。支持企业提高质量在线监测、在线控制和产品全生命周期质量追溯能力。组织开展重点行业工艺优化行动，提升关键工艺过程控制水平。开展质量管理小组、现场改进等群众性质量管理活动示范推广。加强中小企业质量管理，开展质量安全培训、诊断和辅导活动。

2）加快提升产品质量

实施工业产品质量提升行动计划，针对汽车、高档数控机床、轨道交通装备、大型成套技术装备、工程机械、特种设备、关键原材料、基础零部件、电子元器件等重点行业，组织攻克一批长期困扰产品质量提升的关键共性质量技术，加强可靠性设计、试验与验证技术开发应用，推广采用先进成型和加工方法、在线检测装置、智能化生产和物流系统及检测设备等，使重点实物产品的性能稳定性、质量可靠性、环境适应性、使用寿命等指标达到国际同类产品先进水平。在食品、药品、婴童用品、家电等领域实施覆盖产品全生命周期的质量管理、质量自我声明和质量追溯制度，保障重点消费品质量安全。大力提高国防装备质量可靠性，增强国防装备实战能力。

3）完善质量监管体系

健全产品质量标准体系、政策规划体系和质量管理法律法规。加强关系民生和安全等重点领域的行业准入与市场退出管理。建立消费品生产经营企业产品事故强制报告制度，健全质量信用信息收集和发布制度，强化企业质量主体责任。将质量违法违规记录作为企业诚信评级的重要内容，建立质量黑名单制度，加大对质量违法和假冒品牌行为的打击和惩处力度。建立区域和行业质量安全预警制度，防范化解产品质量安全风险。严格实施产品“三包”、产品召回等制度。强化监管检查和责任追究，切实保护消费者权益。

4）夯实质量发展基础

制定和实施与国际先进水平接轨的制造业质量、安全、卫生、环保及节能标准。加强计量科技基础及前沿技术研究，建立一批制造业发展急需的高准确度、高稳定性计量标准，提升与制造业相关的国家量传溯源能力。加强国家产业计量测试中心建设,构建国家计量科技创新体系。完善检验检测技术保障体系,建设一批高水平的工业产品质量控制和技术评价实验室、产品质量监督检验中心,鼓励建立专业检测技术联盟。完善认证认可管理模式,提高强制性产品认证的有效性,推动自愿性产品认证健康发展,提升管理体系认证水平,稳步推进国际互认。支持行业组织发布自律规范或公约,开展质量信誉承诺活动。

5)推进制造业品牌建设

引导企业制定品牌管理体系,围绕研发创新、生产制造、质量管理和营销服务全过程,提升内在素质,夯实品牌发展基础。扶持一批品牌培育和运营专业服务机构,开展品牌管理咨询、市场推广等服务。健全集体商标、证明商标注册管理制度。打造一批特色鲜明、竞争力强、市场信誉好的产业集群区域品牌。建设品牌文化,引导企业增强以质量和信誉为核心的品牌意识,树立品牌消费理念,提升品牌附加值和软实力。加速我国品牌价值评价国际化进程,充分发挥各类媒体作用,加大中国品牌宣传推广力度,树立中国制造品牌良好形象。

5. 全面推行绿色制造

加大先进节能环保技术、工艺和装备的研发力度,加快制造业绿色改造升级;积极推行低碳化、循环化和集约化,提高制造业资源利用效率;强化产品全生命周期绿色管理,努力构建高效、清洁、低碳、循环的绿色制造体系。

1)加快制造业绿色改造升级

全面推进钢铁、有色、化工、建材、轻工、印染等传统制造业绿色改造,大力研发推广余热余压回收、水循环利用、重金属污染减量化、有毒有害原料替代、废渣资源化、脱硫脱硝除尘等绿色工艺技术装备,加快应用清洁高效铸造、锻压、焊接、表面处理、切削等加工工艺,实现绿色生产。加强绿色产品研发应用,推广轻量化、低功耗、易回收等技术工艺,持续提升电机、锅炉、内燃机及电器等终端用能产品能效水平,加快淘汰落后机电产品和技术。积极引领新兴产业高起点绿色发展,大幅降低电子信息产品生产、使用能耗及限用物质含量,建设绿色数据中心和绿色基站,大力促进新材料、新能源、高端装备、生物产业绿色低碳发展。

2)推进资源高效循环利用

支持企业强化技术创新和管理,增强绿色精益制造能力,大幅降低能耗、物耗和水耗水平。持续提高绿色低碳能源使用比例,开展工业园区和企业分布式绿色智能微电网建设,控制和削减化石能源消费量。全面推行循环生产方式,促进企业、园区、行业间链接共生、原料互供、资源共享。推进资源再生利用产业规范化、规模化发展,强化技术装备支撑,提高大宗工业固体废弃物、废旧金属、废弃电器电子产品等综合利用水平。大力发展再制造产业,实施高端再制造、智能再制造、在役再制造,推进产品认定,促进再制造产业持续健康发展。

3)积极构建绿色制造体系

支持企业开发绿色产品,推行生态设计,显著提升产品节能环保低碳水平,引导绿色生产和绿色消费。建设绿色工厂,实现厂房集约化、原料无害化、生产洁净化、废物资源化、能源低碳化。发展绿色园区,推进工业园区产业耦合,实现近零排放。打造绿色供应链,加快建立以资源节约、环境友好为导向的采购、生产、营销、回收及物流体系,落实生产者责任延伸制度。

壮大绿色企业，支持企业实施绿色战略、绿色标准、绿色管理和绿色生产。强化绿色监管，健全节能环保法规、标准体系，加强节能环保监察，推行企业社会责任报告制度，开展绿色评价。

6. 大力推动重点领域突破发展

瞄准新一代信息技术、高端装备、新材料、生物医药等战略重点，引导社会各类资源集聚，推动优势和战略产业快速发展。

扫一扫：2015 年国务院常务会议视频

2015 年 3 月 25 日，国务院总理主持召开国务院常务会议，部署加快推进实施“中国制造 2025”，实现制造业升级。会议强调要顺应“互联网 +”的发展趋势，以信息化与工业化深度融合为主线，重点发展新一代信息技术、高档数控机床和机器人、航空航天装备、海洋工程装备及高技术船舶、先进轨道交通装备、节能与新能源汽车、电力装备、新材料、生物医药及高性能医疗器械、农业机械装备 10 大领域。会议还决定，推出中国制造重点领域升级方向绿皮书目录指引，动态调整，滚动推进。

多数业内人士表示，提出 10 大重点发展领域，意味着“中国制造 2025”不再是一个抽象的概念，而是有了具体的实施路线图。

1）新一代信息技术产业

（1）集成电路及专用装备。着力提升集成电路设计水平，不断丰富知识产权（IP）和设计工具，突破关系国家信息与网络安全及电子整机产业发展的核心通用芯片，提升国产芯片的应用适配能力。掌握高密度封装及三维（3D）微组装技术，提升封装产业和测试的自主发展能力。形成关键制造装备供货能力。

（2）信息通信设备。掌握新型计算、高速互联、先进存储、体系化安全保障等核心技术，全面突破第五代移动通信（5G）技术、核心路由交换技术、超高速大容量智能光传输技术、“未来网络”核心技术和体系架构，积极推动量子计算、神经网络等发展。研发高端服务器、大容量存储、新型路由交换、新型智能终端、新一代基站、网络安全等设备，推动核心信息通信设备体系化发展与规模化应用。

（3）操作系统及工业软件。开发安全领域操作系统等工业基础软件。突破智能设计与仿真及其工具、制造物联与服务、工业大数据处理等高端工业软件核心技术，开发自主可控的高端工业平台软件和重点领域应用软件，建立完善工业软件集成标准与安全测评体系。推进自主工业软件体系化发展和产业化应用。

2）高档数控机床和机器人

（1）高档数控机床。开发一批精密、高速、高效、柔性数控机床与基础制造装备及集成制造系统。加快高档数控机床、增材制造等前沿技术和装备的研发。以提升可靠性、精度保持性为重点，开发高档数控系统、伺服电机、轴承、光栅等主要功能部件及关键应用软件，加快实现产业化。加强用户工艺验证能力建设。

（2）机器人。围绕汽车、机械、电子、危险品制造、国防军工、化工、轻工等工业机器人、特种机器人，以及医疗健康、家庭服务、教育娱乐等服务机器人应用需求，积极研发新产品，促进机器人标准化、模块化发展，扩大市场应用。突破机器人本体、减速器、伺服电机、控制器、传感器与驱动器等关键零部件及系统集成设计制造等技术瓶颈。

3）航空航天装备

（1）航空装备。加快大型飞机研制，适时启动宽体客机研制，鼓励国际合作研制重型直升机；推进干支线飞机、直升机、无人机和通用飞机产业化。突破高推重比、先进涡桨（轴）发动机及大涵道比涡扇发动机技术，建立发动机自主发展工业体系。开发先进机载设备及系统，形成自主完整的航空产业链。

（2）航天装备。发展新一代运载火箭、重型运载器，提升进入空间能力。加快推进国家民用空间基础设施建设，发展新型卫星等空间平台与有效载荷、空天地宽带互联网系统，形成长期持续稳定的卫星遥感、通信、导航等空间信息服务能力。推动载人航天、月球探测工程，适度发展深空探测。推进航天技术转化与空间技术应用。

4）海洋工程装备及高技术船舶

大力发展深海探测、资源开发利用、海上作业保障装备及其关键系统和专用设备。推动深海空间站、大型浮式结构物的开发和工程化。形成海洋工程装备综合试验、检测与鉴定能力，提高海洋开发利用水平。突破豪华邮轮设计建造技术，全面提升液化天然气船等高技术船舶国际竞争力，掌握重点配套设备集成化、智能化、模块化设计制造核心技术。

5）先进轨道交通装备

加快新材料、新技术和新工艺的应用，重点突破体系化安全保障、节能环保、数字化智能化网络化技术，研制先进可靠适用的产品和轻量化、模块化、谱系化产品。研发新一代绿色智能、高速重载轨道交通装备系统，围绕系统全生命周期，向用户提供整体解决方案，建立世界领先的现代轨道交通产业体系。

6）节能与新能源汽车

继续支持电动汽车、燃料电池汽车发展，掌握汽车低碳化、信息化、智能化核心技术，提升动力电池、驱动电机、高效内燃机、先进变速器、轻量化材料、智能控制等核心技术的工程化和产业化能力，形成从关键零部件到整车的完整工业体系和创新体系，推动自主品牌节能与新能源汽车同国际先进水平接轨。

7）电力装备

推动大型高效超净排放煤电机组产业化和示范应用，进一步提高超大容量水电机组、核电机组、重型燃气轮机制造水平。推进新能源和可再生能源装备、先进储能装置、智能电网用输变电及用户端设备发展。突破大功率电力电子器件、高温超导材料等关键元器件和材料的制造及应用技术，形成产业化能力。

8）农机装备

重点发展粮、棉、油、糖等大宗粮食和战略性经济作物育、耕、种、管、收、运、贮等主要生产过程使用的先进农机装备，加快发展大型拖拉机及其复式作业机具、大型高效联合收割机等高端农业装备及关键核心零部件。提高农机装备信息收集、智能决策和精准作业能力，推进形成面向农业生产的信息化整体解决方案。

9)新材料

以特种金属功能材料、高性能结构材料、功能性高分子材料、特种无机非金属材料和先进复合材料为发展重点,加快研发先进熔炼、凝固成型、气相沉积、型材加工、高效合成等新材料制备关键技术和装备,加强基础研究和体系建设,突破产业化制备瓶颈。积极发展军民共用特种新材料,加快技术双向转移转化,促进新材料产业军民融合发展。高度关注颠覆性新材料对传统材料的影响,做好超导材料、纳米材料、石墨烯、生物基材料等战略前沿材料提前布局和研制。加快基础材料升级换代。

10)生物医药及高性能医疗器械

发展针对重大疾病的化学药、中药、生物技术药物新产品,重点包括新机制和新靶点化学药、抗体药物、抗体偶联药物、全新结构蛋白及多肽药物、新型疫苗、临床优势突出的创新中药及个性化治疗药物。提高医疗器械的创新能力和产业化水平,重点发展影像设备、医用机器人等高性能诊疗设备,全降解血管支架等高值医用耗材,可穿戴、远程诊疗等移动医疗产品。实现生物 3D 打印、诱导多能干细胞等新技术的突破和应用。

突破产业化制备瓶颈,积极发展军民共用特种新材料,加快技术双向转移转化,促进新材料产业军民融合发展。高度关注颠覆性新材料对传统材料的影响,做好超导材料、纳米材料、石墨烯、生物基材料等战略前沿材料提前布局和研制。加快基础材料升级换代。

7. 深入推进制造业结构调整

推动传统产业向中高端迈进,逐步化解过剩产能,促进大企业与中小企业协调发展,进一步优化制造业布局。

1)持续推进企业技术改造

明确支持战略性重大项目和高端装备实施技术改造的政策方向,稳定中央技术改造引导资金规模,通过贴息等方式,建立支持企业技术改造的长效机制。推动技术改造相关立法,强化激励约束机制,完善促进企业技术改造的政策体系。支持重点行业、高端产品、关键环节进行技术改造,引导企业采用先进适用技术,优化产品结构,全面提升设计、制造、工艺、管理水平,促进钢铁、石化、工程机械、轻工、纺织等产业向价值链高端发展。研究制定重点产业技术改造投资指南和重点项目导向计划,吸引社会资金参与,优化工业投资结构。围绕两化融合、节能降耗、质量提升、安全生产等传统领域改造,推广应用新技术、新工艺、新装备、新材料,提高企业生产技术水平和效益。

2)稳步化解产能过剩矛盾

加强和改善宏观调控,按照"消化一批、转移一批、整合一批、淘汰一批"的原则,分业分类施策,有效化解产能过剩矛盾。加强行业规范和准入管理,推动企业提升技术装备水平,优化存量产能。加强对产能严重过剩行业的动态监测分析,建立完善预警机制,引导企业主动退出过剩行业。切实发挥市场机制作用,综合运用法律、经济、技术及必要的行政手段,加快淘汰落后产能。

3)促进大中小企业协调发展

强化企业市场主体地位,支持企业间战略合作和跨行业、跨区域兼并重组,提高规模化、集约化经营水平，培育一批核心竞争力强的企业集团。激发中小企业创业创新活力，发展一批主营业务突出、竞争力强、成长性好、专注于细分市场的专业化“小巨人”企业。发挥中外中小企业合作园区示范作用，利用双边、多边中小企业合作机制，支持中小企业走出去和引进来。引导大企业与中小企业通过专业分工、服务外包、订单生产等多种方式，建立协同创新、合作共赢的协作关系。推动建设一批高水平的中小企业集群。

4)优化制造业发展布局

落实国家区域发展总体战略和主体功能区规划，综合考虑资源能源、环境容量、市场空间等因素，制定和实施重点行业布局规划，调整优化重大生产力布局。完善产业转移指导目录，建设国家产业转移信息服务平台，创建一批承接产业转移示范园区，引导产业合理有序转移，推动东中西部制造业协调发展。积极推动京津冀和长江经济带产业协同发展。按照新型工业化的要求，改造提升现有制造业集聚区，推动产业集聚向产业集群转型升级。建设一批特色和优势突出、产业链协同高效、核心竞争力强、公共服务体系健全的新型工业化示范基地。

8. 积极发展服务型制造和生产性服务业

加快制造与服务的协同发展，推动商业模式创新和业态创新，促进生产型制造向服务型制造转变。大力发展与制造业紧密相关的生产性服务业，推动服务功能区和服务平台建设。

1)推动发展服务型制造

研究制定促进服务型制造发展的指导意见，实施服务型制造行动计划。开展试点示范，引导和支持制造业企业延伸服务链条，从主要提供产品制造向提供产品和服务转变。鼓励制造业企业增加服务环节投入，发展个性化定制服务、全生命周期管理、网络精准营销和在线支持服务等。支持有条件的企业由提供设备向提供系统集成总承包服务转变，由提供产品向提供整体解决方案转变。鼓励优势制造业企业“裂变”专业优势，通过业务流程再造，面向行业提供社会化、专业化服务。支持符合条件的制造业企业建立企业财务公司、金融租赁公司等金融机构，推广大型制造设备、生产线等融资租赁服务。

2)加快生产性服务业发展

大力发展面向制造业的信息技术服务，提高重点行业信息应用系统的方案设计、开发、综合集成能力。鼓励互联网等企业发展移动电子商务、在线定制、线上到线下等创新模式，积极发展对产品、市场的动态监控和预测预警等业务，实现与制造业企业的无缝对接，创新业务协作流程和价值创造模式。加快发展研发设计、技术转移、创业孵化、知识产权、科技咨询等科技服务业，发展壮大第三方物流、节能环保、检验检测认证、电子商务、服务外包、融资租赁、人力资源服务、售后服务、品牌建设等生产性服务业，提高对制造业转型升级的支撑能力。

3)强化服务功能区和公共服务平台建设

建设和提升生产性服务业功能区，重点发展研发设计、信息、物流、商务、金融等现代服务业，增强辐射能力。依托制造业集聚区，建设一批生产性服务业公共服务平台。鼓励东部地区企业加快制造业服务化转型，建立生产服务基地。支持中西部地区发展具有特色和竞争力的生产性服务业，加快产业转移承接地服务配套设施和能力建设，实现制造业和服务业协同发展。

9. 提高制造业国际化发展水平

统筹利用两种资源、两个市场，实行更加积极的开放战略，将引进来与走出去更好地结合，拓展新的开放领域和空间，提升国际合作的水平和层次，推动重点产业国际化布局，引导企业提高国际竞争力。

1）提高利用外资与国际合作水平

进一步放开一般制造业，优化开放结构，提高开放水平。引导外资投向新一代信息技术、高端装备、新材料、生物医药等高端制造领域，鼓励境外企业和科研机构在我国设立全球研发机构。支持符合条件的企业在境外发行股票、债券，鼓励与境外企业开展多种形式的技术合作。

2）提升跨国经营能力和国际竞争力

支持发展一批跨国公司，通过全球资源利用、业务流程再造、产业链整合、资本市场运作等方式，加快提升核心竞争力。支持企业在境外开展并购和股权投资、创业投资，建立研发中心、实验基地和全球营销及服务体系；依托互联网开展网络协同设计、精准营销、增值服务创新、媒体品牌推广等，建立全球产业链体系，提高国际化经营能力和服务水平。鼓励优势企业加快发展国际总承包、总集成。引导企业融入当地文化，增强社会责任意识，加强投资和经营风险管理，提高企业境外本土化能力。

3）深化产业国际合作，加快企业走出去

加强顶层设计，制定制造业走出去发展总体战略，建立完善统筹协调机制。积极参与和推动国际产业合作，贯彻落实丝绸之路经济带和 21 世纪海上丝绸之路等重大合作倡议，加快推进与周边国家互联互通基础设施建设，深化产业合作。发挥沿边开放优势，在有条件的国家和地区建设一批境外制造业合作园区。坚持政府推动、企业主导，创新商业模式，鼓励高端装备、先进技术、优势产能向境外转移。加强政策引导，推动产业合作由以加工制造环节为主向合作研发、联合设计、市场营销、品牌培育等高端环节延伸，提高国际合作水平。创新加工贸易模式，延长加工贸易国内增值链条，推动加工贸易转型升级。

2.1.4 五项重点工程

2015 年政府工作报告提出，要实施“中国制造 2025”，坚持创新驱动、智能转型、强化基础、绿色发展，加快从制造大国转向制造强国。在这一过程中，智能制造是主攻方向，也是从制造大国转向制造强国的根本路径。

扫一扫：2015 年政府工作报告（全文）

《中国制造 2025》明确指出，通过政府引导、整合资源，实施国家制造业创新中心建设、智能制造、工业强基、绿色制造、高端装备创新等五项重点工程，实现长期制约制造业发展的关键共性技术突破，提升中国制造业的整体竞争力（图 2-3）。

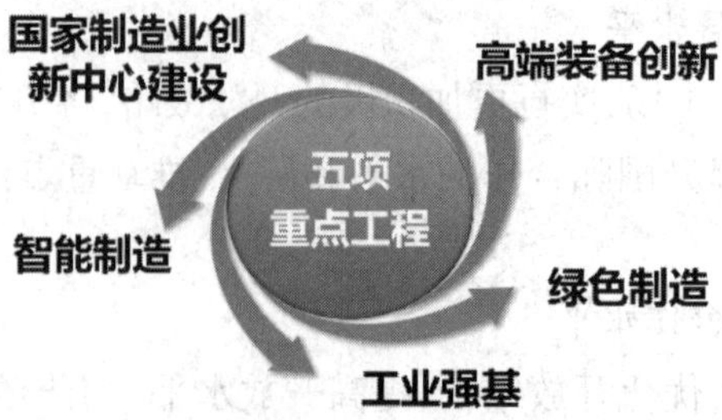

图 2-3　中国制造 2025 五项重点工程

1. 制造业创新中心（工业技术研究基地）建设工程

围绕重点行业转型升级和新一代信息技术、智能制造、增材制造、新材料、生物医药等领域创新发展的重大共性需求，形成一批制造业创新中心（工业技术研究基地），重点开展行业基础和共性关键技术研发、成果产业化、人才培训等工作。制定完善制造业创新中心遴选、考核、管理的标准和程序。

力争到 2025 年形成 40 家左右制造业创新中心（工业技术研究基地）。

2. 智能制造工程

紧密围绕重点制造领域关键环节，开展新一代信息技术与制造装备融合的集成创新和工程应用。支持政产学研用联合攻关，开发智能产品和自主可控的智能装置并实现产业化。依托优势企业，紧扣关键工序智能化、关键岗位机器人替代、生产过程智能优化控制、供应链优化，建设重点领域智能工厂或数字化车间。在基础条件好、需求迫切的重点地区、行业和企业中，分类实施流程制造、离散制造、智能装备和产品、新业态新模式、智能化管理、智能化服务等试点示范及应用推广。建立智能制造标准体系和信息安全保障系统，搭建智能制造网络系统平台（图 2-4）。

图 2-4　东莞第一家民营“无人工厂”开建，100 个机械手率先“上岗”

到 2025 年，制造业重点领域全面实现智能化，试点示范项目运营成本降低 50%，产品生产周期缩短 50%，不良品率降低 50%。

3. 工业强基工程

开展示范应用，建立奖励和风险补偿机制，支持核心基础零部件（元器件）、先进基础工艺、关键基础材料的首批次或跨领域应用。组织重点突破，针对重大工程和重点装备的关键技术和产品急需，支持优势企业开展政产学研用联合攻关，突破关键基础材料、核心基础零部件的工程化、产业化瓶颈。强化平台支撑，布局和组建一批“四基”研究中心，创建一批公共服务平台，完善重点产业技术基础体系。

到 2025 年，70% 的核心基础零部件、关键基础材料实现自主保障，80 种标志性先进工艺得到推广应用，部分达到国际领先水平，建成较为完善的产业技术基础服务体系，逐步形成整机牵引和基础支撑协调互动的产业创新发展格局（图 2-5）。

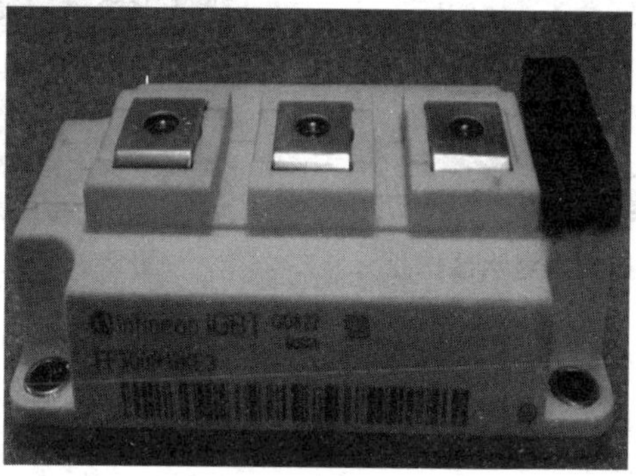

图 2-5　中国掌握核心技术：IGBT 芯片（电力电子行业的“心脏”）

4. 绿色制造工程

组织实施传统制造业能效提升、清洁生产、节水治污、循环利用等专项技术改造。开展重大节能环保、资源综合利用、再制造、低碳技术产业化示范。实施重点区域、流域、行业清洁生产水平提升计划，扎实推进大气、水、土壤污染源头防治专项。制定绿色产品、绿色工厂、绿色园区、绿色企业标准体系，开展绿色评价。

到 2025 年，制造业绿色发展和主要产品单耗达到世界先进水平，绿色制造体系基本建立。

工信部国家级绿色工厂示范企业颁证仪式如图 2-6 所示。

图 2-6　工信部国家级绿色工厂示范企业颁证仪式

5. 高端装备创新工程

组织实施大型飞机、航空发动机及燃气轮机、民用航天、智能绿色列车、节能与新能源汽车、海洋工程装备及高技术船舶、智能电网成套装备、高档数控机床、核电装备、高端诊疗设备等一批创新和产业化专项、重大工程(图 2-7、图 2-8)。开发一批标志性、带动性强的重点产品和重大装备,提升自主设计水平和系统集成能力,突破共性关键技术与工程化、产业化瓶颈,组织开展应用试点和示范,提高创新发展能力和国际竞争力,抢占竞争制高点。

图 2-7 4 500 米深海遥控无人潜水器作业

图 2-8 "天河二号"超级计算机

到 2025 年,自主知识产权高端装备市场占有率大幅提升,核心技术对外依存度明显下降,基础配套能力显著增强,重要领域装备达到国际领先水平。

2.1.5 战略支撑与保障

建设制造强国,必须发挥制度优势,动员各方面力量,进一步深化改革,完善政策措施,建立灵活高效的实施机制,营造良好环境;必须培育创新文化和中国特色制造文化,推动制造业由大变强。为确保完成目标任务,《中国制造 2025》提出了深化体制机制改革、营造公平竞争市场环境、完善金融扶持政策、加大财税政策支持力度、健全多层次人才培养体系、完善中小微企业政策、进一步扩大制造业对外开放、健全组织实施机制等 8 个方面的战略支撑和保障。

1. 深化体制机制改革

全面推进依法行政,加快转变政府职能,创新政府管理方式,加强制造业发展战略、规划、政策、标准等制定和实施,强化行业自律和公共服务能力建设,提高产业治理水平。简政放权,深化行政审批制度改革,规范审批事项,简化程序,明确时限;适时修订政府核准的投资项目目录,落实企业投资主体地位。完善政产学研用协同创新机制,改革技术创新管理体制机制和项目经费分配、成果评价和转化机制,促进科技成果资本化、产业化,激发制造业创新活力。加快生产要素价格市场化改革,完善主要由市场决定价格的机制,合理配置公共资源;推行节能量、碳排放权、排污权、水权交易制度改革,加快资源税从价计征,推动环境保护费改税。深化国有企业改革,完善公司治理结构,有序发展混合所有制经济,进一步破除各种形式的行业垄断,取消对非公有制经济的不合理限制。稳步推进国防科技工业改革,推动军民融合深度发展。健全产业安全审查机制和法规体系,加强关系国民经济命脉和国家安全的制造业重要领域投融资、并购重组、招标采购等方面的安全审查。

2. 营造公平竞争市场环境

深化市场准入制度改革,实施负面清单管理,加强事中事后监管,全面清理和废止不利于全国统一市场建设的政策措施。实施科学规范的行业准入制度，制定和完善制造业节能节地节水、环保、技术、安全等准入标准，加强对国家强制性标准实施的监督检查，统一执法，以市场化手段引导企业进行结构调整和转型升级。切实加强监管，打击制售假冒伪劣行为，严厉惩处市场垄断和不正当竞争行为，为企业创造良好的生产经营环境。加快发展技术市场，健全知识产权创造、运用、管理、保护机制。完善淘汰落后产能工作涉及的职工安置、债务清偿、企业转产等政策措施，健全市场退出机制。进一步减轻企业负担，实施涉企收费清单制度，建立全国涉企收费项目库，取缔各种不合理收费和摊派，加强监督检查和问责。推进制造业企业信用体系建设，建设中国制造信用数据库，建立健全企业信用动态评价、守信激励和失信惩戒机制。强化企业社会责任建设，推行企业产品标准、质量、安全自我声明和监督制度。

3. 完善金融扶持政策

深化金融领域改革，拓宽制造业融资渠道，降低融资成本。积极发挥政策性金融、开发性金融和商业金融的优势，加大对新一代信息技术、高端装备、新材料等重点领域的支持力度。支持中国进出口银行在业务范围内加大对制造业走出去的服务力度，鼓励国家开发银行增加对制造业企业的贷款投放，引导金融机构创新符合制造业企业特点的产品和业务。健全多层次资本市场，推动区域性股权市场规范发展，支持符合条件的制造业企业在境内外上市融资、发行各类债务融资工具。引导风险投资、私募股权投资等支持制造业企业创新发展。鼓励符合条件的制造业贷款和租赁资产开展证券化试点。支持重点领域大型制造业企业集团开展产融结合试点，通过融资租赁方式促进制造业转型升级。探索开发适合制造业发展的保险产品和服务，鼓励发展贷款保证保险和信用保险业务。在风险可控和商业可持续的前提下，通过内保外贷、外汇及人民币贷款、债权融资、股权融资等方式，加大对制造业企业在境外开展资源勘探开发、设立研发中心和高技术企业以及收购兼并等的支持力度。

4. 加大财税政策支持力度

充分利用现有渠道，加强财政资金对制造业的支持，重点投向智能制造、“四基”发展、高端装备等制造业转型升级的关键领域，为制造业发展创造良好政策环境。运用政府和社会资本合作（PPP）模式，引导社会资本参与制造业重大项目建设、企业技术改造和关键基础设施建设。创新财政资金支持方式，逐步从“补建设”向“补运营”转变，提高财政资金使用效益。深化科技计划（专项、基金等）管理改革，支持制造业重点领域科技研发和示范应用，促进制造业技术创新、转型升级和结构布局调整。完善和落实支持创新的政府采购政策，推动制造业创新产品的研发和规模化应用。落实和完善使用首台（套）重大技术装备等鼓励政策，健全研制、使用单位在产品创新、增值服务和示范应用等环节的激励约束机制。实施有利于制造业转型升级的税收政策，推进增值税改革，完善企业研发费用计核方法，切实减轻制造业企业税收负担。

5. 健全多层次人才培养体系

加强制造业人才发展统筹规划和分类指导，组织实施制造业人才培养计划，加大专业技术人才、经营管理人才和技能人才的培养力度，完善从研发、转化、生产到管理的人才培养体系。以提高现代经营管理水平和企业竞争力为核心，实施企业经营管理人才素质提升工程和国家中小企业银河培训工程,培养造就一批优秀企业家和高水平经营管理人才。以高层次、急需紧缺专业技术人才和创新型人才为重点,实施专业技术人才知识更新工程和先进制造卓越工程师培养计划,在高等学校建设一批工程创新训练中心,打造高素质专业技术人才队伍。强化职业教育和技能培训,引导一批普通本科高等学校向应用技术类高等学校转型,建立一批实训基地,开展现代学徒制试点示范,形成一支门类齐全、技艺精湛的技术技能人才队伍。鼓励企业与学校合作,培养制造业急需的科研人员、技术技能人才与复合型人才,深化相关领域工程博士、硕士专业学位研究生招生和培养模式改革,积极推进产学研结合。加强产业人才需求预测,完善各类人才信息库,构建产业人才水平评价制度和信息发布平台。建立人才激励机制,加大对优秀人才的表彰和奖励力度。建立完善制造业人才服务机构,健全人才流动和使用的体制机制。采取多种形式选拔各类优秀人才重点是专业技术人才到国外学习培训,探索建立国际培训基地。加大制造业引智力度,引进领军人才和紧缺人才。

6. 完善中小微企业政策

落实和完善支持小微企业发展的财税优惠政策,优化中小企业发展专项资金使用重点和方式。发挥财政资金杠杆撬动作用,吸引社会资本,加快设立国家中小企业发展基金。支持符合条件的民营资本依法设立中小型银行等金融机构,鼓励商业银行加大小微企业金融服务专营机构建设力度,建立完善小微企业融资担保体系,创新产品和服务。加快构建中小微企业征信体系,积极发展面向小微企业的融资租赁、知识产权质押贷款、信用保险保单质押贷款等。建设完善中小企业创业基地,引导各类创业投资基金投资小微企业。鼓励大学、科研院所、工程中心等对中小企业开放共享各种实(试)验设施。加强中小微企业综合服务体系建设,完善中小微企业公共服务平台网络,建立信息互联互通机制,为中小微企业提供创业、创新、融资、咨询、培训、人才等专业化服务。

7. 进一步扩大制造业对外开放

深化外商投资管理体制改革,建立外商投资准入前国民待遇加负面清单管理机制,落实备案为主、核准为辅的管理模式,营造稳定、透明、可预期的营商环境。全面深化外汇管理、海关监管、检验检疫管理改革,提高贸易投资便利化水平。进一步放宽市场准入,修订钢铁、化工、船舶等产业政策,支持制造业企业通过委托开发、专利授权、众包众创等方式引进先进技术和高端人才,推动利用外资由重点引进技术、资金、设备向合资合作开发、对外并购及引进领军人才转变。加强对外投资立法,强化制造业企业走出去法律保障,规范企业境外经营行为,维护企业合法权益。探索利用产业基金、国有资本收益等渠道支持高铁、电力装备、汽车、工程施工等装备和优势产能走出去,实施海外投资并购。加快制造业走出去支撑服务机构建设和水平提升,建立制造业对外投资公共服务平台和出口产品技术性贸易服务平台,完善应对贸易摩擦和境外投资重大事项预警协调机制。

8. 健全组织实施机制

成立国家制造强国建设领导小组,由国务院领导同志担任组长,成员由国务院相关部门和单位负责同志担任。领导小组主要职责是:统筹协调制造强国建设全局性工作,审议重大规划、重大政策、重大工程专项、重大问题和重要工作安排,加强战略谋划,指导部门、地方开展工作。领导小组办公室设在工业和信息化部，承担领导小组日常工作。设立制造强国建设战略咨询委员会，研究制造业发展的前瞻性、战略性重大问题，对制造业重大决策提供咨询评估。支持包括社会智库、企业智库在内的多层次、多领域、多形态的中国特色新型智库建设，为制造强国建设提供强大智力支持。建立《中国制造 2025》任务落实情况督促检查和第三方评价机制，完善统计监测、绩效评估、动态调整和监督考核机制。建立《中国制造 2025》中期评估机制，适时对目标任务进行必要调整。

各地区、各部门要充分认识建设制造强国的重大意义，加强组织领导，健全工作机制，强化部门协同和上下联动。各地区要结合当地实际，研究制定具体实施方案，细化政策措施，确保各项任务落实到位。工业和信息化部要会同相关部门加强跟踪分析和督促指导，重大事项及时向国务院报告。

2.2 工匠精神——中国制造在呼唤

2.2.1 中国制造呼唤工匠精神回归

扫一扫:2016 年中共中央总书记习近平在中央经济工作会议上发表重要讲话

扫一扫: 2017 年政府工作报告

2016 年 12 月 16 日，中共中央总书记习近平在中央经济工作会议上强调，“引导企业形成自己独有的比较优势，发扬‘工匠精神’，加强品牌建设，培育更多‘百年老店’，增强产品竞争力。”

2017 年全国两会上，国务院总理在《政府工作报告》中指出，“质量之魂，存于匠心。要大力弘扬工匠精神，厚植工匠文化，恪尽职业操守，崇尚精益求精，培育众多‘中国工匠’，打造更多享誉世界的‘中国品牌’，推动中国经济发展进入质量时代”。何谓工匠精神、如何弘扬工匠精神成为社会各界广泛关注的热点话题。

所谓工匠精神，是指工匠对自己的作品精雕细琢、精益求精的精神。它代表着注重细节、追求完美的取向，一丝不苟、不走捷径的态度，以及对工匠职业本身的敬畏和信仰。它说起来很虚，但对我国制造业的转型升级至关重要。我国已是世界第一制造大国。小到鞋、袜、打火机，大到家电、汽车、轮船，几乎所有行业，“中国制造”在全球都广受欢迎，并且仍在不断拓展市场。但毋庸讳言，与世界制造业强国相比，我国一些产品的质量、工艺和设计水平等还存在差距，一些企业习惯于走捷径、赚快钱，信奉“差不多就行”，粗制滥造、山寨抄袭并不鲜见。

当前，我国制造业正面临发达国家和发展中国家“前后夹击”的双重挑战。应对这些挑战，我们以往谈得比较多的是强化科技创新、提升人力素质、完善产业支撑体系等，其实还有一个很重要的方面，那就是大力提倡工匠精神。只有具备精益求精的工匠精神，我国的制造业产品才能更好地开拓国际市场，在世界上站稳脚跟；只有具备精益求精的工匠精神，我国制造业才能适应国内消费者更加多样化、个性化、高端化的需求，充分占领国内市场。央视的《大国工匠》节目报道的钳工、电焊工等师傅，看似平常，却参与着我国最尖端的大飞机、火箭等项目。这期节目播出后，社会反响巨大，人们既惊叹于他们高超的技艺，也折服于他们执着的追求。这体现的就是工匠精神，其对于中国制造的重要性由此可见一斑。从雄伟的长城、故宫，到精美的陶瓷、刺绣，一代代匠人给我们留下的不仅是完美的作品，还有伟大的工匠精神。今天，我们更需要倡导这种精神。只有摒弃浮躁、脚踏实地，专注耐心地提升品质、改进设计、完善细节，中国制造才能更加自信地傲立于世界。

“华丽的中国时代正在展开”，这是韩国《超级中国》纪录片开篇的第一句话。诚然，改革开放后的中国不仅经济上突飞猛进，综合国力也有大幅度的提升：3.25 万亿美元外汇储备高居世界第一，17.7 万亿美元的 GDP 总额位列世界第二，APEC 会议在北京召开的场面盛大，达沃斯论坛更像是中国的主战场，天安门阅兵彰显“超级中国”实力，航空母舰的成功出海，更像是我泱泱大国再度崛起的强大信号。

“幸福”似乎来得太突然。老一辈的人还没来得及享受冰箱、彩电、洗衣机“新三样”的幸福生活，转眼就进入了人人有手机、村村通公路的时代，电脑也早已成为广大农民们日常生活必不可少的工具之一。中国现在的高铁里程更是位居世界第一，2021 年年底已经达到 4 万公里；中国正在加速迈进“高铁时代”，高铁也正在成为中国的新“外交名片”和“形象代表”。我们有底气发问：当今世界，还有什么可以阻挡国运昌盛、经济繁荣的中国，还有什么是这广袤的土地上不能发生的！

秦朝的阿房宫、明朝的紫禁城、清朝的圆明园，每一个伟大的时代都有它的绝对地标，圆明园更堪称空前绝后的皇家园林，世界少有的建筑奇迹。上至先秦的青铜礼器，下至历朝历代的名人书画，奇珍异宝应有尽有。

那么问题来了：为什么国力强大的中国，现在依然重建不了曾经无比辉煌的圆明园？为什么当初只是作为“水龙头”的十二兽首（图 2-9），如今却会成为世界顶级瑰宝？

图 2-9　中国圆明园“十二兽首”

中国有着举世闻名的五大名窑，陶瓷艺术天下无出其右者；司母戊鼎的铸铜技术、工艺精湛的炼铁技术，穿越千年，依然令人惊叹，越王勾践之宝剑至今仍能吹毛断发；横亘在中国北方的万里长城、坐落在中轴线上宏伟壮丽的紫禁城风姿不减当年。千年历史的沉淀，加上如今盛世的辉煌，难道现在的中国连个小小的圆明园也造不出来吗？中国有着“Copy to China”的称号，在“Copy is Right”的文化熏陶下，纵使无法重新创造，难道还不能“复制”吗？

“一切手工技艺，皆由口传心授。”正如瑞士钟表业的奠基人与开创者布克所说的那样：“金字塔的建造者，绝不会是奴隶，而只能是一批欢快的自由人。”而这一判断与希罗多德在《历史》中关于金字塔是由30万奴隶所建造的记载截然相反。布克是一位钟表制作大师，他能轻松地制造出日误差低于1/100秒的钟表。但是在他因宗教问题被囚禁期间，他却连日误差低于1/10秒的钟表也制作不出来。布克后来将这一现象归因为制作钟表时的心情：“一个钟表匠在不满和愤懑中，要想圆满地完成制作钟表的1 200道工序，是不可能的；在对抗和憎恨中，要精确地磨锉出一块钟表所需要的254个零件，更是比登天还难。”由此他推断能够建造工程浩大、建造精细、连一片小小的刀片都插不进去的金字塔的人，必定是一批“怀有虔诚之心的自由人”。

这些自由人被称为“工匠”，他们所秉承的信念被称为“工匠精神”。古为今鉴，我国历史上有许多对工匠精神的精微阐释。如古代描述工匠在制作玉器、象牙、骨器时，用“切、磋、琢、磨”来展现其中的仔细、认真与执着；又如《考工记》中倡导“智者创物，巧者述之守之”的技术追求；再如，耳熟能详的“庖丁解牛”，就是对“道技合一”境界的形象表达。可以说，自古以来，中国并不缺少匠人匠心。这种精益求精的精神品质早已融入中华民族的文化血液，根植于我们的民族文化传统。

新中国成立70多年以来，我国制造业的发展实现了产品“从无到有”、体系“从残缺到完备”、结构“从低端到中高端”的跨越，成为世界第一制造业大国。而当前，我国制造业正处于由大变强、爬坡过坎的关键阶段，要实现由“重量”到“重质”的突围，由“中国制造”到“中国创造”的转型，由“制造大国”到“制造强国”的跨越，就需要在制造每一个环节融入敬业、专注、创新的“工匠精神”。

老牌制造业强国——德国，其制造企业的核心竞争力就是工匠精神。这不仅是其民族精神的重要文化表征，更是推动德国制造业持续发展的文化动力。同样，工匠精神是中国制造前行的精神源泉，中国制造创新驱动需要更多执着专注、精益求精的大国工匠。中国要进一步弘扬工匠精神，有工匠魂，才能实现中国梦。

2.2.2 中国制造业转型升级和工业强国战略实施离不开工匠精神

自改革开放以来，我国制造业高速发展。时至今日，中国制造的商品随处可见，中国已然成为世界的加工厂。然而产品的质量在市场上一直褒贬不一，“低价低质”成了中国制造的代名词。产品的低质量会影响社会经济的发展。为了改变现状，2016年政府工作报告中正式提出了“工匠精神”，鼓励企业开展个性化定制、柔性化生产，培育精益求精的工匠精神，增品种、提品质、创品牌。培养工人的工匠精神对中国制造业的发展具有深远的意义。

弘扬工匠精神，建设高素质产业工人队伍，才能为国家战略的顺利实施提供坚强有力的支撑。

工匠精神是一种精雕细琢、精益求精的劳动态度，是一种追求完美、坚持敬业的道德气质，是一种勇于创新的精神追求。尽管传统的小作坊已被现代工业取代、机械化生产大幅度提高了生产效率，但人类在历史中积淀下来的工匠精神，却依旧贯穿在现代化工业制造中，为产业工人创新创造、实现自我价值、生产优质产品提供强大的精神动力，甚至成为现代工业制造的灵魂。在我国全力推进工业化、信息化、新型城镇化和农业现代化的当下，工匠精神的积极意义和重要价值更加凸显。弘扬工匠精神既是我国制造业转型升级和实现工业强国战略的有效途径，也是我国在现代化进程中所必须面对的时代课题。

全球竞争对我国劳动者素质提出挑战。习近平总书记强调，“工业强国都是技师技工的大国，我们要有很强的技术工人队伍”。这一论述，深刻阐明了产业工人队伍水平与国家工业化发展程度之间的内在逻辑关系。在全球的激荡变局中，一个国家能否在全球格局中抢占先机、赢得主动，国民素质特别是广大劳动者素质起着决定性作用。发达国家通过大力发展职业教育、高度重视职业培训，培养大批高素质技术工人，确保科技成果有效转化，进一步提升了国家核心竞争力。国际经合组织统计数据显示，几乎所有欧洲工业强国中高中毕业后接受高等职业教育的学生比例都超过了 50%，在有些国家，这一比例甚至超过 70%。德国以“双元制”为主体，大力发展职业教育，“德国工匠”和“德国制造”享誉全球。截至 2015 年底，我国高素质技能人才总量为 4 501 万人，仅占技能人才的 27.3%，而在制造业强国，这一比例往往在 40%以上。与此同时，我国的高技术人才队伍还存在产业分布不均衡、国企民企分布不均衡、年龄分布不均衡等结构性矛盾。

中国制造业转型升级需要大批高技能人才。国家“十三五”发展规划提出，我国将深入落实“中国制造 2025”战略，实施智能制造工程，构建新型制造业体系。实施制造强国战略的实践主体是广大制造业企业，毋庸置疑，这一战略的实现靠人才。从制造业的生产规律来看，既需要一批理论功底扎实、掌握核心技术、善于创新创造的研发人员，更需要一大批实践技能突出、具有娴熟技术、善于解决实际问题的高技能人才。所以，中国制造业转型升级和工业强国战略实施离不开掌握精湛技能和高超技艺的产业工人的支撑。

2.2.3 “中国制造”助推“中国智造”

当前，新一轮科技革命和产业变革正在全球兴起，工业技术体系、发展模式和竞争格局面临重大调整。欧美发达国家出台了以先进制造业为核心的“再工业化”国家战略。美国推动以“工业互联网”和“新一代机器人”为特征的战略布局，德国“工业 4.0”通过智能制造重塑竞争力，欧盟“2020 增长战略”提出以智能制造技术为核心的先进制造为主要发展方向。与此同时，日本和韩国也提出相应的发展战略。由此可见，智能制造已经成为发达国家制造业发展的重要方向和发展先进制造业的制高点。为适应全球工业化进入后期阶段的发展需求，积极应对新一轮科技革命和产业变革带来的严峻挑战，中央审时度势在 2015 年发布了“中国制造 2025”发展战略。“中国制造 2025”发展战略提出在以中高速、优结构、新动力、多挑战为主要特征的制造业新常态下，坚持走创新驱动的发展道路。借助智能技术发展智能制造，不仅是产业转型升级的突破口，还是重塑竞争优势的新引擎。

2016 年初，国务院总理在《政府工作报告》中提及工匠精神，引发了与会代表及媒体舆论的强烈反响。时代需要工匠精神，中国企业的发展更需要工匠精神。然而，工匠精神不只是一句简单的口号，企业需要把工匠精神融入研发、设计、生产、质量等各个环节之中，在追求一种精神的同时，把产品与服务一并做好。如此一来，工匠精神才能助力制造企业的可持续发展。

1. 变中国制造为“中国智造”需要弘扬大国工匠精神

伟大的时代，需要伟大的精神作为思想支柱。中国制造要走向中国智造，必须紧紧依靠工匠精神。中国拥有着大量的技术工人，工匠从来没有消失过，但工匠精神却成了当今中国最为稀缺、最为急需的东西。工匠精神落实到国家层面，就是要变制造大国为制造强国。制造业是国民经济的主体，是立国之本、兴国之器、强国之基。先进制造业是一国永久强盛的脊梁。它是国民经济增长的发动机、国家实力的支柱。一个国家没有强大的制造业，永远成不了经济强国。在当今和未来的竞争中，谁执制造业的牛耳，谁就能在市场上赢得先机。我国是制造业大国，但大而不强、多而不优，竞争优势层次低，结构调整和转型升级的任务紧迫，因而需要弘扬大国工匠精神，通过科技创新与技术创新，使经济增速向经济质量转变，由给国外代工向中国品牌转变，由中国制造向“中国智造”转变。

从世界产业发展历程看，三流的产业和企业追求利润，二流的产业和企业追求垄断，而一流的产业和企业追求的是标准制定者的位置。中国制造业的转型和升级换代，最需要“攻占”的高地是“占有标准”。这是“中国制造”未来不可或缺的发展方向。

2. 从“中国制造”到“中国智造”离不开工匠精神

随着新一轮科技革命与产业变革孕育兴起，智能制造正在成为全球制造业变革的重要方向和竞相争夺的制高点。中国工程院院士周济说：“新一轮科技革命和产业变革正在孕育兴起，信息技术、生物技术、新材料技术、新能源技术广泛渗透，带动几乎所有领域发生群体性技术革命，核心就是智能制造。”以制造业数字化、智能化为核心的第三次工业革命已经到来，从加工贸易起步、以资源环境过度消耗为代价、依赖低廉劳动力成本、缺乏核心技术和自主品牌的“中国制造”形象正在远去，“中国智造”已成为中国制造业由大到强、实现跨越式发展、创新能力和综合竞争力进入世界前列的新名片。中国要实现从中国“制造”向中国“智造”的转型，不仅需要先进的技术设备，还需要大量能够使用和操控这些设备的高级技工，他们具有坚定、踏实、严谨、专注、坚持、敬业、精益求精的工匠精神，有干一行爱一行、爱一行钻一行的韧劲，有对工作只管付出不求回报的奉献精神，能为推动中国“制造”走向中国“智造”提质、提速、提品、提效。

《人民日报》以《铸造更多大国工匠》为题推出时评，评论认为“中国经济正在迈向高质量发展，这将是高素质技术工人的‘大时代’”。更多的“弄潮儿”，正在这时代的大潮中，与中国制造业一起迎风飞扬。领跑“中国制造 2025”，不仅需要一代又一代技能出色的工匠，还需要全社会对工匠价值的认可和尊重。只有树匠心、育匠人，践行工匠精神，成为全社会的共识和主流，工匠价值才能真正成为引领社会风尚的风向标，才能激发创新活力与创业激情，让中国

“制造”走向中国“智造”之路越走越宽、越走越快。

3. 工匠精神助推中国智造的途径

1)技术创新

绝大多数的创新都不是从无到有的创新,而是从 0.1 到 1 的持续性创新。工匠精神引导技术进步依靠的是连续性,而不是间断性。在长时间的创造过程中,因为技术积累而实现技术进步或者涌现出重大突破,这一阶段即人们常述的技术革命。颠覆性创新需要研发者努力探究、钻研新产品,慢慢地推动工艺进步,并非一蹴而就,这正是工匠精神严谨、敬业的要求。针对我国制造业大而不强、自主创新能力弱的情况,科学技术创新是解决此问题的重要影响因素。

2)整合产能

“去产能”是社会热点话题。为了解决产能过剩的问题,政府积极采取措施,例如重组兼并、将落后产能逐渐淘汰,对行业集中度的提升、产能整合的实现都有积极意义,此外产能利用率也得以增加。部分企业产能落后,在经营过程中无形增加了行业压力,对环境也进行了破坏,所以针对此类企业要设置一定机制,对企业实行优胜劣汰,倒逼企业践行工匠精神,进行创新,提高产品质量,优化产能。

3)政策支持

政府应当进行顶层设计,让工匠精神更好地引领中国智造;引导企业回归本质,在充分考虑消费者需求的基础上为其提供所需的优质产品和服务。工匠精神对企业、对劳动者都有明确的要求,需要在企业经营模式、理念之中融入工匠精神,需要劳动者将工匠精神注入工作中,才可将优质的产品制造出来。此外,政府需对职业教育进一步优化,培育具有工匠精神的人才。德国的制造业在世界上是比较有名的。德国非常重视高等教育、职业教育的发展。资料表明,德国 70% 的中学毕业生都会选择接受双轨制职业教育。在全部行业培训中,制造业培训占比达到了 35%。学生接受职业教育的费用由国家全部承担。德国的职业学校目前开设的培训科目有近 400 个。我国也应当以改革的思路办好职业教育。政府应发挥好引导、督导和规范的职能,加快发展与社会需求相适应、产业与职业教育深度融合的现代职业教育。

4)企业创新

企业还应当建立有效的激励机制,让工匠群体真正感受到自己的付出和努力能够得到回报。在实践中,很多企业片面地认为技术工人劳动和地基劳动、简单劳动是一致的,为此相较于管理人员,高级技工的福利、工资等待遇很低,导致工匠人才流失情况严重。企业要想成为有工匠精神的企业就必须优待技能人才队伍,从工资、福利待遇、职工教育、荣誉授予等方面给予优待,调动工匠“在车间进行创新”的积极性,充分施展工匠精神。

5)体系创新

工匠精神并非与生俱来,而是在一个有效稳定的体制中生成的。德国的制造业发达,为世界所欣赏,在其背后有一整套工匠体制。从职业教育到市场准入,再到质量监督管理,最后到知识产权保护,这是一个完整的体系。对积极创新精益求精的工匠企业进行奖励,对违法者进行惩罚,二者相互作用,缺一不可。在体系内用规则和制度引导参与者的工匠习惯,进而培养工匠精神，通过体系创新我国的工匠精神，激励企业勇于创新，培养合格的工匠，使具备工匠精神不再是一句口号，而是民族习惯，使工匠精神成为民族精神。

2.2.4 "工匠精神"与中国制造的创新关联

在现在，中国成为制造业大国已经毋庸置疑了，但我国还不是一个创新大国。对一个大国来说，如果没有自己国家的特色品牌，没有自己的核心技术，是很吃亏的。中国制造业要发展，就必须鼓励企业去创新，去打造自己的品牌和核心技术，去实现从中国制造到中国创造的改变。

工匠精神能引领企业去创新，是因为工匠精神的内涵就是精益求精，不断追求完美，通过反复改进产品，不断吸收最前沿的技术，创造出新成果，最终实现自我创新。高级技师白伟东说："中国制造业由大变强，既需要科学家、技术人员和大国工匠，更需要从容独立、执着专一、务实创新的工匠精神，这种精神才是中国创造的内在支撑和恒久动力。中华民族的基因里，从来就不缺少工匠精神。延续传承这种精神，将是我一生的追求。"

在我国制造业正处于从生产型向服务型、从价值链的低端向价值链的高端、从制造大国向制造强国、从中国制造向中国创造转变的这一关键时期重提"工匠精神"，不仅要重启在大规模、高速度、无差别的机器化生产时代逐渐缺失的精益求精、严谨细致、坚守专注的传统"工匠精神"，更要与时俱进强调"工匠精神"的创新内涵。只有大国工匠们持续不断地创新，制造业才能适应现阶段供给、需求的新常态，满足消费者日益个性化、多元化、高层次的需求。

细究起来，工匠精神的创新元素渗透在工匠技艺、工匠制度和工匠文化中，意即培育支撑制造强国的工匠精神是个系统工程，不仅要激励器物层的创新，更要引导制度层和文化层的创新，正是这三重创新，使"工匠精神"不再停留在精神号召、口号宣传的层面，而能切实有效地与中国制造关联起来，让"工匠精神"由顶层设计化成具体而微的激励政策，由激励政策刺激形成工匠习惯，由工匠习惯外化形成工匠制度，由工匠制度升华形成工匠文化，将工匠文化融入民族血脉，成为中国制造的标签。

1. 工匠精神与技术创新

传统观念中，工匠就是一种机械重复劳动的工作者，而发明、创新总是与高科技工作者密切相关，其实这是对工匠的误读，也是对创新的误判。绝大部分技术创新并不是从 0 到 1 的颠覆式创新，而是从 99.9% 到 99.99% 的持续性创新。技术进步的连续性远远强于间断性，继承性强于革命性，就如同生物体的生命进化，技术革命实际上是长期创造性过程中由技术积累所导致的技术进步和重大突破的"涌现"阶段。也就是说，即使是颠覆式创新也不是一蹴而就的，也需要设计研发人员对产品不断钻研思索、不停琢磨探究，在一点一滴的积累中实现技术和工艺改进，小到每一个工艺环节的革新，大到每款新产品、每项新技术的研发莫不如此。中国制造创新驱动最大的障碍不在于资源要素投入不足，而在于缺乏执着专注、精益求精的大国工匠和涵养大国工匠的制度、文化土壤。

2. 工匠精神与制度创新

"工匠精神"不是与生俱来的，它的形成非朝夕之功，而是在一系列有效稳定的制度安排下产生的结果。德国、日本等制造业强国为人津津乐道的"工匠精神"背后,其实是一整套工匠制度,体现在职业教育体系、市场准入标准、质量监督管理以及知识产权保护等各个方面,对企业家敢于冒险、不辍创新的激励,对执着专注、精益求精的工匠人才的回报,对违法违规者的惩罚共同发挥作用,缺一不可。用规则制度引导工匠习惯,再把工匠习惯升华为"工匠精神",是重塑"工匠精神"的必由之路。重提"工匠精神"只是一个开始,还要通过系列制度创新重塑中国的工匠精神,激励企业家创新,培养合格工匠,唯有完善相应的制度安排,工匠精神才不会流于口号和宣传,才能真正成为民族习惯,融入民族血脉,成为民族精神。

3. 工匠精神与文化创新

工匠精神是对工艺文化的传承与对科技的创新。不少人对工匠有着片面的认识,认为他们因循守旧,偏执地守着古老的技艺,他们慢工出细活的生产方式已经不能适应这个追求效率和效益的时代。其实不然,手工艺作为我国的传统工艺文化,是劳动人民智慧的结晶,是宝贵的精神财富,更是中华文化自豪感的重要体现,对它的传承更有一种历史责任在里面。同时,现代工业技术同样离不开工匠,以上海飞机制造公司的高级技师胡双钱为代表的工匠就是有力的说明,很多机器制作不出来的零件必须由他们用双手去完成,一块块贵重的金属在他们手里变成形状各异的零件,精度甚至能达到毫米。正是他们能够数十年如一日地追求着职业技能的极致化,靠着传承和钻研,凭着专注和坚守,才缔造了一个又一个的"中国制造"。工匠精神不是因循守旧,它是在传统工艺的基础上不断创造新工艺、新技术的过程,是传承与创新的并存。这其中包含的是技艺,是中华民族传统文化的沉淀与融合,更是浮躁社会所缺乏的一种坚定气质与坚守。因此,中国制造要走向世界,并拥有无可替代的地位,需要培养有文化的工匠,制造有文化的产品。海尔总裁张瑞敏曾指出:"名牌也应该代表先进文化的前进方向。一个名牌,一定有丰富的文化含量,因为一个名牌是名牌创造者素质的外化,或者说名牌是一个国家或者民族素质的外化。员工的素质高,才能够创造出名牌。"很显然,培养有文化的工匠需要进行文化创新,甚至需要改造国民习性,这需要宏观(国家层面)、中观(社会层面)、微观(企业、个人层面)的协同创新。

4. 三重创新与中国制造业发展

以工匠技术、工匠制度和工匠文化三重创新为抓手,"工匠精神"从虚幻的精神层面落到促进中国制造的实质层面。就工匠精神而言,三重创新也是层层递进的关系。工匠精神来源于文化、生长于制度、落脚于工匠技术,而制造产品是工匠技术的物质载体。与工匠制度和文化相比,工匠技术是反映工匠精神的最表面的因素,一般工匠精神缺失的直接表现是技术创新不够,但更深层次的原因却在于工匠制度和工匠文化的缺失,因此,虽然工匠精神本身就意味着技术创新,但是培育工匠精神却需要更多从制度和文化创新入手。就三重创新与中国制造的关系而言,在制造业发展的初期,技术进步的作用很大,但是随着制造业迈向中高端,成熟的制造技术逐渐普及,制度和文化的作用凸显,工匠精神的重要性也愈加明显。因此,现阶段在制造业转型升级中涵养新时代的工匠精神需要建立、完善两大体系。一是进行一系列系统设计,建设工匠精神养成的制度体系。首先要加快打造新型政商关系,使企业家回归初心,以消费者需求为导向提供产品和服务;其次要尽快完善我国的职业教育制度,改变职业教育是教育系统的补充的现状;再次要构建有利于工匠精神形成的法制、标准体系,严格监管规范市场运行秩序;最后要强化有效的激励机制,使工匠群体真正感受到“才有所值,能有所得”。二是在社会上牢固树立工匠精神孕育的文化价值体系。首先要建立合理的人才评价机制,提高工匠群体的社会地位;其次要建设支撑工匠精神的管理文化,在企业管理中培育严谨认真的工匠习性;最后要鼓励消费者追求“精”“美”“品”“上”的消费文化,倒逼企业形成工匠精神。

2.2.5 弘扬工匠精神打造中国制造新名片

新中国成立特别是改革开放以来,我国制造业持续快速发展,建成了门类齐全、独立完整的工业体系,制造业规模跃居世界第一,创新能力不断增强,中国制造成为支撑我国经济社会发展的重要基石和推动世界经济发展的重要力量。但与世界制造强国相比,成本规模优势难掩质量、品牌、创新等方面的差距。福布斯发布 2020 全球品牌价值 100 强:苹果第一,中国仅华为上榜。虽然受疫情影响,全球各大行业不同程度受到影响,但是大型科技品牌的地位却难以撼动。上榜 100 强品牌的前 5 名与上年榜单一致,分别是苹果(2 412 亿美元)、谷歌(2 075 亿美元)、微软(1 629 亿美元)、亚马逊(1 354 亿美元)、脸书(703 亿美元)。而华为(85 亿美元)(图 2-10)作为唯一上榜的中国企业,位居第 93 名,这在一定程度上反映了差距。

图 2-10 华为——全球最具价值品牌 100 强

在全球范围内,制造强国的实现路径和支撑条件各不相同,但追求卓越、严谨执着的工匠精神却是共性因素。在现代工业文明中,工匠精神是精益求精、务实创新、踏实专注、恪守信誉等行为准则的综合体现。工匠精神是用“匠心”和“创新”不懈地提升质量与服务,既注重改进制造工艺、产品性能和管理服务,又强调持续创新和改善用户体验。工匠精神是对品牌与口碑的坚守,包含着对用户的诚信、对高品质的执着以及对百年老店的孜孜追求。工匠精神还意味着对法律和规则的敬畏,尊重契约精神,严守职业底线,严格执行工序标准。纵观世界 200 多年的工业发展史,尽管传统的小作坊已被现代化的工业生产所取代,但沉淀下来的工匠精神和文化传统依旧贯穿于现代生产制造中,并从个体化的工匠行为演变为群体性的制造文化,成为推动现代制造业发展的灵魂所在。

在中华民族数千年的历史长河中,工匠精神源远流长,“巧夺天工”“独具匠心”“技进乎道”等成语背后的典故,体现的正是匠人们卓绝的技艺和精益求精的价值追求。在我国工业化进程中,也形成了大庆精神、“两弹一星”精神、载人航天精神等具有时代特征的工匠精神。但一段时间内，由于过度追求规模效应和短期效益，重数量轻质量、重生产轻品牌，传承工匠精神的社会环境和制度基础在一定程度上被弱化。

当前，制造业发展的环境和条件正在发生深刻变化。从国内看，我国经济已进入以速度变化、结构优化和动力转换为特征的新常态。传统的低要素成本竞争优势正在减弱，能源资源环境等约束不断增强，部分行业同质竞争、产能过剩严重，高品质消费品供给不足，满足不了消费升级的需要，中高端购买力通过境外消费、海淘等形式持续外流。从全球看，随着新一轮技术革命和产业变革的孕育兴起，国际产业分工格局正在重塑。传统制造强国凭借技术、人才等优势在先进制造、工业互联网等高端领域抢占先机，发展中国家凭借资源、劳动力等比较优势在中低端领域激烈角逐，中国制造面临着先进制造与低成本制造的双向挤压。

中国制造要成功突围并迈上发展新台阶，必须坚持创新驱动发展战略，而支撑制造业创新发展的根本是创新型人才，其中就包含技艺精湛的能工巧匠和高级技师。从这一点看，我们必须秉承工匠精神，在品种、品质、品牌等方面深入挖掘，有效解决质量稳定性、精度保持性、消费安全性等问题，真正满足用户对品种多样化、品质高端化、生产定制化的需求，持续提升中国制造的基础能力与核心竞争力，让工匠精神成为推进中国制造“品质革命”的精神动力和力量源泉。

1. 弘扬工匠精神，打造中国制造新优势

工匠精神是精于工、匠于心、品于行。在加快制造强国建设的过程中，要将精益求精、不懈创新、笃实专注的工匠精神融入现代工业生产与管理实践，夯实基础，补齐短板，加快形成中国制造新优势，打造中国制造新名片。

以精益求精为出发点，树立中国制造质量品牌新形象。精益求精是工匠精神的精髓，也是打造中国制造质量品牌的关键。拼速度、扩规模、模仿赶超一度是市场竞争的关键词，企业往往依靠低成本的要素投入即可获取市场和利润。但当需要“更上一层楼”的时候，精益求精将成为企业的必然选择。弘扬工匠精神，就是要鼓励企业树立质量为先、信誉至上的经营理念，普及卓越绩效、精益生产、质量诊断等先进生产管理模式和方法，严格执行工序标准，加强从研发设计、物料采购、生产制造到销售服务的全过程质量控制和管理；就是要引导企业诚信经营，增强以质量和信誉为核心的品牌意识，推进品牌文化建设，提升自主品牌的价值内涵；就是要支持企业提高全员精品意识和素质，通过对质量、规则、标准、流程的坚守，提高全球消费者对中国制造的品牌认可度和忠诚度。

以不懈创新为引擎，提升中国制造核心竞争力。创新是工匠精神的重要内涵，也是中国制造迈向中高端的关键。工匠精神奉行“劳动者就是创造者”的理念，通过工匠们不断创新与革新，推动相关领域技术进步和产业发展。但创新不是一蹴而就的，需要长期持续投入、厚积薄发。多年来，我国创新成果转化率不高，一个重要原因在于从实验室产品到生产线产品的转化过程中，缺乏大批有经验的技术工人特别是技师，工艺、成品率、工装等诸多技术实现问题难以解决。弘扬工匠精神，就是要增强创新意识，加强创新投入，以用户需求为中心加速技术创新、产品创新、管理创新和模式创新；就是要抓住新一代信息技术与传统产业加速融合的机遇，引导企业持续改进制造工艺、产品性能和品类，使产品更好地适应和引领消费需求；就是要引导骨干企业勇攀高峰,瞄准未来产业发展制高点,开展产学研用协同创新,攻克一批长期困扰产业发展的关键共性技术,持续提升我国在相关领域的实力和话语权。

以笃实专注为内核,筑牢中国制造发展根基。笃实专注是工匠精神的重要特质,也是制造业由大变强的必要路径。弘扬工匠精神,就是要坚持发展制造业不动摇,引导企业树立“十年磨一剑”的专注精神,结合自身所长走“专精特新”发展道路;就是要培育和提升制造业单项冠军企业,支持企业专注于细分产品市场的创新、产品质量提升和品牌培育,在全球范围内整合资源,力争占据全球产业链主导地位;就是要推动大型央企聚焦主业,向关系国家安全、国民经济命脉和国计民生的重要行业和关键领域集中,向前瞻性、战略性产业集中,向产业链、价值链的中高端集中,做强做优做大,努力成为具有国际影响力和竞争力的一流企业。

2. 着力优化工匠精神孕育生长的制度与环境

培育新时期工匠精神是一个系统工程。我们要按照党中央、国务院决策部署,紧紧围绕制造强国战略,加大供给侧结构性改革力度,厚植工匠精神孕育生长的制度土壤,使工匠精神真正成为制造强国建设的价值内核与动力源泉,持续推动中国制造向中国创造、中国速度,向中国质量、中国产品,向中国品牌转变。

树立正确导向,营造尊重劳动和崇尚技能的社会氛围。没有稳定的工作岗位、合理的收入报酬、清晰的职业前景,很难产生真正的工匠精神。要从战略高度重视弘扬工匠精神的重要意义,践行社会主义核心价值观,培育有中国特色的制造文化,在全社会推动形成“技术工人也是人才”“劳动光荣、技能宝贵、创造伟大”的时代风尚,并逐步形成尊崇工匠、争做工匠和做好工匠的职业取向。要建立工匠表彰制度,树立新时代大国工匠的典型,引导有条件的地区建立优秀技能型人才重奖制度。健全收入分配激励机制,完善劳动、技术、技能等生产要素按贡献参与分配的制度。鼓励各地根据人才缺口,加强对引进技能型人才的政策支持,切实解决其医疗、教育及社会保障问题,使更多技能型人才安心于岗位并持续积累创新。

加大投入力度,健全技能人才培养和评价体系。建设制造强国,需要大批体现中国制造实力的一线技能型人才。要突出产业导向,促进专业设置与产业发展同步,课程内容与职业标准对接,教学过程与生产过程统一,实现职业教育与产业实践的精准结合,引导完善以企业为主体、职业院校为基础,学校教育与企业培养密切协同、政府推动和社会支持相互结合的技能型人才培养体系。支持企业推行订单培养、顶岗实习等人才培养模式,依托大型骨干企业、重点职业院校和培训机构,建设一批示范性的高技能人才培养基地和公共实训基地。建立与制造业人才培养规模和培养要求相适应的财政投入政策,鼓励和引导企业、社会组织投资人才培养。完善技能型人才评价和使用政策,健全制造业人才职业标准体系,细化职业资格制度。搭建普通教育与职业教育的流动通道,实现职业教育与学历教育同认可度、同待遇。推动职业资格证书和学历证书、职称证书的互通互认,进一步畅通技能型人才职业发展通道,鼓励更多的年轻人走技能成才之路。

发挥各方作用,形成追求卓越的激励约束机制。工匠精神的形成需要发挥政府、行业组织、消费者等多方主体作用,通过有效的制度引导和约束,使精益求精、生产高品质产品成为企业的普遍选择。要完善行业标准体系,提高国内产品标准与国际标准的一致性程度,以高标准倒逼企业不断提高产品质量。坚持日常监管和市场整顿相结合,实施企业经营异常名录、失信企业“黑名单”等制度,加强对国家强制性标准执行情况的监督检查,加大知识产权执法力度和对制售假冒伪劣产品的打击力度。发挥联盟、协会、同盟等的载体与桥梁作用,加强行业自律建设,引导企业在诚信经营、质量品牌、消费者权益等方面积极履行社会责任。发挥消费升级对工匠精神的激发作用,进一步畅通消费者投诉渠道,扩大适用举证责任倒置的商品和服务范围。修订完善有关产品质量、消费者权益保护的法律法规,明确惩罚性巨额赔偿制度,使减少劣质产品成为企业的首要考虑因素。

深化供给侧结构性改革,完善制造业发展外部环境。工匠精神落地生根离不开有利于制造业发展的宏观环境。要加快推进供给侧结构性改革,统筹五大政策支柱,实施更加精准的产业政策,引导各类资源投向制造业。加强产业政策与财税、金融、环保、国土、社保等政策的衔接配合,加速实施国家中小企业发展基金、先进制造产业投资基金,深化产融合作,形成促进实体经济发展的政策合力。持续推进简政放权、放管结合、优化服务,清理废除妨碍创新创业的规章制度,探索市场准入负面清单制度,不断提高制度供给质量和水平。完善并落实市场退出机制,倒逼缺乏竞争力的企业退出市场。进一步落实各项惠企政策,加强涉企收费管理,降低制度性交易成本,切实为企业松绑减负,不断激发企业从事精品制造的动力。

【本章小结】

《中国制造 2025》是着眼于整个国际国内的经济社会发展、产业变革的大趋势所制定的一个长期的战略性规划,是中国实施制造强国战略第一个十年的行动纲领。然而中国制造业转型升级和工业强国战略实施离不开掌握精湛技能和高超技艺的产业工人的支撑。培育和弘扬工匠精神,既是我国制造业转型升级和实现工业强国战略的有效途径,也是我国在现代化进程中所必须面对的时代课题。

【扩展】

1. 搜集身边的“中国制造”,说一说你对“中国制造”的看法。

2. 说一说作为当代大学生助力《中国制造 2025》,我们应该怎么做。

【参考文献】

[1] 政府工作报告(全文)——2015 年 3 月 5 日在第十二届全国人民代表大会第三次会议上 [R/OL].(2015-03-16)[2022-01-27]. http://www.gov.cn/guowuyuan/2015-03/16/content_2835101.htm.

[2] 政府工作报告(全文)——2017 年 3 月 5 日在第十二届全国人民代表大会第五次会议上 [R/OL].(2017-03-16)[2022-01-27]. http://www.gov.cn/premier/2017-03/16/content_5177940.htm.

[3] 张璐.“中国制造 2025”背景下制造业转型升级路径选择 [J]. 中国集体经济, 2021(4): 9-10.

[4] 郭朝先,王宏霞. 中国制造业发展与“中国制造 2025”规划 [J]. 经济研究参考, 2015(31):3-13.

[5] 李克强谈“中国制造 2025”:从制造大国迈向制造强国 [J]. 中国计量,2017(12):6-9.

[6] 李萍.“中国制造 2025”背景下工匠精神的价值及培育探析 [J]. 南方农机, 2019(23):

179.

[7] 杨爽. 中国制造 2025 背景下工匠精神培育策略 [J]. 南方农机,2018(23):34-37.

[8] 苗圩. 弘扬工匠精神打造中国制造新名片 [J]. 电气时代,2016(11):22-24.

[9] 苗圩. 弘扬工匠精神打造中国制造新名片 [J]. 智慧中国,2016(9):6-8.

[10] 耿银平."中国制造"亟待"工匠精神" [J]. 南方企业家,2016(6):1.

[11] 陈国学. 崇尚工匠精神,做强中国制造 [J]. 北京皮革,2020(Z1):23-25.

[12] 陈思琦. 弘扬中华工匠精神与中国制造的关系 [J]. 明日风尚,2020(6):191-193.

[13] 丁斌,刘昌年,李毅心,等."中国制造 2025"下西方工匠精神培育对我国的启示 [J]. 产业与科技论坛,2020(2):101-102.

[14] 谷丰登."中国制造"呼唤"工匠精神"[J]. 中国高新区,2017(11):3.

[15] 黄君宝. 弘扬"工匠精神"变"中国制造"为"中国创造"[J]. 全国商情, 2016(26):16-18.

[16] 徐彦秋. 工匠精神的中国基因与创新 [J]. 南京社会科学,2020(7):150-156.

[17] 彭宇文,邹佳雯."中国制造 2025"战略下的工匠精神研究 [J]. 湖南大众传媒职业技术学院学报,2020(2):77-80.

[18] 李宏伟,别应龙. 工匠精神的历史传承与当代培育 [J]. 自然辩证法研究, 2015(8):54-59.

[19] 刘建军. 工匠精神及其当代价值 [J]. 思想教育研究,2016(10):36-40.

[20] 石琳. 中华工匠精神的渊源与流变 [J]. 文化遗产,2019(2):17-24.

第3章　入门小匠

2 500年前的中国诞生了一位著名的工匠、发明家——鲁班。有关鲁班的发明和创造的故事比比皆是，大家耳熟能详。鲁班的名字实际上已经成为中国古代劳动人民智慧的象征。

从鲁班身上我们能看到的正是精雕细琢、执着专一的精神品质，这正是工匠精神的体现。据说鲁班从小就跟随家里人参加过许多土木建筑工程劳动，逐渐掌握了生产劳动的技能，积累了丰富的实践经验。

扫一扫：鲁班

穿越千年，人们正在诠释新时代工匠精神。我国制造业正处在提质增效的关键时期，培育和弘扬工匠精神，不仅是传承优秀文化和价值观，更是破解制造业转型发展难题、推动产业迈向中高端的务实举措。

工匠精神是一种对当前所做的事情精益求精、不断追求优秀与进一步发展的精神。它要求人对所做的事情心怀敬畏，并为之不懈努力。

党的十九大开启了实现中华民族伟大复兴的新征程。在“中国制造”到“中国创造”的转变过程中，需要不断提高专业竞争力，精益求精，不断创新，把工匠精神融入现代生产和服务的各个领域。实现中华民族伟大复兴的中国梦，关键在人才。社会主义现代化强国的建设，不仅需要一大批拔尖创新人才和数以千万计的专门人才，更需要数以亿计的高素质技术技能人才。

扫一扫：中国建设

高等教育为社会培养奋战在生产、建设、服务、管理一线的合格的技术技能型人才。加强对青年学生工匠精神的培育，本质上就是贯彻党的教育方针，坚持立德树人。要坚持用社会主义核心价值观和工匠精神引导学生勤学、修德、明辨、笃实，引导学生静心学习、刻苦钻研、百折不挠，求得真学问，练就真本领；要培养学生的创新精神，树立在前人的基础上超越前人的雄心壮志；要重视实践育人，拓展学生社会实践的平台和路径；要加强对学生使命意识和责任意识的教育，引导学生牢固树立对人民的感情、对社会的责任、对国家的忠诚。

当代青年学生，其人生黄金时期同“两个一百年”奋斗目标的实现完全契合。培养青年学生的工匠精神，将青年学生培养成为有理想、有本领、有担当的中国特色社会主义事业接班人，国家就有前途，民族就有希望。

大国小匠，薪火传承，工匠精神，青年担当。

如今，大国工匠迎来后继者，青年学生还略显稚嫩的面孔和国家大工程离得如此之近。培养面向生产、建设、服务和管理一线需要的高素质的应用技术型和职业技能型高等专业人才，在我国加快推进社会主义现代化建设进程中具有不可替代的作用。

“青年兴则国家兴,青年强则国家强。”青年是新时代的生力军,是民族复兴的中坚力量。习近平总书记在党的十九大报告中强调:“青年一代有理想、有本领、有担当,国家就有前途,民族就有希望。”“中国梦是历史的、现实的,也是未来的;是我们这一代的,更是青年一代的。”有一代代青年的接力奋斗,中华民族伟大复兴的中国梦终将变成现实。

同学们,让我们现在开始从点滴行动起来践行新时代的工匠精神,为中华民族的伟大复兴而奋斗,为祖国的建设和发展贡献自己的力量。

在时代的要求与号召下,为了做到真正的专业技能教学体系的开拓,我们更加应该理解并且提倡工匠精神。只有在日常教育教学中不断深化这种概念,营造一种良好的学习氛围以及职业道德追求精神,让学生不仅可以从课本上、实践中学习到工匠精神,还可以从他们的前辈中、劳动模范中、时代中感悟灵魂,体会工匠精神的精辟内涵。除此之外,学校应该开拓更多的进行工匠精神教育教学的新途径,让学生从更多的事、更多的人、更多的体会中明白工匠精神的意义所在,只有在这种理念下长期培养的学生才会有信仰至上的职业追求,拥有所谓工匠精神。

青年学生作为祖国未来的建设者和新时代祖国的接班人不应该将自己塑造为服从于时代、服从于工作、服从于日常学习的麻木的工作者,而应该率先具备新时代的工匠精神,长期不懈努力为社会的发展贡献自己的力量,成为技术精湛的人,而不是一种人形工具。这种人文素养的要求将伴随着新一代青年的学习历程,成为持久以恒的追求。

除去日常必需的课程的教育教学要求,我们还应当拓展其他新的职业技能培训方式,从多个方面真正实现教育教学的五位一体:如专题研讨会、专题学习会,或者深入基层,深入工作岗位,让学生从实践中获得真知,从而真正了解什么是工匠精神,什么是工匠精神的需求,什么是工匠精神的内涵,应该怎样培养工匠精神。只有在真正认识了工匠精神之后,学生才有可能以其为标杆不断努力,培养自身的工匠精神。这对社会的发展具有深远的意义。不仅如此,只有让学生认识到每一件产品、每一条产业链、每一种工艺背后的时代精神以及它所包含的内涵,才有可能让他们发自内心地热爱工作,锻炼自己的精神和意志,提升自己的专业技能水平。只有真正感悟了时代的发展、专业技术的未来,学生才会更加尊重工匠的职能以及精神。我们不应该再以传统的要求和标准来严格地统一学生的思维,而是应该从一种多元化的发展中打造另一个新的标准出来,以真正的工匠精神衡量一个学生。这不仅锻炼了学生的意志力和专注度,也对教师的职业技术要求提出了更高的标准,教师应从多角度、多渠道来进行工匠精神的教育与学习。

3.1 学生技能大赛

3.1.1 学生技能大赛对于培养工匠精神的作用

工匠精神被概括为追求卓越的创造力。卓越的品质精神和以客户为导向的服务精神,是一种职业精神,它是职业道德、职业能力、职业品质的体现,是从业者的一种职业价值取向和行为表现。工匠不仅拥有精湛的技艺，而且还有严谨、细致、敬业、负责的工作态度，以及职业认同感、责任感、荣誉感和使命感。工匠精神不是固有的，它的修炼经历了漫长而复杂的过程，需要在日常生活、学习和工作中，内心化，内在化。高等教育过程当中，学生在学校受教育的时间一般只有 3~4 年，虽然学校很难在短时间内将学生培养成为熟练的工匠，但高等教育的基本任务是从细节入手，在每个环节和各个层面融入培养“工匠精神”的教育教学内容，塑造学生坚定的工匠精神理念与信念，培养学生良好的工匠习惯，培养学生潜在的工匠意识，培养学生优秀的工匠素质，为他们在将来发展成长为大国工匠、投入社会建设打下坚实的素质基础。

如今，世界经济全球化、多极化发展迅猛，国际竞争表现在各个领域，有经济竞争、人才竞争、科技竞争等。面对世界科技发展大势，面对日趋激烈的国际竞争，世界各国普遍认为企业的发展需要的是技能和专业精神相结合的高端复合型人才。未来的技术人才是制造业的技术骨干，是打造制造业强国的主要力量。所以，加大弘扬和培育工匠精神的力度，培养大批高素质的技术工人就显得格外重要。

近年来，各项学生专业技能竞赛在全国范围的各类教育阶段和院校中火热开展。通过大赛的举办可以培养、发现和选拔一批高技能人才，也可有效提高高等学校学生掌握技能的积极性和人文素养。同时，技能竞赛还增强了各阶层学校与企业的联系交流，院校通过比赛选出了优秀的技术型人才，这些人才可以为企业效力，企业获得技术型人才也可以提高企业的效益，并且提供更多的机会给技术型人才也可以解决目前社会就业难的问题。因此，国家、学校、学生都高度重视各类技能大赛，将准备参与技能大赛作为一项常规工作开展进行。

技能型人才是工匠精神的最佳传承者，在促进经济发展和社会进步方面发挥着不可或缺的作用。技能型人才的培养和发展离不开青年。职业教育是以技能为中心的综合职业能力教育，它更注重技能型人才的培养。培养具有工匠精神的高素质技能型人才是高职院校面临的挑战和责任。高职院校要把“工匠精神”的培养纳入平时的教学工作，使学生更深入地认识工匠精神的本质和价值，当走向工作岗位时能够以敬畏的姿态对待自己的职业，更好地实现学校与岗位的无缝对接。

各类技能竞赛作为我国教育事业的重要平台，对推动我国职业教育教学改革方向、提高人才培养质量起着重要作用。近年来，技能大赛的举办日趋完善，竞争内容更加丰富，竞争形式更加多元化，竞争水平也在不断提高，从过去的“寻求建议”到现在的“精益求精”，对专业人士提出了更高的要求。技能大赛的内容、形式和评分标准表现出专业、先进和规范，这对学生的综合素质，特别是专业素质提出了更高的要求。通过比赛，不仅可以展示教师和学生的综合素质，而且可以测试各个教育层次学校的专业能力和教学水平。

技能大赛注重的是学生在职业文化素养、职业精神、技术技能、一技之长等方面的竞技，不仅是对学生的专业实际操作能力的检验，更是对一个团队基于工作过程的质量、效率、成本、安全、环保、协作、计划、组织等综合职业能力的考查。技能大赛形成以“政府、学校、企业、行业”四方为交流合作平台，以“校级、省级、国家级”三级竞赛体系和常规赛项与行业特色赛项互补的专业布局。从技能大赛的举办和组织，到方案的设计和运行，再到大赛的目的、内容、方式、平台等，其实践技能和可操作性都较强。而且，对大赛中各个赛项的要求也是既要满足国家最新标准的职业技能要求,又要与生产实际相贴近;既要有新工艺、新知识环节的关键,又要能反映赛手技能水平的真实性;既要能够突出专业特点,又要能增强学生动手能力和临场发挥的应变能力。

各类技能大赛的举办,不但能够提高学生的专业技能,培养学生严谨负责的工作态度,增强学生对职业的认同感、使命感和责任感,而且有利于教育工作者在注重学生专业能力培养的同时深刻认识到工匠精神培养的重要意义。

各类技能大赛作为我国职业教育工作的一项重大制度设计与创新,深化了职业教育教学改革,推动了产教融合、校企合作,促进了人才培养和产业发展的结合,扩大了职业教育的国际交流,增强了职业教育的影响力和吸引力。技能大赛已经成为广大师生展示风采、追梦圆梦的广阔舞台,成为促进我国职业教育改革发展的重要抓手,对职业院校办出特色、办出水平的引领作用日益凸显。

3.1.2 技能大赛培养学生的工匠精神

当前,我国经济正处于转型升级的关键时期,迫切需要培养大批技术技能人才。近年来,全国大学生工程训练综合能力竞赛、大学生程序设计大赛、全国大学生电子创新大赛等全国技能大赛的举办和运行对培养学生的实践能力、创新能力、创业能力和团队精神具有重要的意义。技能大赛主要从以下几方面培养学生的工匠精神。

1. 怀匠心——培养学生创新精神

举办相关的创新大赛不仅打开了素质培育、创新型人才培养的渠道,还可以从中直观观察到学生具备的素质和教育培养现状。此类大赛可以激励学生在创新意识、创新能力、思维方式、创新主动性等方面不断实现突破,可以培养学生的创新精神和创新品格。开展高水平的竞赛活动能够促使教育教学观念从理论知识的传授向职业能力、就业能力、创新能力的培养转变,促进新时代创新人才的培养和新的人才培养体系的构筑。

近年来,教育工作者尤其是专业教师在参与技能大赛的过程中,教学观念和教育教学方式也发生着深刻的转变。若要对学生的创新意识和动手能力进行培养,教师要努力钻研专业,提升自身实践能力,改革课程教学,与企业一同探索各种满足教育教学的载体,探索一种创新型的高技能人才培养方法。

2. 铸匠魂——培养学生职业道德

专业技能和职业道德是保障产品品质和开展安全生产的重要保障。技能竞赛能帮助学生在提高技能的同时强化职业道德意识。竞赛对技能操作的专业性、规范性等要求更高,同时各个学校一起参赛,既是相互较量也是相互学习,可以强化学生在技能操作时的规范意识、产品质量意识、安全意识等,改变以往不严谨的操作习惯,为学生专业技能水平和职业道德素养的养成提供了条件。学生在技能大赛的参与过程中,不仅温习巩固了相关专业知识,同时参与了职业活动,体验了劳动的乐趣。通过参加技能大赛,学生不仅得到了锻炼,学到了技术技能,而且在职业素养、职业精神等方面也得到了熏陶。

3. 守匠情——培养学生正确的价值观

要想在大赛中取得优异的成绩,不仅需要付出努力和汗水进行备赛,以积极平稳的心态参加比赛,而且技能训练指导工作在这其中也显得尤为重要。它要求指导教师不仅要具备较高的专业技术,更需要具备“工匠精神”,把培养技能大赛选手当成制作一件艺术品,耐心、专注、用心地去不断雕琢,不断改进完善,享受着产品在双手中升华的过程。通过参加技能大赛可以培养学生树立正确的人生观和价值观。很多参赛选手表示参加技能大赛的结果固然重要,但是过程尤为珍贵。参与技能大赛的过程中,同学们付出了汗水与努力,有欢笑也有泪水,不变的是那份珍贵的经历和宝贵的收获。同时,学生在技能大赛的参与过程中认识到即使是在平凡的岗位上也要干一行、爱一行、钻一行,懂得以敬畏之心对待职业,树立正确的择业观和就业观。

4. 践匠行——培养学生知行合一的精神

工匠精神具有强烈的“职业性”。培养工匠精神的最佳途径是在培养职业技能的同时潜移默化地将职业精神融入其中。以德国为例,德国教学采用“项目导向,任务驱动”的教学模式,在各个教学环节中,将工匠精神的内涵巧妙地融入整个教学模式中,在培养学生专业技能的同时,使学生在潜移默化中养成了工匠精神。坚持将专业建设与社会发展对技能型人才的需求紧密关联,因材施教、因需施教,对学生进行专业化、系统化教学,大大提升了教学品质。

学校应以技能竞赛为出发点,将学生职业能力和工艺在职业技能大赛中同步发展所取得的经验运用到日常教学中。技能大赛对于学生而言是一项使命意识和责任意识教育,引导学生牢固树立对人民的感情、对社会的责任、对国家的忠诚。参加大赛之后,教师要引导学生及时总结,仔细感悟自己的所思所得,形成心得体会,自觉将“知”与“行”结合起来,把功夫用在实践和日常执行中。

3.1.3 技能大赛对职业教育“工匠精神”培养的促进作用

一直以来,如何培养应用型高技能人才,提高人才培养质量都是职业教育亟待解决的问题。以技能大赛为平台,各个学校之间、学校与企业之间、教师与学生之间传承的不仅是“工匠精神”和技能技艺,更是人生的成长感悟和理想。越来越多的教育工作者和学校已经认识到职业技能大赛是新时代下进行工匠精神教育“以赛促建、以赛促学、以赛促改、以赛促发展”的重要品牌。

1. 对校园文化氛围建设的促进作用

职业技能大赛的举办,让企业文化走进校园,促使职业文化与校园文化建设相互融合,让工匠精神渗透到校园的每个角落。例如:多年来,昆明工业职业技术学院利用与昆明钢铁控股有限公司校企一体的办学优势,举办学生技能竞赛、技能文化活动;通过学生到企业、进工厂、职业环境体验等活动(图 3-1),利用身边人物榜样,营造努力学习、勤奋工作、敢于创新、技术一流的学习、生活环境,形成了崇尚工匠精神、尊重技能、崇拜工匠的校园文化。

图 3-1　学生和企业工程师探讨业务

2. 对人才培养模式改革的促进作用

塑造工匠精神，培养懂技术、会创新、敢担当的高技能人才队伍，是实现中国制造由大变强的重要支撑。香奈儿首席鞋匠曾说过“一切手艺，皆由口传心授”。以技能大赛为引领，建立以“专业课程内容”为衔接，以“技能训练层级”为划分，课程与专业、与人的发展紧密结合的人才培养模式。昆明工业职业技术学院作为教育部首批现代学徒制试点单位，用了近 3 年的时间，在冶金技术、电气自动化、学前教育、老年服务等专业中积极改革教学模式，建设校内外实训基地，工学交替，校企融合，实施现代学徒制（图 3-2）。在日常教学中将职业道德、安全技能、职业素养等相关行业规范标准融入教学。让教学内容与企业实际、职业资格等相互衔接，潜移默化、入脑入心。师徒一对一指导，边学边生产，通过情感交流和行为感染，传递耐心专注、精益求精的工匠精神。

图 3-2　教职工聆听现代学徒制专家讲座

3. 对就业创业教育的促进作用

郭鑫，四川阿坝人，南开大学周恩来政府管理学院政治学系政治学与行政学 2011 级本科学生，高维资本创始合伙人，高维科技创始人兼 CEO。郭鑫 2013 年被美国彭博社评为全球 30 岁以下杰出创业家，先后获得过中国青年五四奖章提名奖、中国大学生年度人物等荣誉，同年受到习近平总书记接见并参加优秀青年代表座谈会；2014 年随汪洋副总理出访德国；2015 年受邀与刘延东副总理座谈青年人创业投资；2015 年 5 月 4 日荣获“中国青年五四奖章”，是该奖章的唯一在校大学生获奖者。青年创业既需要开拓创新的激情，也需要面对挫折的理性，更需要创业榜样的引导。例如郭鑫这样的年轻人身上所展现出的能吃苦耐劳、拼搏进取、深度学习的态度，坚韧执着、雷厉风行的作风，勇担重任、心系家国的胸怀，值得我们青年学生学习和追赶。

我们在实施就业创业教育时，以工匠精神为核心，以技能大赛为契机树立技能成长、成才榜样，在参赛过程中向企业、教师、其他选手、裁判学习。邀请劳动模范、技能大师、优秀毕业生回校传授求学、就业、创业之路；聘请企业技能人才为兼职教授到校授课，激励和引导学生打牢专业基础，掌握专业技能，正确择业和创业。形成以“匠心”精神为核心，培养学生的职业生涯规划能力、职业意识、职业能力和开拓创新精神，促进学生主动就业、积极创业。

4. 对学生职业技能素养的促进作用

在学校学习的短短几年时间里，学生能够掌握的只是一些适应生产、服务的职业基本技能。技能大赛的举办在校园中营造了尚德重技、自信阳光、与人沟通的职教文化与育人氛围。这个氛围促进了职业院校学生重视技能、学习技术、坚定理想、崇尚劳动、精益求精、敢于创新、报国成才的职业素养的形成，培养了学生的职业迁移能力，为学生成长为大国工匠提供了基础支持。

技能大赛一直发挥着“以赛促学、以赛促教、以赛促改、以赛促建”的重要作用。大赛已成为学院提升管理水平、展示师生精神风貌、提升师生技能水平、推动专业建设的重要平台，同时是青年学生提高专业技能、开展创新活动的重要平台。技能竞赛代表了某一专业学生在创造性学习方面的一种成就，也代表了学校的专业发展水平。从大赛前准备、备赛到参赛和总结，每一个环节都是对参赛学生的洗礼（图 3-3）。在各方的帮助下，团队成员相互协作，查阅信息，进行大赛准备，学习知识和技能。在比赛中创造性地运用知识和技能同竞争对手进行对弈，会带给学生们强烈的荣誉感和使命感，促使他们更加专注、更加热情、更加精准。同时，学生们会把这种品质传递给自己的同学和校友，一旦形成了这样的文化环境，这种品质就会传承下去并被发扬光大。

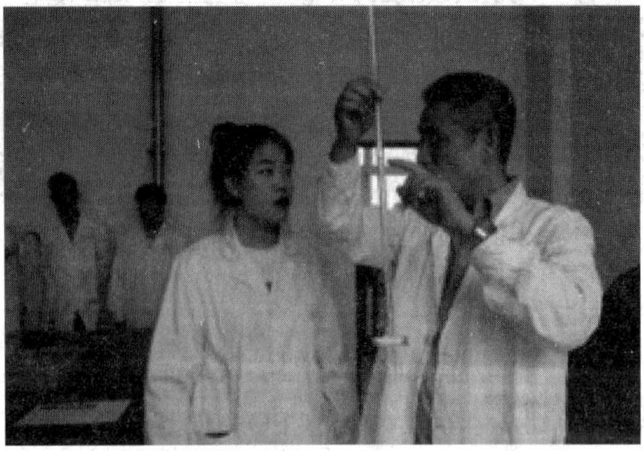

图 3-3　培训教师在进行大赛指导

3.1.4 通过技能大赛带动产教融合培养工匠精神

产教融合、校企合作是现代教育的基本办学模式，是根据所设专业产业，把产业与教学密切结合，相互支持，相互促进，把学校办成集人才培养、科学研究、科技服务于一体的产业性经营实体，形成学校与企业浑然一体的办学模式。产教融合、校企合作必须坚持育人为本，致力于培养具有工匠精神的高素质技术技能人才，通过合作制定人才培养方案、合作开展专业建设、合作开发课程体系和教学标准、合作建设实习实训场地、人员互相兼职，校企双主体共同培育学生的工匠精神。深化产教融合，是推动教育优先发展、人才引领发展、产业创新发展的战略性举措。

职业院校在人才培养的全过程中，无论是课堂教学还是课外活动，无论是文化课教学还是专业课教学，无论是实验实习实训还是顶岗实习，都要注重学生工匠精神的培育和养成，要依托产教融合机制，构建多方举措体系，全面推进工匠精神培育。

产业文化是人类在长期生产劳动实践过程中形成的，并且被普遍认可和遵循的行业习俗、规范、制度、准则和价值观，包含物质文化、行为文化、制度文化和精神文化。中国产业文化有三个重要来源：一是中华悠久的、优秀的传统文化；二是近代工业革命以来，全球工业文明传播对我国行业的文化影响；三是新中国成立以来，在自力更生、艰苦奋斗、奋发图强中形成的有中国特色的社会主义产业文化。目前，职业院校学生对本专业所对应的相关行业的历史文化和企业文化知之甚少，迫切需要通过产业文化史的学习提升其整体人文素养、职业素养和工匠精神。

中华人民共和国教育部于 2014 年提出的现代学徒制旨在深化产教融合、校企合作，进一步完善校企合作育人机制，创新技术技能人才培养模式。通过学校、企业深度合作，教师、师傅联合传授，对学生以技能培养为主的现代人才培养模式，是深化产教融合、校企合作，推进工学结合、知行合一，培养学生工匠精神的一个有效措施。

职业院校可以通过开展大国工匠和劳动模范进校园活动，广泛弘扬劳模精神和工匠精神；通过建立大师工作室等举措，传承和弘扬工匠精神；通过引进行业规范、职业规范和岗位规范，培养学生的工匠精神；通过开展能够展示工匠精神的各种比赛活动，激励青年学生的工匠精神实践和养成。

聘请职业工匠为校外思想政治辅导员，校外企业家、就业指导专家进院开办讲座、举办沙龙，接受学生咨询，通过与企业联合设计、共同制定实训方案，充分整合自身的各类教学资源，共建实训基地，弘扬工匠精神，厚植工匠文化，搭建企业文化认知平台，培养学生的工匠精神。

从工学结合到校企合作，再到产教融合，办学模式改革的初衷始终是人才培养，即坚持立德树人的根本任务，培养高素质创新人才和技术技能人才。产教融合的根本任务是促进人力资源供给侧结构性改革，工匠精神强调精于工、匠于心、品于行，决定了工匠精神与产教融合具有内在的逻辑统一。

党的十九大报告指出，创新是引领发展的第一动力，是建设现代化经济体系的战略支撑。加快建设创新型国家是我国全面建设社会主义现代化强国的内在要求，是中华民族实现从富起来到强起来伟大飞跃的战略举措。深化产教融合，促进教育链、人才链与产业链、创新链有机衔接，是建设创新型国家必须解决好的重要问题。深化改革，完善产教融合、校企合作制度，推动一批高校向应用型转变，引导行业企业深入参与，推动职业教育引进来、走出去，打造中国教育品牌。

3.1.5 全国技能大赛在培养学生工匠精神方面的重要意义

在专业技能教育教学体系中，立德树人，培育学生成才是教师不可推诿的职责。如今，“工匠精神”成为热词，是当代青年必须拥有的劳模精神。工匠精神的培养迫在眉睫。对此，学校展开技能大赛及工匠精神培育的专业技能教学体系，针对专业技能教学体系的研究与实践进行讨论。为了进一步完善当代的专业技能教学体系，也为了提升教师本身的职业素质与职业道德，进一步深入工匠精神的培养是高等职业教育的职责。为了促进时代的发展以及专业技能技术的职业前景拓展，工匠精神的培育以及专业技能教学体系的建成迫在眉睫。

全国职业院校技能大赛被定位为引领我国职业院校教育教学改革的风向标，是中国职业教育学生切磋技能、展示成果的舞台，也是总览中国职业教育发展水平的一个窗口。

全国职业院校技能大赛是职业教育领域最具影响力的赛事，旨在宣传人力资源开发与人才强国战略，号召全社会支持和参与职业教育，倡导尊重劳动、尊重技能、重视职业教育的人才观和教育观。

扫一扫：全国技能大赛

中华人民共和国第一届职业技能大赛由人力资源和社会保障部主办，以“新时代、新技能、新梦想”为主题，于 2020 年 12 月 10 日至 13 日在广东省广州市举办（图 3-4）。这是新中国成立以来规格最高、项目最多、规模最大、水平最高的综合性国家职业技能赛事，成绩优良的选手还有机会代表中国参加 2022 年在上海举行的第四十六届世界技能大赛。这是一次新时代技能人才风采的全面展示，心中有梦、眼中有光，脚下有路、志在四方，更多劳动者特别是青年人走上技能成才、技能报国之路。

图 3-4 第一届全国职业技能大赛场馆外景

在我国进入新发展阶段的大背景下，举办全国职业技能大赛既有利于推动高素质技能人才队伍建设，推动经济高质量发展和促进就业，还有利于弘扬劳动精神和工匠精神。现在，大赛已经画上句号，但技能人才的培养任重道远。

每一位参加全国技能大赛的选手，在比赛中都获得了宝贵的经验。而这种经验终将使他们在追求精益求精、磨炼匠人之心的道路上获得更多的成长。通过参加技能大赛，选手们将理论知识充分地应用到实践中，同时在不断实践中增长了知识，体会到了知行合一的重要性，为将来走上职业岗位奠定了重要的基础。

对于参赛选手来说，技能大赛的意义不仅仅是技能的比拼，更重要的是通过艰苦奋斗和刻苦学习不断超越自我，发扬执着专注、精益求精、一丝不苟、追求卓越的工匠精神。

比赛是短暂的，收获是长久的，每位参赛者无论是从专业知识、专业技能还是心理素质方面，都得到了很大的提升，也开阔了眼界。成绩只是开始，奋斗从不停止。只有不断努力，不骄不躁，认真对待，不轻言放弃，看淡得失，保持一颗平常心，才能取得更优异的成绩，才能创造更美好的未来。

习近平总书记在给本次全国职业技能大赛的贺信中指出，大力弘扬劳模精神、劳动精神、工匠精神，激励更多劳动者特别是青年一代走技能成才、技能报国之路，培养更多高技能人才和大国工匠，为全面建设社会主义现代化国家提供有力人才保障。三百六十行，行行出状元。进一步健全技能人才培养、使用、评价、激励制度，找到更多办法弘扬劳动精神、工匠精神，切实增强技能劳动者获得感与职业荣誉感、自豪感，培养更多的技能高手、大国工匠投身祖国的建设。

职业教育的核心是注重对技能人才的培养，技能人才也是工匠精神的传承者。重提工匠精神，重塑工匠精神，是企业生存、发展的必经之路，也是职业教育的永恒主题。发挥技能大赛的引领示范作用，不仅增强了职业教育的影响力和吸引力，而且在日常的教育教学中让工匠精神渗透到了校园，内化了师生的职业意识。推进职业院校的教学改革，构建产教融合、校企合作、技能育人系统工程体系，指导学生形成正确的人生观、敬业观，培养合格的劳动者，群策群力、整合资源、协同育人，汇聚正能量，培养高素质技能型劳动者，更好地服务国家人才发展战略。

3.2 学生活动——学生社团

众所周知，高校学生社团是大学生在共同兴趣、喜好或者专长的基础上，依照一定的运行制度自发组建起来，用以开展一系列活动的学生组织团体。学生活动是高校校园文化的重要载体，是大学生第二课堂的重要组成部分。社团活动是高校学生生活必不可少的一部分，其在加强校园文化建设、锻炼学生的自主能力、激励学生成长、学生思想教育等方面具有不可取代的作用。

通过对加入社团的学生开展问卷调查可知，50.8% 的学生加入社团希望能提高自身能力，19.3% 的学生希望通过社团来增长知识，20.3% 的学生认为加入社团是由自身的兴趣指引的，

9.6% 的学生希望加入社团可以结交朋友。由此我们知道,仅仅抓住社团这一平台,寓教于学,推动创新创业教育,可以帮助学生更好更快提升。

依据社团的特点,现有的学生社团分为文化娱乐型社团、专业科技知识型社团、体育型社团、社会服务型社团等,覆盖了理工、文史、艺术、体育等学科。目前,在大学校园中尤其是高职院校中结合专业特色,以培养各种专业技能为主的科技技能型社团组织日趋活跃。这类社团除了具有其他社团自我组织、自我管理、自我教育等基础和相同的性质之外,一个鲜明的特点就是具有自我创新性,这也成了科技技能型社团的生命源泉。学生社团活动在学生校园的学习生活中有着极其重要的作用和地位,充分发挥大学生社团能动性,将其作为开展综合素质教育的重要载体,具有十分重要的现实意义。

社团可以结合自身的特点、优势和本校学生实际情况,重点打造以工匠、专业、大赛为主的思想建设工程:一是要对工匠精神做出客观评价,带领学生正确认识新时代的工匠形象和工匠精神;二是创新开展各项活动,切忌墨守成规;三是可以通过学术交流、科技竞赛、专题讨论、技能切磋等方式加深学生对工匠精神的理解和深化。

3.2.1 学生社团对工匠精神培养的作用

党的十九大报告中提出要建设知识型、技能型和创新型劳动者大军,弘扬劳模精神和工匠精神。高等学校从各个方面加强工匠精神培养,培养学生爱岗敬业、精益求精、协作共进和追求卓越的精神。在这其中,社团建设是一个必要的组成部分。作为工匠精神的重要培育基地,社团对于繁荣校园文化、提升学生素质和培育工匠精神发挥着巨大的影响力和吸引力。通过社团活动培育工匠精神,能够更好地引发学生的学习兴趣,有效补充工匠精神的培育方式。因此,通过开展社团活动与专业学习相结合、与建设工匠精神相结合、与校园文化相结合、与技能竞赛相结合、与社会实践相结合的方式促进工匠精神植入社团,使学生社团成为培育工匠精神的重要阵地。

1. 打造专业技能型社团,传承工匠精神

面对日趋激烈的社会竞争,青年学生不仅需要牢固的专业知识和过硬的实践能力,还须具备组织协调能力、分析和解决问题的能力以及一定的人际交往、公关能力等。学生在校期间既要学习专业知识,又要学习如何做人、做事,做到做人、做事和学知识三者的有机统一。学生社团为学生提供了实践平台。学生社团特别是专业技能型社团既是学生学习技术技能、展示一技之长的"第二课堂",也是弘扬工匠精神的重要阵地。专业不同的同一社团成员,通过平时的活动交往,会感受到不同专业的知识背景和思维方式,锻炼了思维能力,激发了研究兴趣,增强了学习主动性和创造性。充分调动学生社团这一平台,依托学生社团构筑工匠精神教育新基地,以特色社团建设为突破口,贴合相关专业的独特性和专业建设,脚踏实地、切实有效地开展工匠精神教育教学活动,将学生素质教育和教学研究结合,突出以学生为主体的教育模式,寻求有特色的教育模式,这对于提高大学生综合素质能力具有重要的现实意义。

2. 发挥社团育人功能,践行工匠精神

积极开展突出技能操作、体现工匠精神的社团活动,不断拓展工匠精神的文化内涵,逐步提升学生职业素质和能力，激发学生学习技能的热情，充分发挥社团育人功能。社团活动磨炼了人的意志，培养了顽强、勇敢、豁达、乐观的心理品质。社团组织内部宽松和谐的环境，便于成员间敞开心扉，融洽地接触和交流，为大学生表现自我、张扬个性、培养健全人格创造了机会。

学校应采取多举措保障社团活动开展，提升社团活动质量，制定相关管理制度，明确指导教师的工作职责、聘任条件、考核与奖惩办法。建立一支专业性的指导队伍，实施"双导师制"指导模式(图 3-5)，一方面可以引导学生社团活动规范化、经常化、科学化，倡导社团文化的精神；另一方面，可以通过导师渊博的学识、丰富的阅历、高尚的人格进行精神陶冶、文化导向，引导学生自觉成长、成才。聘请"双师素质"教师担任专业指导教师，在专业领域给予充分的指导和帮助；同时聘请辅导员担任组织指导教师，对社团学生的思想状况、日常活动开展进行指导。加强对学生社团的队伍建设和人才培养，充分发挥社团育人功能，把学生参与社团活动的情况纳入学生综合素质测评体系之中，并定期表彰、奖励优秀的学生社团和工作出色的社团负责人。

图 3-5　双导师聘任仪式

3. 加强社团社会性活动，培养工匠精神

学生社团要利用校内外条件，为学生提供更多的实践机会，才能使学生的综合素质能力逐步提高，取得实效。大学生社会实践活动是面向学生开展工匠精神教育的有效途径。学生社团不仅可以开展传统的特色交流活动，还可以依托学科竞赛、实训基地建设、企业实践等活动调动学生们的活动兴趣值，激发学生的积极性。学校要引导有特色活动的学生社团，组织学术讲座，邀请专家介绍最新成果，开阔学生眼界，激发学生的创新欲望；要指导社团品牌化发展，引入社会元素，扩大社团在校内外的辐射力。社团要以企业和自身的发展为目的来设计活动，如联系相关企业，组织学生到工厂企业参观实习，让学生更了解企业，了解社会，与社会接轨。与企业生产同步的学生社团组织及其活动也最能引起企业单位与学生个人的关注和热情，并实现校园与企业的互动和对接，使企业文化与校园文化相融，从而充满无穷活力与拓展空间。

工匠精神的提出表明了国家对提高当代大学生教育质量的决心，同时也暗示了企业对当代大学生提出的新要求、新目标。培养高科技复合型人才，不仅要传授学生专业知识和实践技能,内化知识提高自身素质,而且要加强学生创新意识的培养。工匠精神的培养与这一培养目标的形成过程相一致。学校必须把培育工匠精神放在一个更加突出的位置,把握好教育的方向,合理有效地利用各种各样的资源渠道激发学生对工匠精神的兴趣,将工匠精神的影响力辐射到教育教学的每个环节,使学生在掌握知识和技能的同时,深刻理解所学专业的精神和价值,并将其升华为自己的价值观。

3.2.2 特色社团在培养工匠精神中的作用

专业技能型社团在学生社团的基础上致力于某学科、某课程或某领域科学研究,在专业教师指导下以学术活动及创新实践活动为活动方式。在运行机制上实行自我管理、自我教育、自我发展。依托相关专业的资源建设而创立的实训基地,是锻炼、培养、提升高职学生素质能力的重要途径,是锻炼学生创新思维及综合素质的实践基地,在培养学生的团队意识、创新意识和实践能力等方面具有代表性。因此,以专业技能型社团建设为突破口,结合相关专业的特色性和专业建设,借鉴国内外经验,将学生素质教育和教学研究结合,突出以学生为主体的教育模式,寻求特色的教育模式,对于培养学生工匠精神具有现实意义。

1. 专业知识与思想道德教育相融合

要最大限度发挥科技社团在培养学生工匠精神方面的作用,首先要正确认识两者之间的关系,不断调整教育方向,在日常教学活动中体现工匠精神,指导学生正确理解工匠精神。将专业知识融入科技社团活动中,体现了学生学习和运用知识的理念,同时有助于培养学生形成良好的职业道德,使他们能够更加细致地解读专业教学过程中蕴含的工匠精神。专业技能社团自身的活动非常有趣,这为学生参与科技活动奠定了坚实的基础。加强对学生的思想政治教育,使学生更全面、更细致地认识工匠精神,同时在不断的学习中,从内到外了解工匠精神的真谛,使这一伟大精神在现实中得到更好的运用,它显示了从一点一滴小事做起的价值。而思想政治教育不但利于激发学生的爱国主义精神,也有利于增强他们对祖国的归属感。

2. 完善各项管理制度,促进社团活动有效运行

完善学生社团各项管理制度章程,加大社团指导教师和骨干干部培训力度,充分发挥资源优势,利用现有资源开展特色学生活动,积极选聘企业社会中的技能大师、能工巧匠到社团担任兼职指导教师。有效增强学生社团在包含工匠精神在内的人文素养、人才培养方面的针对性和覆盖面,充分挖掘学生素质教育的深度和广度,进而提升学生的综合素养能力。社团专任指导教师根据社团活动要求,进行活动过程设计,对于工艺性、经验性要求较高的社团活动项目,由社团专任指导教师与社团选聘多名企业兼职教师组建指导合作体,共同完成社团活动项目。

3. 以特色社团活动为契机,培养学生工匠精神

在社团活动中,既要注重结合专业学科培养创新实践能力,又要提高自学能力和团队合作能力。专业技能型社团不仅可以开展传统的交流特色活动,还可以依托学科竞赛、实训基地建设、创新创业大赛等开展丰富多彩的特色活动。通过社团组织的各种活动和讲座,学生可以了解社会发展变化和新需求。社团组织成员进行一些基本的营销活动,为学生提供实验团队、实验条件和新思想指导。在社团活动中,既要注重结合专业学科培养创新实践能力,又要提高自学能力和团队合作能力,善于抓住和利用机遇,提高能力和技能,获得综合能力的发展。这些活动不仅可以调动学生们的活动兴趣值,激发学生的积极性,培养学生工匠精神,还可以将教育教学成果在实践中加以验证。

4. 利用现有资源,将社团活动与培养学生工匠精神相融合

专业技能型社团为学生提供了将理论知识加以应用的实践平台,注重培养学生的实践能力。大学生工匠精神的培养务必要依托于实践应用,而专业技能型社团丰富的实践平台和活动方式恰恰迎合了这样需求。

学校应利用现有软件硬件资源开展社团活动,实行资源共享,并注重结合教育教学改革和实习实践教学等教育教学环节。这些实训、教育教学场所不仅是学生的实训基地、学习基地,也是生产基地,还是开展工匠精神教育的活动基地(图 3-6)。社团为学生搭建了工匠精神培养的平台,发挥不同主体的作用,使青年学生在就业能力等方面具有竞争力。

图 3-6 社团学生调控精馏设备

专业技能型社团可以结合社团本身的特点、优势和本校学生实际,重点打造以工匠、专业、大赛为主的思想建设工程。主要途径有以下几方面:一是社团要对工匠精神做出客观评价,带领学生正确认识新时代的工匠形象和工匠精神;二是创新开展各专业社团的活动,结合专业开创推广工匠精神;三是可以通过学术交流、科技竞赛、专题讨论、技能切磋等方式加深学生对工匠精神的理解和深化。

专业技能型社团可以给学生营造一种职业氛围,是加强沟通、提高职业道德能力的主要途径。将工匠精神融入科技社团活动当中,不仅使广大师生群体体会到专业技能社团活动的趣味性,同时还可以不断培育自身的工匠精神。学校通过社团活动对学生进行多方面教育,逐渐渗透工匠精神,实现对学生工匠精神的培养。

充分调动学生社团这一平台,依托学生社团构筑以特色社团建设为突破口,贴合相关专业的独特性和专业建设,脚踏实地、切实有效的教育教学活动,将学生素质教育和教学研究结合起来,突出以学生为主体的教育模式,寻求特色教育模式,这对于培养大学生的工匠精神具有现实意义。

3.3 学生志愿者活动

志愿者精神意指一种互助、不求回报的精神，它提倡“互相帮助、助人自助、无私奉献、不求回报”。志愿者凭借自己的双手、头脑、知识、爱心开展各种志愿服务活动，无偿帮助那些需要帮助的人。志愿精神是人类宝贵的思想资源，也是当代全球社会推崇的重要价值理念，它是体现一个民族精神风貌、一个国家文明程度的重要指标，是社会主义核心价值体系中时代精神的重要体现，是推进和谐社会建设的重要精神力量。大学生是青年群体中的精英，是中国志愿者队伍的主力军和生力军。众所周知，工匠精神是指工匠对自己的产品精雕细琢、精益求精，并使其更加完美的精神理念。工匠精神是追求卓越的创造精神，是精益求精的品质精神，是用户至上的服务精神，这些特质与志愿服务所追求的奉献、友爱、互助、进步可以说是不谋而合。

3.3.1 志愿精神的内涵

1. 奉献

奉献是指恭敬地交付、呈献，即不求回报地付出。奉献精神是高尚的，是志愿服务精神的精髓。志愿者在不计报酬、不求名利、不要特权的情况下参与推动人类发展、促进社会进步的活动，这些都体现着高尚的奉献精神。1938 年，白求恩大夫放弃优越的物质条件，不远万里从加拿大来到中国，为八路军提供医疗救治服务，帮助创办了军区卫生学校，亲自编写各种教材并讲课。1939 年秋，他在抢救伤员时因不幸感染病毒而牺牲。白求恩大夫将自己的生命奉献给了中国，这种国际主义精神也是奉献精神的重要体现。

2. 友爱

志愿服务精神提倡志愿者欣赏他人、与人为善、有爱无碍、平等尊重，这便是友爱精神。志愿者之爱跨越了国界、职业和贫富差距，是没有文化差异，没有民族之分，不论高低贵贱的平等之爱，它让社会充满阳光般的温暖。如无国界医生，他们不分种族、政治及宗教信仰，为受天灾、人祸及战火影响的受害者提供人道援助，他们奉献的是超国界之爱。1999 年 10 月 15 日，无国界医生组织因“一直坚持使灾难受害者享有获得迅速而有效的专业援助的权利”而获得当年的诺贝尔和平奖。

3. 互助

志愿服务包含着深刻的互助精神，它提倡“互相帮助、助人自助”。志愿者凭借自己的双手、头脑、知识、爱心开展各种志愿服务活动，帮助那些处于困难和危机中的人们。志愿服务者以“互助”精神唤醒了许多人内心的仁爱和慈善，使他们付出所余，持之以恒地真心奉献。“助人自助”精神帮助人们走出困境，自强自立，重返生活舞台。受助者获得生活的能力后，也会投入到关心他人、帮助他人、为社会做贡献的志愿活动中，这些志愿活动都涵盖着深刻的“互助”精神。

4. 进步

进步精神是志愿服务精神的重要组成部分。志愿者通过参与志愿服务,使自己的能力得到提高,同时促进了社会的进步。在志愿活动中,志愿者无处不体现着“进步”的精神,正是这一精神使人们甘心付出,追求社会和谐之境的实现。

3.3.2 培养大学生志愿精神

1. 深刻理解并广泛推广志愿精神的现代含义

联合国志愿人员组织认为,志愿精神是指一种自愿的、不为报酬和收入而参与推动人类发展、促进社会进步和完善社区工作的精神,是公众参与社会活动的非常重要的方式,是公民社会和公民社会组织的精髓。当今对志愿精神的理解,很重要的一个方面就是将之纳入公民社会发展的框架下。志愿服务是公民参与社会活动的重要途径,其发展状况也成为“公民社会”完善程度的标志之一。现代志愿服务所强调的是每个人参与社会事务的权利和促进社会进步的能力,以及对社会繁荣、共同进步所负的义务和责任。就志愿精神的具体内涵而言,“独立与自愿是志愿精神的前提,责任和奉献是志愿精神的核心,服务和参与是志愿精神的本质,利他与进步是志愿精神的结果”。志愿精神是组织或个体形成的自由选择精神,只受团体内部或个人意志的影响,而不受政府或其他外界环境的支配。志愿精神是基于对社会的责任而产生的对社会奉献的一种精神状态,它反映在行动上就是不计报酬和收入,无偿地为他人、为社会奉献自己的知识、体能、劳力、经验、技能和时间等。其最终结果是使个体自己、他人与社会得到共同的提高与进步。

总之,志愿精神在现代社会条件下除了“助人为乐”外还有着更丰富的含义。学校可以在公民教育相关课程中融入现代志愿精神的内容,让大学生更深刻地理解志愿者行动背后的精神意义,帮助大学生建立对社会、国家和自己关系的自觉认识、定位以及基本的价值观念,自觉担当起应负的社会责任和义务。同时,志愿服务作为大学公民教育一种新的实践途径,为改善大学德育困境提供了新的发展思路,因为传统灌输式的大学德育脱离了现实、远离了生活、疏远了学生,而志愿服务能够以其鲜明的实践性特征,有效地帮助大学生体验到道德行为的内心感受,使大学生自辅助社会弱势群体和改善社会生存环境的过程中体验到帮助他人、奉献社会的人生价值和意义。

2. 尊重大学生志愿精神培养的一般规律

首先,志愿精神源于个体内在的道德良知,体现了个人对生命价值、社会和人类的一种积极态度,一旦形成就具有强大的道德约束力,能够不断地激励人们主动投身其中。当代大学生更愿意把道德视为个人发展生存能力,并逐步演变为适应现实社会的一种德性、境界。因此,大学生志愿精神的培育只有符合这种自觉性认识,才能从根本上调动大学生的主动性和积极性。

其次,志愿精神需要有一个成长的过程,大学生只有在不断行动和反思中,这种精神才会慢慢成熟起来,只有激情与理性结合,才会引导大学生做出正确的行为。然而,大学时代又是一个人成长过程中生理、心理及社会行为趋于成熟的关键时期,大学生虽然易于接受先进文化和新生事物，但思想和情绪始终处于动态变化之中，大学生参与志愿服务的意识被唤醒之初，可能是模糊的、不确定的、脆弱的，不仅无法对行动提供真正的引导，而且盲目热情并不一定能得到好的结果。有些志愿者可能因为干多干少，或因工作类型不同、服务对象态度不好而产生不平衡、怨恨等心理。因此，要时刻关注大学生志愿者的思想状况，及时发挥志愿精神的自我激励和调适功能。

再次，当代大学生与以往的大学生相比，既富有远大的理想又注重现实利益，既充满爱国主义激情又强调自我价值的实现，既认同社会主义主旋律又推崇个性独立。在中国社会巨大变迁、社会意识形态多元化、市场经济功利化价值取向的宏观背景下，大学生面临着各种困惑与压力，也面临着现实生活与精神追求的矛盾抉择。大学生群体虽然对志愿服务有着强烈的参与诉求，但却存在动机多元化、功利化的趋向，表现出服务意识不坚定、志愿行动不持久等问题。所以，要充分发挥大学生志愿者的主体性，以疏导、渗透、影响的方式鼓励大学生自我完善、自我教育，通过培训和实际工作增强大学生的团队协作精神和帮扶弱势群体意识，使大学生从中学会关心他人并延及关心整个社会。要在坚持志愿服务无偿性、非功利性的前提下，关注大学生志愿者的精神收益和心理感受。

3. 加强大学生志愿者组织的专业化管理

虽然依靠组织力量推动是中国志愿服务得以迅速发展的基本路径，但仍有必要强调大学生志愿者组织通过专业化管理以实现独立运作，因为“只有在志愿组织独立发展壮大，并在社会发展中扮演的角色越来越重要的时候，在公众中培育志愿精神才具有制度基础和组织保障”。大学生志愿者组织更需要争取政府、企业和社会公益组织的支持、鼓励，并在有关领域与各方开展相互合作和良性竞争。

构建大学生志愿者组织的长效工作机制是解决大学生志愿者队伍不稳定、行动不持久、动机功利化等问题的根本途径。要通过制度设计和规范管理，一方面强化对大学生志愿者持续服务的激励，另一方面鼓励更多的大学生走到志愿者队伍中来。实践证明，非营利组织能够取得成功在很大程度上归功于良好的管理，越来越多大型活动的开展要求组织者具备良好的专业技能和丰富的经验。要锻炼培养大学生志愿者骨干，吸收他们参与志愿者组织的管理，从而保持志愿者队伍的流动性和梯队性。有必要对大学生参与志愿服务的时间加以限定，改变以往时间上的随机性和活动上的灵活性，因为这在某种程度上会削弱青年志愿服务意识的培养和树立，通过建立志愿服务计时计量制度，把大学生参加服务的活动次数、累次时间记录在案，体现出对大学生所做贡献的评价、认同和鼓励，这也是对表现突出者进行奖励、表彰甚至公共补偿的依据。尤其要重视大学生志愿者组织内部的情感和经验交流，这是处理好志愿者的自主性与志愿者组织管理规范化之间矛盾的有效途径，也是通过大家相互感染促使志愿精神同化、内化的必然需要。另外，还要通过多渠道筹集运作资金、增强志愿服务项目吸引力、建立志愿者成长机制、注重权益保护等举措来促进大学生志愿服务的可持续发展。

4. 构建大学生志愿服务的社会化工作机制和激励机制

志愿精神不仅建立在志愿者对自身行为的意义、目标预期和效果评价等方面的立场观点之上，也取决于整个社会对志愿服务的定义、期望和管理方式等。志愿组织成员的利益不同于经济组织的物质因素，也不同于政治的权威因素，而是一个在动员、管理、活动中与社会不断互动与构建的过程。社会的认可和支持是激励和维持大学生志愿行动的基本需要，他们需要人们的关注、尊重以及公正对待，也需要政府的政策立法、企业的资金支持和社会公益组织的协作。志愿工作虽然意义非凡，但做多了难免也会感到枯燥无味，能够抵御这种枯燥感的，不只是兴趣和情怀，更需要工匠精神。在成为“志愿工匠”的道路上，必然会遇到挫折和坎坷，凡事多往好的方面去想，带着乐观和宽容的心态，知足常乐，这样就一定可以坚持下去。

大学生志愿者不仅注重服务过程的不断自我激励，也希望通过社会评价体系逐渐强化这种激励。就激励的具体形式而言，荣誉式激励主要是指激发大学生志愿者服务社会、帮助他人、奉献爱心、被社会认同的内在需求，但有的情况下评优被异化为保研、加分、入党的重要依据；有偿式激励主要是指一些志愿者项目能够获得政府政策补贴和扶持，这对家庭条件比较困难的大学生有较大的吸引力；实践式激励主要是大学生志愿者以自身专业背景为基础，选择参与和专业相关的志愿者服务，丰富社会实践履历。但无论采取何种激励方式，都要注意适度激励的重要性，因为过度激励比如志愿者成为引人注意的“公共人物”就有可能消解其行动的道德动机。就社会化工作机制而言，在市场经济发达的国家，政府部门、志愿机构和社会各界人士都热心义务工作，政府大力投资志愿组织并给予政策上的扶持，企业为在社会上塑造良好的公益形象而积极资助公益事业，志愿机构为人们参与义务工作提供机会、培训和嘉奖，从而形成了政府、志愿机构和企业相互协调、互相补充的社会服务体系。我国政府应加强对大学生志愿者社会地位的认可，增加对大学生志愿者人力资源培养及管理的资源分配，增加他们参与志愿工作的经验及其贡献获得认可的机会。要通过法律、政策的完善，使大学生志愿者组织在登记注册、管理制度、约束机制和考核激励等方面制度化和规范化，为其健康发展提供体制和制度保障。我国高校要将志愿者活动与大学生的成长成才全面挂钩，以奖励表彰制度体现学校对大学生以个人身份参与社会公益事业的鼓励和支持，只有这样才能促使大学生重视对志愿工作的参与，使志愿精神植根于大学生的内心。

中华民族的传统美德，是我们宝贵的精神财富，是社会建设者所必备的素养。青年志愿者精神是中华民族团结友爱、助人为乐、见义勇为、尊老爱幼、尊师重教等传统美德的继承和发扬。联合国前秘书长科菲·安南曾认为“志愿精神”就是“服务、团结的理想和共同使这个世界变得更加美好的信念”，因此，以“奉献、友爱、互助、进步”为基本内容的志愿精神是全世界所追求的美好的、崇高的文化精神，是一种以无私助人为价值取向的生命价值观，它对社会进步、文明创造等方面都有重要作用。

3.3.3 现代青年志愿精神

当代中国的志愿服务伴随改革开放进程而不断发展壮大，迄今志愿者人数超过 1.14 亿人，志愿组织和团体超过 58.6 万个，志愿服务时数超过 11.16 亿小时，在社会经济发展、社会文明建设、社会治理创新、社会生态环境等方面做出积极的贡献。习近平同志 2019 年 1 月在天津市朝阳社区考察“社区志愿服务展馆”的时候，称赞他们是“为社会做出贡献的前行者、引领者”，强调“志愿者事业要同‘两个一百年’奋斗目标、同建设社会主义现代化国家同行”。

志愿服务传递爱心，传播文明，它是人们自觉为他人和社会服务、共同建设美好生活的生动实践，是新形势下推进精神文明建设的有效途径，是现代社会文明程度的重要标志。它能够把服务他人、服务社会与实现个人价值有机结合起来，引导人们在做好事、献爱心的过程中提高认识、学习知识，体现中华民族助人为乐、无私奉献的传统美德。参与志愿活动，永葆志愿活力，我们也需要工匠精神。工匠精神对志愿者来说，其实就是一种认真、执着的意念和专业、敬业的精神。

1. 志愿工匠的培养意义

回顾中国志愿服务发展的历程，值得关注的一个现象是志愿工匠的崛起。最初，大家以为志愿服务是不需要知识含量和技术含量的，只要有爱心、有热情，就可以做好。但是，经过长期实践和反思，逐渐发现志愿服务需要专业能力，需要弘扬工匠精神，需要培养志愿工匠。党的十九大报告提出，“弘扬劳模精神和工匠精神，营造劳动光荣的社会风尚和精益求精的敬业风气”。

在中国社会转型和发展过程中，越来越需要志愿者发扬工匠精神并努力成为大国工匠群体之一，在志愿服务领域充分发挥“工匠”的积极功能。志愿工匠是指在出于公益目的而服务社会、帮助他人的时候，能够发挥智慧、知识、技术、技能等，并取得良好服务效果的志愿者。志愿工匠的培育和发展，对于促进志愿服务的专业化、提高志愿服务的社会效益，具有非常重要的价值。

2. 志愿工匠的培养途径

中国志愿服务的发展，特别是社区与农村的志愿服务，从最初比较简单的探望、慰问到逐渐深入的陪伴、扶助，再到发挥专业技术、技能特长的帮助和支持，就催生了志愿工匠这一新型群体。培养和造就更多的志愿工匠，主要有以下途径。

1）专业教育

随着现代社会教育水平的提高，可以通过专业教育培养大批高质量的志愿工匠。应通过系统培训和实践教育相结合的方式，传播公益理念，提升志愿者的能力，培养一批具有感恩理念、服务社会理念，有良好的工作能力、掌握社会发展工作技巧的志愿者。

2）培训辅导

针对大量参加志愿组织、从事各种类型服务活动的退休人员和在职人员，需要开展多层次、系统性的培训教育，以提高志愿者的服务技能。培训旨在为具备不同服务时数及服务水平的志愿者群体提供通识性、基础性能力训练。分领域专项培训旨在为从事某一领域志愿服务的人员提供针对性、专业性技能培训。要针对不同类型的志愿者，设计和实施有助于提高他们服务意识、服务技术、服务能力等方面素质的培训内容。

3）陪伴督导

最近，社会工作的专业督导逐渐转化和运用在志愿服务领域，也能够通过陪伴式督导促进志愿工匠的成长。志愿服务专业督导不仅是定期培训讲课，还要深入志愿组织和志愿者中间，在参与服务实施、进行交流沟通的过程中提供专业咨询，提供对策建议，提供资源扶持，提供发展引导。专业督导为志愿者答疑解惑、商议对策，共同探索和创新，有利于解决志愿服务中的问题,提升志愿者的服务能力。

4)交流学习

不论是什么人做志愿者,都要通过了解学习别人的长处,借鉴学习别人的经验和见解,不断提高自己的服务水平,逐渐成为志愿工匠。因此,主动交流学习也是重要的培养途径。一是在本地区多向其他志愿者和志愿组织学习。二是跨地区交流学习。三是面向国际交流学习。我们要“打开大门”开展志愿服务、培养志愿工匠,让更多的志愿者学习国际理念、知识、经验和技巧,从而提高志愿服务的专业化和效益化。志愿工匠不应该故步自封、坐井观天,而应该广泛交流、广蓄博收,让自己的志愿服务知识与技能越来越丰富、越来越有效。

3. 青年践行志愿工匠

青年志愿者精神弘扬和体现了社会主义时代精神。在新时代背景下,志愿服务有了新的发展,志愿精神得到了新的体现。在大型会议、赛事等重大活动中,志愿者们起到了重要的作用,不仅协助主办方顺利完成活动,也向世界弘扬了中国精神、展现了中国风采。2008 年,中国 170 万奥运会志愿者见证了奥运会的无与伦比,大学生志愿者精神从此广为传颂。2016 年 6 月 12 日至 17 日举办的第 4 届中国 - 南亚博览会暨第 24 届中国昆明进出口商品交易会(简称昆明南博会),1 500 名展区志愿者和 1 万名城市志愿者,几乎覆盖了昆明南博会的所有服务工作。伟大的事业孕育伟大的精神,伟大的精神推进伟大的事业。2018 年 6 月 9 日至 10 日上合峰会期间,2 000 名峰会会议志愿者以及近 2 万名城市运行志愿者“小浪花”,用微笑和热情周到细致的服务,为“上合组织”会议增添了别样的风采。

青年学生可谓国家和民族的未来,无论身在何时何地,都需要一种精神力量的支撑。对于许多学生志愿者来说,弘扬青年志愿者团结、友爱、奉献、互助、进步的志愿精神,可以培养青年学生的公民意识、奉献精神和服务能力,全面提高青年学生的素质,并且促使青年学生更好地认识社会,了解国情,增强社会责任感和服务意识;同时,可以不断增强学生们的社会责任感,增强学生的社会主人翁意识,进一步培养学生良好的社会公德和高尚的道德品质,让青年学生在志愿服务当中增长见识,感受到服务他人的幸福和快乐,为以后报效社会做好准备。我们更应该看到,在社区,在农村,在大型活动的现场,在危难险急的时候,许许多多的大学生志愿者都出现在人们的眼前。这些天之骄子们努力发挥着自身的优势,践行着志愿者精神的宣言,他们为孤寡老人,为留守儿童无私奉献着自己的力量。他们从事志愿者活动的方式多种多样,有的去边远地区支教,有的为困难群众提供医疗服务,他们为国家分忧解难,展现着当代青年的风采。正因为有着志愿者服务这个旗帜,无数青年聚集在一起,发挥着自身爱与奉献的力量,让“志愿者”这个名称更加平易近人。

2020 年初,一场突如其来的疫情将原本和谐热闹的新年染上了一层灰暗的阴影,疫情防控是一场人民战争。打赢这场战争,必须汇聚抗击疫情的强大合力,其中就包括用好志愿者这支队伍,在同时间赛跑、与病魔较量中,有白衣战士、科研工作者、公安干警、社区工作者等群体的巨大付出,也有无数志愿者的默默奉献,把志愿服务的同心圆越画越大。

扫一扫:青年践行“志愿工匠”

风雪中，跌倒了再爬起来，继续前行。在2021年的第一场寒潮里，大连海洋大学的志愿者们温暖了整个中国。一群人推着一车货，顶着风雪爬坡。我们能感受到天气的冰冷，更能感受到他们内心的炽热。这个场景，就像我们过去一年经历的缩影——大家在风雪中心手相连、接力前行，传递着感动并激励了亿万人的抗疫力量。就像很多网友说的，看到有那么多勇敢的人不惧风雪、坚持抗疫，我们更坚信，没有一个冬天不可逾越，没有一个春天不会来临。

志愿精神源于无私的爱、传递真诚的善，志愿服务铸就人的精神品质，提高社会文明水平。

“希望你们弘扬奉献、友爱、互助、进步的志愿精神”，习近平总书记回信中的期盼，激励青年志愿者为实现中国梦做出新的更大贡献。几年来，我国已经累计评选、命名了182支省级“本禹志愿服务队”、367支市县级“本禹志愿服务队”，13.2万余名青年志愿者在服务他人、奉献社会中收获了成长和进步。

青春长短用时间计算，青春价值用贡献衡量。打造“阡陌学堂”在线支教平台，邀请社会各行各业优秀代表线上授课；创办“宝贝回家”志愿者协会，帮助“宝贝”们回家；在城市与农村，参与社会治理、共倡文明新风……青年志愿者们用行动照亮了他人和世界，自己的人生也绽放了不一样的光彩。随着全国注册志愿者超过1.2亿人，记录志愿服务时间超过14亿小时，志愿服务的内涵越来越丰富，青年志愿者的力量源源不断。

作为志愿者活动的精神支柱，志愿者精神所强调的“互相帮助、助人自助、无私奉献、不求回报”的理念也正被越来越多的人所接受。志愿精神作为广大志愿者思想语言和价值观念的表达和凝聚，具有极强的感召力和凝聚力，不仅反映了志愿者的精神风貌，更是一种时代精神的体现。作为中国志愿者队伍的主力军和生力军，大学生志愿者及其组织对现代志愿精神的体会和践行无疑是推动中国志愿服务事业向前发展的重要力量。青年已经成为当代志愿者的中坚力量。对于青年一代来说，在这个略显浮躁的社会中，能够摒弃社会陋习，发扬志愿者精神，正是弘扬社会正能量的最好体现。

对于每一位青年志愿者来说，参加志愿者活动就是要倡导团结友爱、助人为乐、见义勇为的社会风气，把中华民族助人为乐、扶贫济困的传统美德发扬光大，让社会主义核心价值观在青年一代的心灵当中牢固扎根。因此开展青年志愿者活动，传播志愿者精神，非常有利于全社会树立奉献、友爱、互助、进步的时代新风范。而对于无数青年人来说，这更是自身的责任和使命，是中华民族的希望和未来。

“我要延续老师支教的愿望”。徐本禹曾经教过的一名学童，大学毕业后坚持要回到大山支教一年。这样前后相续、接力奉献的故事让人感动，更引人深思。青年一代有理想、有担当，国家就有前途，民族就有希望。让志愿精神点亮青春梦想，就能助力新时代青年锚定青春航向，迸发青春力量。

“青年兴则国家兴，青年强则国家强”，青年是祖国的未来、民族的希望。志愿精神是推动志愿服务乃至社会发展进步的巨大精神动力。志愿精神作为广大志愿者思想语言与价值观念的表达与凝聚，具有极强的感召力和凝聚力，不仅反映了志愿者的精神风貌，更是一种时代精神的体现。青年志愿者的身上闪烁着中华民族的美德的光芒。

青年志愿者怀揣精益求精的工匠精神，专注并坚持在志愿服务的道路上，帮助他人，成就自己。志愿者事业永远是一项崇高的事业，这种崇高性集中体现在志愿者通过志愿服务所体现的奉献、友爱、互助、进步精神。这种精神是一种基于道德和良知的不图回报的精神，是一种自觉自愿奉献社会的精神。而青年学生就是志愿者精神最好的弘扬载体，在当代社会强调正能量、强调无私奉献的环境下，给大家树立了最好的榜样。

【本章小结】

质量之魂，存于匠心。工匠精神是一种深层次的文化形态，是一种职业态度和精神理念，需要在长期的价值激励中逐渐形成，需要源头的培育，而这种源头培育对高等职业教育来说责无旁贷。工匠精神应该成为职业教育的灵魂，成为接受职业教育的学生的价值追求、向往境界。

迈向新征程，扬帆再出发，急需一大批具有工匠精神的劳动者，亟待让工匠精神在全社会更加深入人心。

不论是传统制造业还是新兴制造业，不论是工业经济还是数字经济，工匠始终是中国制造业的重要力量，工匠精神始终是创新创业的重要精神源泉。中国制造、中国创造需要培养更多高技能人才和大国工匠，需要激励更多劳动者特别是青年人走技能成才、技能报国之路，更需要大力弘扬工匠精神，造就一支有理想、守信念、懂技术、会创新、敢担当、讲奉献的庞大产业工人队伍，为经济社会发展注入充足动力。

回首过去，我们有理由自豪。展望未来，我们信心满怀。我们要加强党对经济工作的全面领导，坚持以新时代中国特色社会主义思想为指导，全面贯彻党中央的各项决策部署，从讲政治的高度思考和推进经济社会发展工作；要坚持改革开放，继续以深化供给侧结构性改革为主线，同时注重需求侧改革，形成需求牵引供给、供给创造需求的更高水平的动态平衡，在扩大开放中对标世界一流，提升创新能力，积蓄发展底气，不断增强发展竞争力和吸引力；要坚持以人民为中心的发展思想，巩固拓展脱贫攻坚成果，继续提升人民生活水平，形成发展惠民、全民奋进的良性循环。

大国工匠需要青年力量。工匠精神的培养要从职业道路的开端起步。从学生社团活动、产教融合、全国学生技能大赛、学生志愿者活动等环节可以发现，在传承敬业报国、精益求精的工匠精神上，青年一代是未来的生力军，被寄予了殷殷期待。青年是民族复兴的中坚力量。要健全技能人才培养、使用、评价、激励制度，大力发展技工教育，大规模开展职业技能培训，加快培养大批高素质劳动者和技术技能人才。要在全社会弘扬精益求精的工匠精神，激励广大青年走技能成才、技能报国之路。青年一代也需要沉淀对事业的热情和执着，在积累和磨砺中创造优秀的作品乃至获得杰出的成就。时代发展需要大国工匠。站在实现“两个一百年”奋斗目标的历史交汇点上，全社会都要大力弘扬工匠精神，让崇尚工匠精神的理念深入人心，让每一位劳动者在新时代书写出更多更精彩更动人的工匠故事。

第4章　进修工匠

扫一扫:百工制度

我国早在西周时期,就已设立了“百工制度”。古代的“中国制造”闻名远近,可谓全球顶级奢侈品。然而在今天的中国,“工匠精神”更加难能可贵,因为这意味着更多的坚持、耐心与等待,更大的付出与投入。

扫一扫:《百工图》壁画

角色的转变——由学生到职工;由校园内的“入门小匠”到步入职场的“进修工匠”,我们对工匠精神的认识有了进一步提升。工匠精神的核心是树立一种对工作执着、对所做的事情精益求精和对所生产的产品精雕细琢的精神。工匠精神是职业道德、职业能力、职业品质的体现,是从业者的一种职业价值取向和行为表现。工匠精神不仅在技术工种上能够得以体现,还表现在对产品和服务的“极致”求索上。

然而,对于刚刚入职的员工,仅靠提倡和宣传“工匠精神”是不足以解决问题的,企业会搭建各种平台,创造实现工匠精神的条件,如建立企业文化,制定激励政策,提供各种渠道打造工匠。

目前,行业企业打造工匠的渠道之一是通过企业内选拔、组织青年员工参加各级各类技能大赛,来进行工匠精神的践行和弘扬。

4.1　工匠精神的践行和弘扬——世界技能大赛

4.1.1　世界技能大赛的起源和意义

世界技能大赛已经有60多年的历史,最早的比赛始于西班牙。

1946年,西班牙国内技术工人大量短缺,为应对这一困境,时任西班牙青年组织总干事的何塞·安东尼奥·埃尔拉·奥拉索(José Antonio Elola Olaso)萌生了以职业技能竞赛吸引年轻人接受职业教育的想法。在他的授意下,时任西班牙最大技能培训中心负责人的弗朗西斯科·阿尔伯特·维达(Francisco Albert-Vidal)和其他几位同事一起,将这一想法变为现实。阿尔伯特·维达提出通过组织这项特别的行动来激发年轻人学习技能的激情,并使得他们的父母、老师和雇主相信:良好的技能训练也可以为年轻人带来光明的未来。在他的带领下,西班牙于1947年进行了第1次尝试——在国内成功举办了第1届全国职业技能大赛,共有约4 000名学徒参与其中。

随后，经过一系列努力，1950 年，西班牙与历史、文化、语言都相似的葡萄牙携手，在西班牙马德里举办了第 1 届世界技能大赛，世界技能大赛的帷幕正式拉开。作为当今世界最负盛名的技能赛事，世界技能大赛最初的赛事规模并不宏大，只有来自两个国家的 24 名青年技术工人参加。与此同时，两国在西班牙创立了世界技能组织的前身——国际职业技能训练组织（International Vocation Training Organization，IVTO），这个组织也就是后来各届世界技能大赛的举办者。

1953 年，在西班牙的邀请下，德国、英国、法国等欧洲国家纷纷加入国际职业技能训练组织。1954 年，由各成员国选派的行政代表和技术代表组成的组委会成立，专门负责制定和完善竞赛规则，这种模式沿用至今。从 20 世纪 60 年代起，日本、韩国等亚洲国家也先后加入。来自全球不同国家和地区的不同肤色的选手纷纷登上世界技能大赛的舞台，赛事规模日益壮大。时至今日，世界技能大赛已经成为全球地位最高、规模最大、影响力最大的职业技能竞赛，被誉为“世界技能奥林匹克”。

世界技能大赛由世界技能组织（WSI）举办（图 4-1）。1955—1971 年，世界技能大赛每年举办一届，自 1971 年起，基本稳定为每两年举办一届。经过 67 年的发展，世界技能大赛的参赛规模从 1950 年 2 个参赛队 24 名参赛选手发展到 2017 年 68 个参赛队 1 260 余名参赛选手。2017 年 10 月 14—19 日在阿联酋阿布扎比举办的第 44 届世界技能大赛（图 4-2）是迄今为止规模最大的技能竞赛。

worldskills
international

图 4-1 世界技能大赛标志

图 4-2 第 44 届世界技能大赛中国代表团

历届世界技能大赛以在欧洲举办为主，在亚洲举办过 7 届，即第 19 届（1970 年）日本东京、第 24 届（1978 年）韩国釜山、第 28 届（1985 年）日本大阪、第 32 届（1993 年）中国台北、第 36 届（2001 年）韩国汉城（2005 年 1 月 19 日更名为“首尔”）、第 39 届（2007 年）日本静冈和第 44 届（2017 年）阿联酋阿布扎比。此外，在北美洲举办过 1 届，即第 26 届（1981 年）美国亚特兰大；在南美洲举办过 1 届，即第 43 届（2015 年）巴西圣保罗。

截至目前，世界技能大赛已经成功举办 45 届。从欧洲到亚洲、到美洲，世界技能大赛足迹的延伸充分说明了其创意的成功之处。以技能的比拼、展示、传播为核心，以鼓励青年技术工人成长为己任，世界技能大赛从诞生之日起，就与社会生产具有紧密的联系，满足了社会发展的需求，顺应了历史的潮流。

4.1.2 中国和世界技能大赛

中国在 2011 年 10 月 4 日首次派出代表团参加了第 41 届在英国伦敦举办的世界技能大赛，参加了数控车床、焊接等 6 个项目的比赛。在这次比赛中，中国石油天然气第一建设公司员工裴先峰（图 4-3）勇夺焊接项目银牌，使中国首次参赛即实现了奖牌零的突破。

图 4-3 第 41 届世界技能大赛银牌获得者裴先锋

扫一扫：世界奖牌获得者裴先锋

扫一扫：指导教师周树春

第 42 届世界技能大赛于 2013 年 7 月 2 日在德国莱比锡开幕，中国派出 26 名选手参加其中 22 个项目的竞赛，最终中国队获得了 1 枚银牌（胡已雪——美发）、3 枚铜牌（谢海波——数控铣，冼星文——制冷，王东东——印刷）及 13 个项目的优秀奖。

扫一扫：第 43 届世界技能大赛

在 2015 年 8 月 11 日至 16 日第 43 届世界技能大赛上，中国代表团获得了 5 枚金牌 6 枚银牌 4 枚铜牌的成绩，实现了金牌“零”的突破。

第 44 届世界技能大赛于 2017 年 10 月在阿联酋举行。中国代表队参加了 47 个项目的比赛，获得了 15 枚金牌、7 枚银牌、8 枚铜牌和 12 个优胜奖，取得了中国参加世界技能大赛以来的最好成绩。并且，中国以 15 枚金牌名列金牌榜首，并获得“阿尔伯特. 维达”大奖。

扫一扫：第 44 届世界技能大赛——中国选手获“阿尔伯特·维达”大奖

在俄罗斯喀山举行的第 45 届世界技能大赛上，我国选手共获得 16 枚金牌 14 枚银牌 5 枚铜牌和 17 个优胜奖，位列金牌榜、奖牌榜、团体总分第一名。

扫一扫：第 45 届世界技能大赛

中国上海获得 2021 年第 46 届世界技能大赛举办权。2019 年 8 月 26 日晚，第 46 届世赛组委会揭晓了大赛的吉祥物和口号（图 4-4）。

扫一扫：第 46 届世界技能大赛

图 4-4　第 46 届世界技能大赛吉祥物和口号

4.1.3　工匠精神和世界技能大赛

中国选手们之所以能在世界技能大赛中独占鳌头，首先在于选手们的刻苦训练，用行动践行了精益求精的工匠精神和技能报国的人生理想，同时也得益于中国对高技能人才培养的重视。数据显示，改革开放 40 多年来，中国着力加强技能人才队伍建设，全国技能劳动者总量超过了 1.65 亿人，高技能人才达到了 4 791 万人。高技能人才工作取得明显成效，有力促进了产业升级和技术创新。

高技能人才是国家经济建设的主力军，也是推动技术创新和实现科技成果转化的不可缺少的重要力量。2018 年，人力资源和社会保障部就曾专门印发《技能人才队伍建设工作实施方案（2018—2020 年）》。可以肯定，高技能人才培养不断推进，将为经济社会持续发展提供重要的人才保证，进一步增强我国核心竞争力和自主创新能力。

扫一扫：水处理技术大赛选手

中国选手在第 45 届世界技能大赛中再次荣登金牌榜、奖牌榜榜首，获得团体总分第一名，在世界舞台上展现了中国技能人才的精湛技能和职业风采，这将进一步鼓舞和激励广大青年和劳动者弘扬劳动光荣、技能宝贵的时代理念，推动我国建设知识型、技能型、创新型劳动者大军。培养高技能人才，弘扬“双创”精神和工匠精神，追梦中国将更有底气。

4.2 工匠精神的践行和弘扬——职业技能大赛

4.2.1 中华人民共和国第一届职业技能大赛

经国务院批准，我国从2020年起举办全国职业技能大赛。中华人民共和国第一届职业技能大赛（简称第一届全国技能大赛）由人力资源和社会保障部主办，广东省人民政府承办，广东省人力资源和社会保障厅、广州市人民政府协办，是新中国成立以来，首次举办的赛事规格最高、竞赛项目最多、参赛规模最大、技能水平最高的综合性国家职业技能大赛。

扫一扫：首届职业技能大赛开幕

首届大赛的主题是“新时代 新技能 新梦想”，大赛口号为“技行天下 能创未来”。

大赛共有86个比赛项目，其中世赛选拔赛项目63个、全国技能大赛精选项目23个。来自全国31个省（区、市）、新疆生产建设兵团、4个个行业协会共36个代表团参赛。参赛选手2 557人，来自全国1 041个单位。大赛战略合作伙伴6家，高级合作伙伴9家；实施保障单位26家，设备设施支持单位104家；媒体合作伙伴9家。大赛赛场面积为22.4万平方米，项目平均赛场面积为1 531平方米，其中“地盘”最大的项目是园艺项目，赛场面积为7 683平方米，赛场面积最小的项目是移动应用开发项目，面积为464平方米。

按照世界技能大赛项目分类：有制造与工程技术类、结构与建筑技术类、信息与通信技术类、运输与物流类、社会及个人服务类、创意艺术与时尚类6个项目类型。各项目类型参加情况如表4-1所示。

表4-1 项目类型、项目数与参赛人数

项目类型	项目数	参赛人数
制造与工程技术	27	873
结构与建筑技术	17	460
信息与通信技术	10	291
运输与物流	10	333
社会及个人服务	14	393
创意艺术与时尚	8	207

按照国民经济行业分类（GB/T 4754—2017）：重点体现竞赛项目与国民经济和社会发展第十四个五年规划建议中提出的现代产业体系的关系见表4-2所示。

表 4-2 竞赛项目行业占比情况

类别	项目数	占比(%)
实体经济	86	100
战略性新兴产业	32	38
现代服务业	47	55
先进制造业	30	35
基础设施建设	39	46
文化产业	13	15

按照项目的参赛人数分类:在 86 个项目中,单人赛项目有 76 个、双人赛项目有 9 个、三人赛项目有 1 个。

参赛选手来自技工院校、职业院校、大学和企事业单位。参赛选手平均年龄为 21.8 岁,其中世界技能大赛选拔项目参赛选手平均年龄为 19.7 岁,国赛精选项目参赛选手平均年龄为 27.4 岁。

国家领导人对大赛的举办表示热烈的祝贺,向参赛选手和广大技能人才致以诚挚的问候,并做出重要批示:提高职业技能是促进中国制造和服务迈向中高端的重要基础。要坚持以习近平新时代中国特色社会主义思想为指导,深入贯彻党中央、国务院决策部署,进一步完善技能人才培训培养体系,积极营造有利于技能人才脱颖而出的良好环境,深入开展大众创业万众创新,引导推动更多青年热爱钻研技能、追求提高技能,打造高素质技能人才队伍,培养更多大国工匠,让更多有志者人生出彩,为促进就业创业创新、推动经济高质量发展提供强有力支撑。

4.2.2 全国职业技能大赛掠影

1. 水处理技术大赛金牌获得者——焦贺铭

扫一扫:首届职业技能大赛闭幕

水处理技术项目是对城市或工业供水和废水处理系统进行管理、监控和维护的竞赛项目。比赛中对选手的技能要求主要包括:能够观察、识别、维护、控制和修理供水及废水处理系统的设备,以及拟订计划和报告等全部工作过程;具备力学、化学、生物、电气、自动化和环境保护方面的知识和专长;能够根据技术文件和规章以及法律要求独立开展工作,并采取措施确保工作中的质量、安全、健康和环境保护。

年仅 21 岁的焦贺铭(图 4-5)是同济大学市政工程专业博士二年级在读研究生。为参加首届全国职业技能大赛,焦贺铭精心准备各个模块的比赛内容。比赛时间紧,训练时间短,面对新的比赛模块,焦贺铭发挥自己的优势,针对比赛可能涉及的劣势方面积极训练,总结经验,不断增强自己的熟练程度。焦贺铭在教练们的组织下进行定期模拟比赛考核,从考核中发现问题,总结经验,努力提高自己的技术水平,为本次比赛做足准备,最终在一众选手中脱颖而出,夺得水处理技术项目的金牌。

图 4-5　首届全国职业技能大赛“水处理技术”金牌获得者焦贺铭

焦贺铭说：他是抱着学习的态度来参加比赛的。刚接触比赛项目的时候，一点儿都不了解，只是听老师们说，它很适合给排水科学与工程专业或环境工程专业的学生训练。他参加这个比赛收获很多，见识到许多学校教育中没有涉及的新东西。大学教育注重理论知识研究，比赛主要考察实践和对知识融会贯通的能力。这次参加比赛有助于综合了解水处理技术状况，对日后的科研和工作都有很大的帮助，对学校教育也是一个很好的补充。国家很重视技能人才的培养，对我们高校生而言，要注重全面发展，去补充自己的不足，从而对自己的发展有更好的推进作用。

2. 水处理技术大赛“全国技术能手”称号获得者——梁高康

在全国技能大赛中荣获“全国技术能手”称号的梁高康同学（图 4-6）是天津渤海职业技术学院环境工程技术专业的学生。进入竞赛集训以来，他放弃顶岗实习工作岗位高薪待遇，毅然接受比赛任务，无论严寒酷暑，按照教练组精心制订的计划，争分夺秒地刻苦训练。特别是疫情防控期间，竞赛集训团队针对项目特点，选手与教练一对一连线开展仿真教学训练，开学后更是与时间赛跑，针对新设备、新内容制定参赛新方案、新思路，反复琢磨与实践，破解一个又一个难题，为本次比赛斩获佳绩奠定了坚实基础。

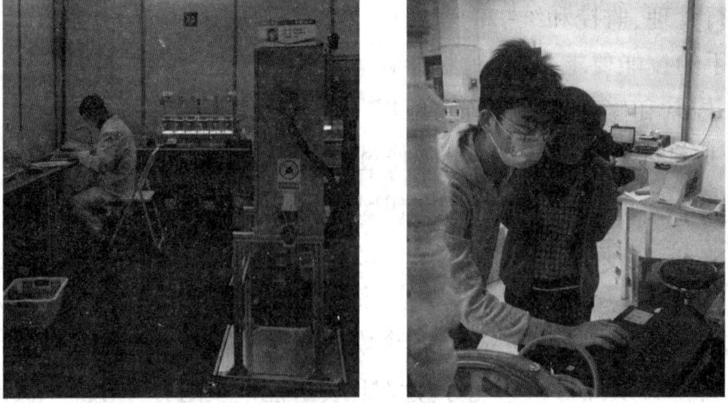

图 4-6　首届全国职业技能大赛“全国技术能手”称号获得者梁高康

梁高康说：有坚强的后盾和精诚合作的好团队是取得成绩的基础；明确的目标、持之以恒的毅力和孜孜不倦的努力是取得成绩的动力。国家领导人致信祝贺首届全国职业技能大赛举办时强调:“大力弘扬劳模精神劳动精神工匠精神培养更多高技能人才和大国工匠”,我们作为选手备受鼓舞。通过参加此次大赛,我扎实充分地将理论知识应用到实践中,同时在不断实践中增长了知识,体会到了知行合一的重要性,这为我将来走上职业岗位奠定了重要的基础。通过参加技能大赛,与其他参赛选手互相切磋、互相学习,大家展现了高超的实际操作能力和严谨的工作作风,凸显了现代青年的职业素养和工匠精神。

对于每一位参赛选手而言,大赛的意义不仅仅是技能的比拼,更重要的是通过艰苦奋斗和刻苦学习不断超越自我,发扬执着专注、精益求精、一丝不苟、追求卓越的工匠精神。

4.3 工匠精神的践行和弘扬——全国石油和化工行业职业技能竞赛

4.3.1 全国石油和化工行业职业技能竞赛

对于化工行业职工而言,他们是中国工人阶级的优秀群体和杰出代表,以务实、奉献、创新、奋进的精神,为我国的社会经济建设做出了卓越贡献(见图 4-7)。作为石化行业最高层次的技能竞赛——全国石油和化工行业职业技能竞赛意在弘扬“执着专注、精益求精、创新进取”的工匠精神,推动石油和化工行业技能人才队伍建设。

图 4-7 全国石油和化工行业及职业技能竞赛

此竞赛是经国家人力资源和社会保障部批准的二类职业技能竞赛,是中国技能大赛的一部分,自 2009 年起,每年举办一次,比赛项目不同,目前已成功举办了 12 届。

对各职业(工种)决赛单人赛项前 3 名、双人赛项前 2 名、三人赛项第 1 名且为职工身份的选手,经核准后,授予“全国技术能手”荣誉称号,颁发奖章、奖牌和证书,按相关规定晋升技师职业资格或职业技能等级,已具有技师职业资格或职业技能等级的,可晋升高级技师职业资格或职业技能等级。对各职业(工种)决赛单人赛项第 4~15 名、双人赛项第 3~8 名、三人赛项第 2~5 名的选手,按相关规定予以晋升高级工职业资格或职业技能等级,对于已具有高级工职业资格或职业技能等级的,予以晋升技师职业资格或职业技能等级。

4.3.2 第十二届全国石油和化工行业职业技能竞赛掠影

扫一扫:第十二届全国石油和化工行业职业技能竞赛

2020 年 11 月 9—12 日,由中国石油和化学工业联合会、中国就业培训技术指导中心主办的第十二届全国石油和化工行业职业技能竞赛分为两个赛项:化学检验员赛项、仪器仪表维修工赛项。经过 3 天的激烈角逐,本次大赛两个赛项共产生“全国技术能手” 6 名,“全国石油和化工行业技术能手” 59 名及各团体奖项(图 4-8)。

图 4-8　第十二届石油和化工行业职业技能竞赛

参加大赛的选手绝大部分为青年员工。化工行业各企业均十分重视产业人才队伍建设,纷纷出台了多项制度措施拓宽技能人才发展通道,如:选取各行业“大国工匠”进行宣传示范,组织匠人培训,开阔视野;创建劳模和工匠人才创新工作室、大师工作室等,进行经验交流;制定企业职工技能竞赛管理办法,定期举办企业内技能竞赛,推选参加行业内乃至全国及世界技能大赛等。同时各化工企业从实际出发,建立以岗位要求为基础,以职业能力为导向,以工作业绩为重点,并注重职业道德和职业知识水平的技能人才评价体系,通过职业认证、岗位使用,发挥技能人才在公司关键岗位的重要作用。这些举措的实施极大鼓励了青年职工在竞赛中提高技能,在创新中学习技能,在学习中推动创新。他们立足岗位,互相学习,团结协作,刻苦钻研,追求细节;他们怀揣梦想,精益求精,努力奔跑,为实现由进修工匠向大国工匠的转变,为实现自己的人生理想,为逐梦中国蓄积力量。

1. 化学检验员赛项——神华榆林能源化工有限公司

榆林神华能源有限责任公司紧跟时代与技术进步的步伐,围绕高质量发展,持续抓好员工培训与人才培养工作,为企业培养高素质技术型人才。通过全员培训、以赛促学、以学促人才、以人才促发展,未雨绸缪育人才,夯实企业发展的人力资源。最终,在第十二届全国石油和化工行业职业技能竞赛中,神华榆林能源化工有限公司以团体竞赛第一名的优异成绩荣获团体一等奖,队员马小剑以个人成绩第一名的绝对优势荣获“全国技术能手”称号,白文娟、徐特分别以个人第四名和第六名的成绩荣获“行业技术能手”称号(图 4-9)。

图 4-9 神华榆林能源化工有限公司获奖团队

在备战比赛中,竞赛小组精心组织培训。在训练中,教练组克服时间紧、任务重、仪器分析实操难度大等困难,与参赛选手逐字逐句认真分析和理解大赛文件,并组织制订科学的培训方案,对于实操采用模块化教学、点餐式授课、熟能生巧等方法,根据每一位选手的自身特点,有针对性地进行弱项强化辅导,做到因人而异精准施训;对于理论知识采用自学与难点突破讲解相结合、每日一考的形式,督促选手对易错题进行记录,通过每周一次易错题考试消除大家对错题的记忆障碍进行强化记忆,提高理论学习效率。

2. 仪器仪表维修工赛项——中国石油化工股份有限公司北京燕山分公司

在第十二届全国石油和化工行业职业技能竞赛中,由运保中心仪表专业员工组成的两支燕山石化代表队,在仪器仪表维修工项目竞赛中充分发挥自身技术水平。燕山石化一队取得团体竞赛总分第一名的优异成绩,一队和二队分别荣获团体一等奖和团体二等奖;队员李浩获个人成绩第二名,王聪获个人成绩第三名,两人均荣获“全国技术能手”称号,占本次竞赛授予仪器仪表专业“全国技术能手”总人数的三分之二。李政和范鑫荣获“全国石油和化工行业技术能手”称号。(图 4-10)。

选手们在训练中争分夺秒,一丝不苟,全力以赴,不断自我施压、刻苦训练,为赛场上的优异表现打下了坚实基础。

3. 全国石油和化工行业技术能手

1)张秀强

张秀强在仪表维修工赛项中以总分第一的成绩荣获“全国石油和化工行业技术能手”称号,并由竞赛组委会报请人力资源和社会保障部授予的“全国技术能手”荣誉称号。

作为抚顺石化工建公司的一名普通仪表维修工,张秀强平时工作认真,一丝不苟,遇到问题总要弄清、弄透,并主动完成领导安排的各项工作;他学习态度端正,对于师傅讲解的每个要点都会举一反三,反复类推。

图 4-10　中国石油化工股份有限公司北京燕山分公司团队

竞赛报名之初，张秀强迅速进入状态，全身心投入到备赛培训中。备赛过程中，他经常废寝忘食地专注训练，每天都是最早到、最晚走。封闭训练过程中，他放弃了所有的休息时间，节假日都在仪表工作室度过，不用教练要求，每天早起晚睡，军事化的作风，练就了他过硬的专业知识和高超的竞技本领。

现场仪表调校和控制系统投运是本次大赛的唯一团体项目，占分比重大，操作要点多，训练过程中张秀强能做到稳扎稳打，对教练提出的每一个要点都反复研究，力争做到极致。

2）马小剑

马小剑在化学检验员赛项中综合成绩排名第一，获得“全国石油和化工行业技术能手”称号，并由竞赛组委会报请人力资源和社会保障部授予“全国技术能手”荣誉称号。

马小剑以国家标准、行业标准为理论基础，并将之融入实际操作，为自己奠定了良好的操作基础；他时刻牢记党艰苦奋斗的优良传统和榆化人在毛乌素沙漠开工立厂不怕苦不怕累、敢打敢拼的精神，通过培训和大赛来武装自己；他对于日常分析过程中遇到的各种仪器故障、异常数据有着丰富的处理经验。通过自己不懈的努力与坚持，马小剑在赛场上实现自己的人生理想。

作为青年职工，能够在此大赛上获得荣誉绝非偶然，在你看不到的地方，是早出晚归，是反复练习，是乘风破浪的勇气和永不言弃的坚持。正如习近平总书记在致信祝贺首届全国职业技能大赛举办中所强调的：“技术工人队伍是支撑中国制造、中国创造的重要力量，高度重视技能人才工作，大力弘扬劳模精神、劳动精神、工匠精神，激励更多劳动者特别是青年一代走技能成才、技能报国之路，培养更多高技能人才和大国工匠，为全面建设社会主义现代化国家提供有力人才保障。”职业技能竞赛作为发现和选拔人才的重要平台及高技能人才成长的快速通道，为专业技术人员提供了良好的学习、展示平台，也为行业培养了一批批的“专、精、尖”人才，同时为行业发展提供了强有力的后备力量保障。获奖选手将以此为起点，以更加饱满的热情和积极向上的求索精神，刻苦钻研，发扬工匠精神，在自己的工作岗位上贡献力量。

4.3.3 工匠精神的践行和弘扬——“海河工匠杯”技能大赛

“海河工匠杯”技能大赛是对天津市以往技能竞赛进行资源整合、品牌树立和质量提升的技能大赛，它是有助于弘扬工匠精神、厚植工匠文化，培育技能人才成长成才的沃土，是使优秀高技能人才脱颖而出的舞台，能为天津市经济社会发展和产业转型升级提供有力的技能人才支撑。

首届“海河工匠杯”技能大赛于2020年9月25日在天津市职业技能公共实训中心开幕。大赛的宗旨是全力打造“海河工匠”品牌，在全社会培育和弘扬精益求精的工匠精神，激励广大劳动者走技能成才、技能报国之路，加快建设知识型、技能型、创新型劳动者大军。此外，大赛选拔天津优秀职业人才参加全国比赛。

大赛共安排43个赛事，其中市级一类赛事11个、市级二类赛事20个、区级赛事12个，共计130个赛项，近2万人参赛。

第一届“海河工匠杯”技能大赛具有以下几个特点。一是服务经济发展，竞赛赛项主要围绕天津市战略新兴产业和支柱产业开展，数控车、数控铣、物联网技术等项目占全部赛项的71%，有力促进了天津市产业工人技能提升，助力经济发展。二是注重区域协同，支持组织华北五省市区域职业技能竞赛2个赛项，助力华北地区航空航天产业做大做强。三是促进成果转化，突出竞赛对技能人才培养、评价的促进作用，通过赛前集训、赛后点评、经验交流等环节，推动技术创新和成果转化。四是对接国家竞赛，组织中华人民共和国第一届职业技能大赛天津选拔赛等全国技能大赛23个赛项、国家一类赛22个赛项、国家二类赛12个赛项的选拔赛，占天津市全部赛项的43.8%。

【本章小结】

工匠精神作为一种优秀的职业道德文化，它的传承和发展契合了时代发展的需要，具有重要的时代价值与广泛的社会意义。各级各类技能大赛为弘扬工匠精神，鼓舞和激励广大青年和劳动者弘扬劳动光荣、技能宝贵的时代理念，推动我国建设知识型、技能型、创新型劳动者大军搭建了平台。

【扩展】

1. 搜集身边的工匠，理解工匠精神传承的意义。

2. 说说作为学生的你，将如何成为时代工匠。

【参考文献】

[1] 张丽敏. 激励青年职工创新创效提高企业核心竞争力[J]. 中国电力教育，2011(33)：23-25.

[2] 曹晓玉. 如何为青年职工成长成才搭建平台[J]. 中国盐业，2016(23)：41-43.

第5章 大国工匠

5.1 何为大国工匠

5.1.1 大国工匠精神的内涵

传统意义上的工匠精神不等于大国工匠精神。传统意义上的工匠精神是技艺、品质、信誉的代名词,受到世人喜爱、敬重、推崇。但这种工匠精神只停留在家族、家庭层面上,作为生存手段和优势,只为小群体拥有和存在。新时代,我们给工匠精神赋予了新的内涵,我们提倡大国工匠精神。大国工匠精神继承发展了传统的民族工匠精神。大国工匠以舍我其谁的信念,从我做起,脚踏实地,追求完美,把高超的技艺和精湛的技能当作国家、民族的财富,开辟传承发展之路。大国工匠有着严谨、细致、专注、负责的工作态度和精雕细琢、精益求精的工作理念,以及对职业的认同感、责任感、荣誉感和使命感。实现中华民族伟大复兴的中国梦的新时代,呼唤并迫切需要大国工匠精神。也就是说,要把工匠精神打造成一个大国、强国的重要精神支柱。要想真正成为世界大国、强国,必须着力培养大国工匠精神,使工匠精神植根于全体国民的思想里,落实在行动上。

大国工匠精神主要表现在以下五个方面:执着专注、作风严谨、精益求精、敬业守信、推陈出新。

1. 执着专注

执着专注是大国工匠精神非常重要的一点。为了一个发明,为了一个工艺的改进,为了一件作品,大国工匠可以几个小时、几天、几年,甚至倾其一生,专注其中。这正是他们的精神之所在,也是他们闻名于世的法宝。

2. 作风严谨

作风严谨是大国工匠精神的特征之一。大国工匠做事认真规范,态度严谨,脚踏实地,一丝不苟。面对浮躁的社会,他们能够保持初心,不被外界繁杂的世俗诱惑。

3. 精益求精

精益求精是世界各国工匠精神的一个共同特点。精益求精是指在技术精湛的前提下,不骄傲,不满足,不得过且过,注重细节,精雕细琢,追求完美,追求极致。

4. 敬业和诚信

敬业和诚信是我国社会主义核心价值观中的两个重要方面。敬业就是爱岗敬业,即热爱自己的岗位,尊重自己的职责,专心致力于自己的事业;不仅仅把自己的工作当成一份职业,更重要的是当成一份事业。一个人只有热爱自己的行业、专业和岗位,才能够全身心投入工作,才能干出成绩，成为"大匠"。在实际工作中，敬业就是脚踏实地，埋头苦干，不计得失，兢兢业业做好本职工作；就是淡泊名利，甘于奉献。守信就是诚实守信用，不弄虚作假，遵守职业道德，讲究信誉。

5. 推陈出新

社会之所以进步，是在传承的基础上融入创新。墨守成规、因循守旧，只能让社会原地踏步，甚至倒退。在传承的基础上，进行创新，是工匠的责任。推陈出新，就是去掉旧事物的糟粕，取其精华，并使它向新的方向发展。

5.1.2 大国工匠精神是大国制造的精神之钙

现阶段，我国已成为世界瞩目的制造业大国，但距离制造业强国还有相当长的距离。从制造业大国向制造业强国转变的过程，需要成千上万的优秀产业工人来提升国际竞争力。凡是制造业发达的国家，往往拥有大批技艺精湛的工匠，并且工匠精神深深地扎根于企业文化，形成一种鲜明的工业价值观。弘扬大国工匠精神正契合了这一时代需求。大国工匠精神是大国制造的精神之钙。

首先，弘扬大国工匠精神是传统产业改造提升的必由之路。只有当一丝不苟、精益求精的执着精神融入生产、设计的每一个环节，实现由"重量"到"重质"的转变，中国制造才能赢得明天。只有树立"工匠精神"，才能带动我们的传统产业从中低端走向中高端，推动我国从"制造大国"变为"制造强国"。

其次，升级的消费需求在呼唤大国工匠。我国社会主要矛盾已经转化为人民日益增长的美好生活需要和不平衡不充分的发展之间的矛盾。人们对美好生活的需要不断升级，企业必须大力发扬"大国工匠"精神，善于从细节发现需求，臻于至善地追求品质，以赢得消费者的青睐。

最后，发展新经济、培育新动能也在呼唤大国工匠。一个充满活力、创新驱动的中国，既需要无限的"创造力"，也需要脚踏实地的"匠心"。在这个充满创业创新机遇的时代，需要不断发现新问题，改进生产工艺，从而提升生产质量和效益。无数事实都表明，企业生产技术的创新，不仅仅是专家和工程师的事情，工匠同样大有可为。

当然形成崇尚工匠精神的社会氛围，需要有"十年树木，百年树人"的战略眼光，当下职业院校的学生就是最好的树苗。从职业精神的培养，到职业教育的改革，再到荣誉体系的激励，多管齐下形成合力，培育出一大批具备严谨、专注、敬业精神的工匠们，才能让中国制造的筋骨更强健、品牌更响亮。

5.1.3 用实例去诠释大国工匠

下面这些大国工匠代表性人物，善于与时俱进，在平凡的工作中，创造了属于时代的伟大，干一行，爱一行，钻一行，把握规律，追求卓越，心无旁骛，默默奉献，培育了不甘落后，开拓创新的精神。

1. 翟筛红:痴心不改的鲁班传人

“乱冰纹”窗饰是古典建筑中的窗户,要求每根木棍之间包括窗边,都不能用钉子、粘贴剂和机器设备,它是全靠手工制作的榫卯结构。任何一个接口,哪怕只有 1 毫米的误差,整个窗子就无法装起来,整体看起来,就是一块冰被砸碎时呈现的冰纹。就是靠着这近乎失传的绝技,翟筛红在 2006 年参加全国精细木工技能大赛的 116 名能工巧匠中脱颖而出,一举夺冠。

翟筛红 16 岁开始跟着师傅学徒,但“教会徒弟,饿死师傅”的旧观念让师傅在“授道”时有所保留,只教他刨料、锯料、打眼等简单基本功,不教他做整件的活儿。两年后,翟筛红出师,开始跟着同乡去上海闯荡,经历过拖后腿、受冷落。好强的翟筛红在私底下下功夫,用报废的下脚料练手艺,手艺日渐精进。

1995 年,中建五局装饰幕墙公司为了抢工期,急需一批木工。翟筛红就是这其中一员,由于工作踏实卖力,活儿做得又好又快,工程结束后,他被招聘进入中建五局装饰公司,成为一名合同工。进入国家大企业的翟筛红,时刻抱着学习的心态,每干一个工程都用心钻研,怎么做才能更好,怎么做才能更节省材料,很快成了公司最优秀的木工技师。

翟筛红做的木工活儿,大到几米高的落地飞罩,小到十几厘米的镜框,全都沿用最传统的木工技艺,通体以榫卯结构承插连接。虽然没有一根钉子、一滴胶水,却如同浑然天成一般,无论怎么摇、怎么摔,即使木头断了,都不会从接头的地方散开。

装饰公司原总经理都云树至今还记得翟筛红当时向他借书一事。他说:“这小子不简单,我家里有一本《营造法原》,建筑大师的大作,竖排老式版,还是文言文,大学毕业的本科生都读不下去,翟筛红这个仅有初中文化的普通工人居然把它读完,读透了。”

翟筛红在工地上做过施工员、技术员、安全员,在他当上了“木工状元”后,被破格提拔为中建五局装饰公司分公司的副总经理。可是他在办公室里只坐了半年,就跑去找领导,要求回到工地,成了工地上唯一的一名“老总施工员”。

2013 年,中建公司承接郑州地铁项目标段,为了保证工期,轨道工程施工还没有完全结束,内部装饰施工就已经介入,由于交叉施工,轨道工程车经过产生的振动,会给内装的基础性工作——米高线的测量带来麻烦。米高线是地面和吊顶水平面完成的控制参考线,如果它出现误差,就会导致后期其他的装饰工程误差更大。同事们认为误差只要是在对方要求的半厘米之内就能过关,但翟筛红却和大家较真,要求必须在轨道车不过的时候统一测量,把误差降到最低。

在翟筛红看来,木工不仅是门技术活,也是门艺术活,这门技艺需要不断创新,需要更好地传承。于是,翟筛红总结自己长期以来积累的经验和知识,毫无保留地把最精湛的技艺手把手传授给身边的人。他还定期组织技术工人进行培训,希望更多的人学到自己的技艺,提升技能,为公司培养更多的木工技艺人才。在他的带动下,业界明星班组—— “翟筛红班组”出现了,这个班组从 10 年前的十几人不断发展壮大,先后培养了 200 多名技术人才,这些人才中有些已成为中建五局或装饰公司的技术能手和中坚力量,不少人进入重要的生产管理岗位。

翟筛红说,人生难得干一件自己想干又能够干好的事,找到这么一件事情是人生的幸福。而木工这份工作,正是带给他幸福感的事。带着自己珍爱的工具与木料打交道越久,越让他离不开这份工匠活。

2. 大国工匠鲁宏勋：为空空导弹装“眼睛”的人

在军工大院里长大的鲁宏勋从小就知道父辈做的是颇为神秘的大事业。与大学遗憾擦肩而过的他，没做成梦想中的科学家，却两次被请上天安门广场的阅兵观礼台。

看到我们自己的“战鹰”从头顶掠过，看见“战鹰”上挂载的空空导弹，他心里升腾起航空人的自豪感。53岁的鲁宏勋，就是给这些导弹装上“眼睛”的人，伴随着国家航空业高端武器装备的进步一路成长，他也成为航空工业培养起来的“大国工匠”。

高考不利，与大学擦肩而过，于是，鲁宏勋开始了钳工技术的学习。凭着从小打下的绘画和航模制作基础，他在机械结构和工程制图上几乎无师自通。跟着最出色的师傅和前辈学技艺，上夜大学外语，学编程，他从来没停止过学习新知识，并不断尝试创新。

他在数控机床上编出了导弹院第一个加工程序，做出了第一个数控加工零件，成为院里第一个较全面掌握数控机床操作和编程的技术工人。甚至在同行专家看来，当时这个年轻技工已经是集工装夹具研究和数控编程调试于一身的革新高手了。

随之而来的是认可和更大的舞台：1990年，26岁的他荣获了原航空航天部一等功。在颁奖大会上，他是唯一的技术工人。像鲁宏勋一样默默奉献于祖国的“大国工匠”获得了更多的关注和敬意。

有31名成员的鲁宏勋班可谓高技术工人的“梦之队”，其中有5位全国技术能手、9位河南省技术能手以及1位世界技能大赛金牌获得者。

在有“技能奥林匹克”之称的世界技能大赛赛场上，鲁宏勋连续三届被聘为数控铣项目中国技术指导专家教练，全程负责中国选手的选拔和集训。中国选手在2015年巴西圣保罗举办的第43届世界技能大赛上，一举夺金，实现了金牌零的突破。

世界技能大赛制造团队挑战赛项目金牌获得者林春泷曾是鲁宏勋指导过的90后技术工人之一。“鲁大师话不多，但很多细节都在他眼里心里。训练中当我遇到难题，他很少直接告诉我解决路径，却经常是一句话点亮我的思路。”林春泷说。

鲁宏勋从普通的技术工人成长为在空空导弹事业上的“大国工匠”。而这一切也折射出中国航空工业整体实力的提升——与发达国家相比，从曾经的“望尘莫及”到“望其项背”，再到今天的“同台竞技”，未来将会“并驾齐驱”，甚至领先。

3. 蔺涛：“跨界”复苏失传百年工艺坚守让古砚焕发新生

在众多传统手工艺都濒临消失的今天，蔺涛（图5-1）与父亲蔺永茂沉下心来，挖掘、研制、恢复失传300多年的民间手工艺品绛州澄泥砚。2008年，澄泥砚制作技艺入选国家级非物质文化遗产保护名录，填补了我国没有澄泥砚的空白。

绛州澄泥砚具有极高的历史文化价值。多年来，蔺涛带领团队独具匠心创作多种类型、不同系列的绛州澄泥砚，赋予其符合时代发展的文化内涵，激发了其新的生命活力。

绛州澄泥砚工艺孕于汉，兴于唐，盛于宋，明代则达到炉火纯青的程度，跻身中国四大名砚之列。后来由于种种原因，到清代时其制作工艺就已失传。

研究澄泥砚工艺，可以说，蔺涛完全是受到了父亲的影响。父亲蔺永茂在任新绛县博物馆馆长期间，从馆藏史料整理过程中，萌生了恢复绛州澄泥砚传统制作工艺的想法。这时的蔺涛从师范学校毕业后在县城当美术教师，专业对口，本想一展所长。在父亲的劝说下，父子二人携手攻坚克难开启了复原澄泥砚工艺尘封的大门。

图 5-1　蔺涛认真工作中

为何蔺涛总说“难”，因为一切都是从“零”开始，无资金，无详细的资料，无样品，同时也没有任何制砚经验。空有一腔热血是不能解决现实问题的。于是，他们千方百计搜集图片、查书籍、查资料，哪怕是只言片语也一一抄录下来，反复推敲、试验每一个环节。

为了便于研究，他不得已离开县城，放弃优越的工作环境，回到村里当了一名美术老师。白天上课教学，晚上利用业余时间钻研实验。十余个春夏秋冬，蔺涛和父亲都始终坚持一种信念，要让失传百年的澄泥砚技艺制作重现世间。

为此，他们博览群书，广泛涉猎外围知识，融物理、化学、雕塑、文学、书法、绘画于一体。设计、配方、雕塑、烧制等每一道工序，父子二人都是亲自实践。

他们经历了无数次的失败，没有头绪，甚至一度迷茫。连领路人父亲都曾动摇过，说不行就算了。可想当时面临的困难有多大。蔺涛却说：“坚守而不只是坚持，阵地上哪怕就我一个人，我也要坚守下去，一定要做出来。”

本着如此坚毅的信念，终于在 1991 年，父子俩研究出了三块成品。尽管当时只有三块，但却凝聚着蔺氏父子两代人的汗水与心血。通过进一步完善，他们的成果终于得到了专家的肯定。1994 年，他们的砚品获得中国名砚博览会金奖，断代 300 年的中国四大名砚之一——绛州澄泥砚重新问世。

经过长期的努力，蔺涛的砚作六次荣获联合国教科文组织“世界杰出手工艺品徽章”，并被该组织永久收藏。蔺涛为中国大陆唯一连获此项殊荣的艺术家，成为中国的骄傲。

30 年来，蔺涛并没有止步于澄泥砚工艺的成功恢复上，而是摸索探究进一步改进制作工艺力求精益求精。他说：“虽说我们是第一个制作出绛州澄泥砚的，但并不是做到了顶峰，还有许多值得研究的地方，我们一直在努力完善。”

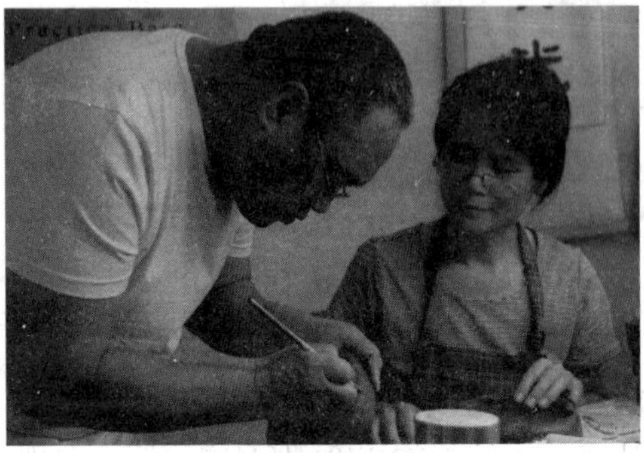

图 5-2　蔺涛现场指导雕刻技术

蔺涛所指的“我们”，就是他和他的工作团队。他认为非遗传承最重要的是人，为了培养传承人，提高澄泥砚的产量和影响力，通过多年的努力，他已组建起一支 20 多人的工作团队（图 5-2）。团队中跟随蔺涛学习时间最长的员工已经学习了 20 多年了，如他所说，时间长了，有了感情，这里更像一个大家庭。

他多次出资选派业务骨干赴清华大学、北京大学、景德镇陶瓷艺术学院等各大院校深造。

从入门学习到成为一名成熟的澄泥砚艺人，蔺涛说至少要七年的时间，这需要一个过程，要全身心地投入进来。目前，团队中具有国家级代表性传承人 1 名、省级代表性传承人 3 名、中国文房四宝制砚艺术大师 2 名、山西省工艺美术师 2 名，储备了大批传承人才。

蔺涛在澄泥砚的制作中一直摸索求新，让传统与时代接轨，赋予它新的生命力，让它活起来、火起来。为了让更多的人关注到澄泥砚，他免费为多所学院提供实习基地，多次组织中小学生参观实践并亲自讲解，意在从青少年开始培养他们的兴趣，逐步将非遗技艺的传承带入校园、带入课堂。

图 5-3 东方之冠砚

为了推广绛州澄泥砚走向世界，他多次参加国际性文化交流。由蔺涛和他的团队制作的东方之冠砚（图 5-3）、和谐砚被选为上海世博会、上海世博会“联合国千年发展目标公益主题活动”指定礼品。

现在，中国绛州澄泥砚文化园正在建设规划中，这里将实现集展示、传承、互动、体验、旅游于一体，用寓教于乐相结合的方式讲好国家级非物质文化遗产的现代故事。

4. 我在故宫修文物，一生只为一事来

故宫博物院里有一群人，他们是古书画的“医生”。他们每天和珍贵的古书画打交道，通过“望闻问切”，让珍贵的古代书画作品的生命得以延续。他们精湛的手工技艺通过师徒的方式代代相传，至今已有两千多年的历史。他们是我国顶级书画修复师，修复着我国的珍贵文物。

历史上有名的《五牛图》《弘历鉴古图》《乾隆万寿图》都是靠一双双“补天之手”涅槃重生的。下面我们就来认识一位大国工匠——精心守护故宫文物 40 多年的书画修复师单嘉玖。

单嘉玖在书画修复这个岗位上已经工作了 40 多年。经她手修复的古画有近 200 件，每件古画的修复需要复杂的工序和漫长的周期，耗时最长的需要 1 年，最短的也要 3 个月。

古书画分四层，一层画心、一层托心纸、两层背纸。最难的是“揭”的环节，也就是将最薄的那一层宣纸画心分离出来，要求既揭得干干净净，又不能使画心受到丝毫损伤。

揭出来的画心通常只有 0.09 毫米，薄如蝉翼。揭画心的手法是“搓”，把附着画心的那层托心纸一点点搓下来。

图 5-4 《双鹤群禽图》修复前损毁比较严重

由于是在古画完全浸湿的情况下“揭画心”，手指力道的拿捏便十分关键，“搓”的力道大了，则会对古画造成不可逆的二次损坏。一位修画师需要经过多年的训练，上万次的反复练习，才能最终拿捏出这“搓”的手感和力道。

单嘉玖曾修复过一件明代的绢本《双鹤群禽图》（图 5-4），主要问题是画面上有许多虫蛀破洞。

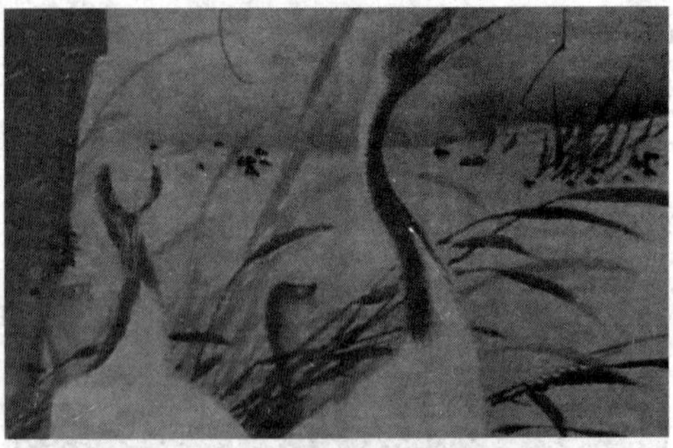
图 5-5　修复后的《双鹤群禽图》

本来面对密集的小洞，可以用整幅绢托在画作后面，一下就把所有的洞都补上了。但是百年以后托补的这片整绢也会糟朽，就会和古人的画作粘连在一起而无法分离，后人也就再也没办法修复这张画了。为了古画生命更长地延续，单嘉玖选择一个洞一个洞地单个织补。就这样，她埋头补了四个多月，才将几百个小洞一一补好（图 5-5）。

单家两代人与故宫结缘，她的父亲单士元曾任故宫博物院副院长，17 岁进入故宫，在那个风雨飘摇的战争年代用生命去保护着文物。直到 91 岁辞世，单士元一生没有离开过故宫。

单士元给子女们订下了家规，“搞文物不玩文物”，要求从事文物工作的子女不许收藏、交易文物。他认为如果自己玩文物了，在工作中接触珍贵文物的时候就会产生私心。

父亲的教诲单嘉玖始终不敢忘。甘守清贫的她没有染指过文玩市场，40 多年来她在故宫这个小院落里，始终如一地静心修复着每一件国宝文物。

单嘉玖的徒弟喻理是中央美术学院的研究生，跟着单老师工作已经两年半了。喻理说，最大的收获不是技术，而是深切体会到了老师傅们对文物的那种敬畏之心。干了 40 多年的单嘉玖如今依旧是小心翼翼。

这两年，故宫正在进行史上最大的大修工程，每间殿宇的珍宝、装饰都要进行修复，摆回原来的位置，故宫还有上万件古书画文物等着单师傅和她的徒弟们去修补。

但是，还有一年单嘉玖就退休了，她最大的心愿就是将传统的书画修复技艺完整地传给下一代，和同事一起，将完美的紫禁城完整地交给下一个 600 年。

5.1.4　“大国工匠”精神给了我们什么启示

大国工匠的楷模事迹告诉我们，他们都是在平凡的劳动中经历千锤百炼，而成为劳动者中的佼佼者的。

劳动技能是在日复一日、年复一年的重复过程中逐渐摸索出来的，这告诉了我们一个道理：做人不要好高骛远，要脚踏实地地努力，只有不断提高自己，才能把握自己的命运。只有热爱岗位、钻研技能，才能换来事业的成功。要想成功，就要经得起清贫和寂寞。但放眼今天的社会，急功近利、利益至上已经占领了很多人的精神世界。当前，中国的经济走向新常态，创新是必要的基础，没有创新，就要长期受制于人。中国是一个消费大国，但还远不是一个制造业大国，依靠制造质量一般、价格低廉的产品只能增加资源的消耗，这是没有出路的，弘扬“大国工匠”精神才是国家的成功之路。

匠心，是时代发展的前沿精神，是各行各业发展的必备素质。只要大家都有“大国工匠”的意识，有这样一颗认真、仔细、坚持、进取的匠心，各行各业一定都会涌现出越来越多敬业的好员工，展现出让人惊叹的精湛技艺。

在各行各业中，无论是奢侈品的至高附加值，还是日用品的精致品质，真正让我们折服的都是产品背后的高贵匠心。这份匠心,包括脚踏实地、爱岗敬业、精益求精、开拓创新、薪火相传。

5.2 践行大国工匠精神

5.2.1 大国工匠具备的职业精神

扫一扫:大国工匠具备什么样的职业精神

2016 年政府工作报告中提出"培育精益求精的工匠精神"后,引起了社会各界的广泛关注。我国古代的鲁班、黄道婆都是优秀工匠的代表。近代同仁堂倡导的"炮制虽繁必不敢省人工,品味虽贵必不敢减物力",也充分体现了"工匠精神"。但是,在"中国制造"向"中国创造"转变、人力资源大国向人力资源强国转变的大背景下,现代工匠具有新的历史使命和社会责任,"工匠精神"也被赋予了更多新的内涵。

从经济社会发展的需要来看,现代工匠至少需具备以下职业精神。

一是精益求精的创新精神。"精益求精"的通俗解释就是"没有最好,只有更好。"只有依靠这种精神,我国才能生产出更多与制造业强国质量同样过硬的产品,创造出世界闻名的中国品牌。在新经济中,制造业与服务业正在实现融合,科学家和工程师同样需要"工匠精神",工匠也同样需要创新精神。许多人叹惜中国产品是一流产品、二流包装、三流利润,其实这种认识是片面的,在市场经济条件下不会长期存在价廉物美的产品,超额利润永远是对产品创新的奖赏。激励万众创新需要有严格的绩效考核机制,重赏创新成功者,宽容创新失败者,坚决杜绝"干好干坏一个样、遇到问题绕着走"的现象。

二是实事求是的科学精神。社会发展需要科技进步,科技进步需要对规律的不断探寻。实事求是实现创新的科学方法,是经济转型的基本路径,是推动进步的内生动力。中国要跨越中等收入陷阱,建成名副其实的制造业强国,就必须依靠实事求是这个法宝。任何以偏概全、望文生义、唯书唯上、似是而非的做法都与新经济格格不入。事实上,我国在长期的封建历史时期,形成了一种阻碍科学发展的文化模式,认为各种生产技术都是"雕虫小技",而善于变通、巧取豪夺才是"本事"。"不撞南墙不回头",过去一直是对不通世故者的讥讽,但在新一次全球工业革命来临之际,我们需要大声呼唤那种"钉钉子""一根筋"的执着精神,决不能让这些人吃亏。宽容,只适用于创新者;对于因循守旧、随波逐流者,丝毫不能宽容。

三是忘我工作的敬业精神。制造优质产品需要心无旁骛、一丝不苟的工作状态,需要戒骄戒躁、久久为功,容不得半点懈怠和折腾。在我国工业化初期,为克服技术落后、条件简陋的困难,需要艰苦奋斗的"大庆精神";在国外技术封锁的条件下,为增强国家实力,需要"两弹一星精神";在全球一体化的"互联网+"时代,为实现"中国制造 2025"的梦想,更需要争创世界一流的拼搏精神。"天上不会掉馅饼",幻想依靠投机取巧获得成功是十分危险的。制假售假、投机取巧、"搭便车"等做法,最终将是搬起石头砸自己的脚。为了能使创业者潜心工作,要在制度上保障所有劳动者的合法权益,通过科学合理的评价机制实现分配公平。

中国特色社会主义已经进入了新时代,面对新形势、新征程,要求新时期的大学生要具有“工匠精神”,争当“大国工匠”,敢于承担时代赋予的使命,为民族复兴贡献自己的力量。“大国工匠”需孜孜不倦。“大国工匠”需精益求精。“大国工匠”需专心致志。细节决定成败,细节成就伟大。在日常学习生活中,当代大学生要注重细节,要有严谨的态度,要求自己细致入微,做事一丝不苟,把每个细节都做到极致、做到完美。

5.2.2 职业教育打造合格人才

制造业的核心是人和技术。职业院校应当致力于让职业教育院校的学生挺起胸膛撑起“中国智造”,思索如何培养学生健全的人格与扎实的技术,从而打造出社会尤其是企业需要的合格人才。当然这还需要全社会的支持与保障。

当前,我国要实现建设制造强国的宏伟蓝图,需要培养数以亿计的高素质劳动者。重视职业教育要从重视人才培养开始,从关爱职业院校学生开始,从树立他们的信心开始。重视职业教育,不能仅停留于文件与口号,而应协同全社会的力量和资源,从消灭学历歧视和职业偏见抓起,从保障平等就业和公平获酬抓起,切实提升职校生的成才信心,保护他们的尊严和荣耀,激发他们的学习兴趣,肯定他们的职业价值,让他们从苦涩的中、高考记忆中摆脱出来,重温学习的幸福感觉,扬长避短,矢志拼搏。

5.2.3 打造合格人才的根本途径

1. 工匠之责——责任心

有责任心的工匠,面对出现的问题,不会逃离现场,无论是多么细小的问题,都不会含糊敷衍。本质上讲,高度负责是一种生命态度、一种敬业精神,是从业者敬畏自己的职业、以崇高的责任感和使命感高质量地完成各项分内具体工作的基本精神姿态。加强责任心落到实处该如何去做呢?

一是加强自我责任心。认真负责地工作、学习、锻炼,既包括日常的工作、学习和锻炼,也包括在社会实践中的学习和锻炼,总之对自己负责,就要对自己的工作负责,对自己的生活负责,对自己的生命负责。二是加强工作责任心。从业者必须具备基本的职业道德,提升敬业爱岗、团结协作、诚信守诺、认真学习、忠于职守等职业素养。三是加强他人责任心。心中有他人,对他人负责。领导要对员工负责,对朋友负责,对合作伙伴负责,对生意对象负责,对公司负责;员工要对同事负责,对领导负责,对公司负责。四是加强社会责任心。讲公德、守规则,自觉遵守国家的法律法规,对社会负责,爱护环境,保护自然,对人类赖以生存的各种条件负责。

总之,工匠应该在工作岗位上,日复一日,踏踏实实,把产品当成作品,把工作当成艺术,用责任心诠释“工匠精神”。

2. 工匠之神——专注、追求极致的精神

专注是成事的基础。“工匠精神”是一种态度,是专注、追求完美,只有用心、专注,热爱所做的事才能真正做好事。具体来说，“工匠精神”的专注内涵体现在执着、痴心、有使命感、心怀激情、积极进取。

“追求极致”简单地说就是努力把事情做到最好，这是“工匠精神”的重要内涵。工匠们喜欢追求极致，一丝不苟，不断雕琢自己的产品，不断改善自己的工艺，同时享受着产品在双手中升华的过程。追求极致要在细节上下功夫。工匠们对细节有很高的要求，追求完美和极致，对打造精品有着执着的坚持和追求，把品质从 99% 提高到 99.99%，其利虽微，却长久造福于世。

卓越的工匠注重细节，向往完美，只要品质还有一丝改善的可能，就会一直钻研下去。当前我们需要的就是这种追求极致的“工匠精神”。

3. 工匠之行——细节决定成败

“细节决定成败”这句话看似很简单，实则不然。老子有云“天下大事，必作于细”，不要以为细枝末节起不了多大作用，坏事的发生很可能就是因为一点点细节上的小疏漏。那么，如何能从细节着手，打造出“工匠精神”，为我国飞越发展培养出更多的工匠呢?

慢工出细活。中国著名谍战小说家麦家，十一年磨一剑，付出成倍的心血与精力，用自己最宝贵的青春酿造了一部《解密》。然而，当市场介入后，当其被快时代的节奏所左右时，他用时三个月创作的《刀尖》，却成为他的败笔，成为他耻于提及的“伤疤”。这说明，一个被市场快速催生出来的产物，必定是畸形的，正如被喂激素短时间内长大的家禽，某种程度上来说是对人有害的。速成的东西，往往都不尽如人意!

弘扬“工匠精神”，要从关注每一个细节开始，只有这样才能保证精确运作、精准控制、取得精致成果，才能有效提升工作品质和产品质量。用慢工做出细活，用谦虚的心态去“找碴”，用辩证的态度去继承，用与时俱进的眼光去创新，相信一定会涌现出一批又一批的大国工匠。

4. 工匠之职——职业操守

职业操守强调坚持正道，即坚守诚实守信，坚守道德准则。用“工匠精神”打造“职业操守”，就要做到不做假、不掺假、不懈怠、不受外界诱惑，工作中安分守己、尽善尽美……这些职业操守非常可贵。我们会读到古今中外工匠的很多故事，先人们在操守方面做出了很好的行为表率。这都是我们今天需要很好地去发掘、去认知、去研究的宝贵精神财富。

中华文明在历史上之所以被人尊重，首先是因为中国产品的精美，这种精美正是源自追求极致完美和一丝不苟的“工匠精神”。“工匠精神”是民族素质的重要内容，它首先体现为职业操守。这种职业操守，主要不是靠法律或制度限定，而是来源于“道德的力量”。懒惰、不思进取、以次充好、山寨成风，这是职业操守的丧失，更反映国民素质和整个社会道德水平的滑坡。要弘扬“工匠精神”，就必须使每个人守住道德的底线，不受外界的任何诱惑。

总之，强调职业操守、坚持正道，就必须在企业内树立正确的道德观和价值观，在企业内部营造让“工匠精神”生存的优良环境，排除社会干扰，不折不扣地忠于“工匠精神”，在每个部门精耕细作，进行创造、创新，秉承“匠心”去做产品，培育适合“工匠精神”成长的沃土。

5.3　中国化工行业的典型案例

5.3.1　致敬最美奋斗者

2020 年 11 月 24 日，全国劳动模范和先进工作者表彰大会在北京人民大会堂隆重举行（图 5-6），一批石油和化工行业的劳动模范和先进工作者受到党和国家表彰。劳模精神、劳动精神、工匠精神是以爱国主义为核心的民族精神和以改革创新为核心的时代精神的生动体现，是鼓舞全党全国各族人民风雨无阻、勇敢前进的强大精神动力。

图 5-6　全国劳动模范表彰大会现场

石油和化工行业是与人民生活和国民经济密切相关的基础制造业，也是劳动和技术密集型行业，拥有几千万劳动者。新中国成立的 1949 年，我国石油和化学工业几近空白，全部家底算起来不及现在的一个小型化工企业。70 年后的今天，我们行业拥有炼油产能 10 亿吨、化工产品百万种、企业 30 万家，产值超过 12 万亿元，在世界数一数二。这翻天覆地的巨变中，凝集着全行业一代又一代劳动者的智慧和汗水。行业广大劳动者以实际行动诠释了“社会主义是干出来的，新时代是奋斗出来的”。

危难之时方显英雄本色。2020 年注定是不平凡的一年，也将是被历史永远铭记的一年。新冠肺炎疫情突袭下，当中国乃至世界人民生命健康受到疫情威胁之时，当防疫物资极度紧缺，在必须与疫情和死神赛跑的关键时刻，疫情就是命令，需要就是使命。行业广大劳动者挺身而出，发扬新时代的劳模精神，全力以赴投入防疫物资生产中，为我国抗疫取得重大战略成果和全面复工复产做出独有贡献，为世界各国抗击疫情奉献了中国力量。在这场抗击疫情的伟大斗争中，产生出一大批劳动模范和先进工作者，谱写了一曲曲动人华章，留下了一个个光辉的名字，他们是新时代的最美奋斗者。

劳动模范是广大劳动者的优秀代表，是和平年代的英雄，也是新时代最应该受到全社会尊重的人。他们是工人阶级和广大劳动群众的优秀代表、时代楷模，是行业千千万万普通劳动者中的杰出代表。他们能够站在时代的 T 台上，体现了党和国家一以贯之的对劳动的尊重、对劳动者的激励、对劳动模范的褒奖，这种风气是我们这个时代核心价值观的生动体现，是社会主义新中国快速发展的强大精神动力。

劳动是最美的身影，创造是最好的奉献。今天的化工行业正在积极参与以国内大循环为主体、国内国际双循环相互促进的新发展格局。把握新阶段，贯彻新理念，融入新格局，凝聚高质量发展的新合力，离不开行业广大劳动者的劳动和创造。开启新征程，扬帆再出发，行业广大员工一定会在以习近平同志为核心的党中央的坚强领导下，恪守职业道德，提高综合素质，发展职业技能，弘扬“工匠精神”，努力做知识型、技术型、创新型的劳动者，当好主人翁，建功新时代，去实现化工强国的伟大梦想。

5.3.2 “大化工”造就的“大工匠”

2016 年春天，全国两会期间政府工作报告中鼓励企业培育工匠精神。于是，“工匠精神”这个沉寂许久的名词，迅即成为热门话题。

作为“矛盾乐”精神创始人、“中国进口弯头的终结者”、“超高压直流锅炉”的专利权人，李国才是伴随着新中国的脚步，同国有企业一起成长、成熟、成功的杰出人物(图 5-7)。他的故事，是工匠的故事，是中国的故事，是能给读者带来思考和启发的故事。

图 5-7 李国才先生讲座中

岁月，没有、也不可能让他失去光彩！

一位只有小学三年级文化的农家子弟，竟完成了 200 项发明创造，并放弃了自己所有的发明专利权，中国的任何一个工厂企业都可以无偿使用他的发明成果。他为国家挽回的经济损失和创造的价值达数亿元。

1948 年秋天，李国才到锦西化工厂当上了管工。1954 年，李国才来到吉林市，安装、维护、保管工地上的各种铁管、钢管。这样的工作无需多少文化，但李国才细心寻找各种资料和说明书来破解这些管子的技术奥秘。渐渐的，他成了工地上的钻研迷。1955 年秋天，李国才自行设计、制造了一台工地急需的压泵。不久，他又利用废弃材料完成了磁管切割机、瓷砖切割机等十几项发明。1957 年，李国才被吉林市评为劳动模范。

1959 年 2 月，吉化建设公司决定成立一个革新加工班，并正式下文用李国才的名字命名为“李国才加工班”，抽调十几名工人配合李国才搞革新、搞发明。同年 7 月，吉林省政府在长春召开了省技术革新突出成果大会，大会特邀李国才携带他的发明为中央领导进行展示。看完他的演示，中央领导赞叹道：“你是了不起的工人发明家啊！”

1964 年，李国才出席了全国劳动模范大会，与“铁人”王进喜一起受到毛主席等党和国家领导人的接见。

1975年10月的一天,正在加工班干活的李国才突然接到通知,他已被国务院正式任命为石油化工部副部长,并让他即刻去北京赴任。10月20日,李国才带着他的110项发明进京上任。1976年3月,辽宁高升地区发现一个大油田,但因为地下油的黏稠度特别大,加上设备落后,难以采出油来。油田从美国请来的专家也束手无策。一个多月后,李国才和助手们研制出一个足有700个压力的热采锅炉。在众人的欢呼声中,井口的原油喷涌而出。

1975年到1980年的5年间,李国才在担任副部长的同时仍有22项重大发明。我国第一座核电站秦山核电站工程全面动工后,在施工的过程中,需要一种大口径不锈钢弯头,而这种弯头中国不能制造。李国才在家里设计了一个制造大口径不锈钢弯头的图示,又指导有关人员一次性制造出了这种弯头,为秦山核电站解决了技术难题。

工匠和劳模在企业是个很特殊的群体,他们都是普通人,但却比普通人更有典型性、代表性和标志性。这些人,在企业里是最活跃、最先进的生产力的代表。他们用自己的智慧、汗水与业绩,赢得了全社会的认可、尊重和爱戴,成为企业的代表、表率与楷模。

一代人有一代人的历史,一代人有一代人的命运,每一代劳模都属于他们那个时代。李国才的历史、李国才的命运、李国才那个时代的故事,一定能够给我们带来许多思考和启发。

5.3.3 石油化工工程焊接领域"女掌门"

图 5-8 李雪梅受到领导接见

2020年11月24日上午,全国劳动模范和先进工作者表彰大会在人民大会堂隆重举行。在表彰的全国劳动模范当中,中石化第四建设有限公司(简称石化四建公司)焊接高级专家李雪梅荣获"全国劳动模范"荣誉称号(图5-8),她是继石化四建公司职工张书成、张振连之后,第三位获此殊荣的人。

李雪梅是石化四建公司焊接技术高级专家,作为公司劳模创新工作室的带头人之一,以工程需要为出发点,勇于创新,承担集团公司及四建公司多项重大焊接技术课题攻关与研发工作,发表焊接专业论文6篇,取得国家专利3项和创新成果及工法19项,其中多项成果获国家及部级奖励。

李雪梅一头钻进了焊接这个看似"男人帮"的专业,凭着过硬的技术和业务能力,在这个行当里一干就是23年,先后荣获"天津市劳动模范""天津市五一劳动奖章""中国石化突出贡献专家""集团公司质量先进个人"等荣誉称号。

2008年天津乙烯建设初期,为解决高压厚壁铬钼管线焊接难题,四建公司决定采用自动焊来改善,这是国内石化行业首次用自动焊进行高压厚壁铬钼管线焊接。

李雪梅查阅大量资料,翻阅国内外书籍,并和焊材厂家积极沟通,从改变焊接方法及焊接材料着手,决定研发全新的焊接工艺,采用管道埋弧自动焊。经过反复试验,最终高压厚壁铬钼管一次焊接合格率达 99% 以上，焊接生产效率提高了 4~5 倍，“管道预制焊口埋弧自动焊接技术”终于获得成功，填补了石化行业的焊接空白。李雪梅编写的“管道自动焊焊接工法”获评国家一级工法，这种焊接技术已在国内外 40 多个项目得到广泛应用。

2016 年，她又和攻关团队再次挑动新高度，开发了固定焊口自动焊新工艺，真正实现了管道焊接机械化换人，自动化减人，开了国内工艺管道焊接技术之先河。

2017 年，为了焊工能更好地掌握各种材质的焊接工艺，李雪梅带领工作团队编制了碳钢、不锈钢、铬钼钢、热处理等焊接工艺可视化工艺教材。为了示范正确的焊接工艺，她亲自当导演，制作脚本，编写解说词，布置焊接拍摄场景，最终完成了多项焊接施工工艺的可视化。可视化教材使焊工能够轻松掌握焊接工艺要领，更好地服务了工程一线。可视化视频教材立项为炼化工程集团公司技术进步项目，将在整个炼化工程领域推广应用。

李雪梅 23 年如一日，坚守在焊接技术第一线，在平凡的岗位上辛勤耕耘、默默奉献，将焊接技术攻关作为事业追求，创新工法，攻关专利，带领劳模创新团队创新创效，攻克了施工现场一道道焊接难题，成为行业佼佼者，家喻户晓的焊接女掌门，为石化工程建设贡献自己的青春、智慧和力量。

5.3.4 勇立潮头的石油工匠

赵奇峰是辽河油田欢喜岭采油厂的一名基层采油工（图 5-9）。工作期间，他编撰出版专著 6 部，获省部级以上创新成果奖 33 项、国家专利 42 项，96 项创新发明成果在石油行业推广应用，解决油田生产技术难题 500 余项，为建设知识型、技能型、创新型劳动者大军做出了突出贡献。2020 年，他获得了“全国劳动模范”称号。

图 5-9 赵奇峰在认真工作中

1993 年 7 月，赵奇峰技校毕业，被分配到辽河油田欢喜岭采油厂工作。从那时起，他就一头扎进学习里，认真研究每一个工作环节。那一年，他记了两大摞近 30 万字的学习笔记，至今还保留着。

赵奇峰为尽快熟悉生产，工余时间就顺着板房和地面的夹空钻进去，摸索着一根根管线，再一笔笔画下来。就这样，2 个月后，他能够独立绘出中心站的管网流程图，还纠正了原来流程图上的两处错误。

赵奇峰所在的基地是中深层稠油开采先导试验基地。自 2008 年全面实现工业化开发以来，井口日产油 1 800 吨以上，但随着多轮次的蒸汽吞吐，区块产量逐年递减。当时，作为油田技能专家的赵奇峰参与了蒸汽驱配套技术——分层汽驱工艺的试验及实施全程，累计增油 20 余万吨。其配套项目“油田化学技术在老油田‘双高期’高效开采中的应用”获得辽宁省科技进步一等奖。

赵奇峰常年直接接触油井，总是最先闻到井里排出的臭鸡蛋味儿。为此，他查阅了大量资料，了解脱硫信息，找寻治理办法。

经过长期巡井和分析，他摸透了区块的井筒及气量状况，先后尝试了 33 次现场试验和 8 次工艺改造，历时 5 年成功改进脱硫剂配方，脱硫后天然气硫化氢含量达到国际排放标准。他还建议把脱硫点排出的混合气集中处理，将天然气回收进入燃气系统，将二氧化碳回收再利用。这一方案实施后，年均创造效益 1 000 余万元。

不仅如此，赵奇峰还设计了污水深度软化免除硅技术方案，并成功应用于高含硅采油污水回炉再利用工艺，年节约处理成本 2 200 余万元。

2010 年，赵奇峰技能大师工作室挂牌成立。除了工人本职外，他还有了新的身份——企业技术技能创新领衔人。

稠油的老区，随着长时间开采，水患、砂害、气窜等矛盾日益突出，产量急剧下降。特别是两口相邻的高产井，气窜严重。那段时间，赵奇峰天天泡在井场，一边在现场摸索，一边反复研究资料。通过实践，他的方法取得了成功。仅此一项，年节约注汽量 35 万吨，增油 6 万吨，创效 2 300 多万元。

他带领团队利旧加工制成隔热管密封节取出器，取出率高达 100%，极大缩短了维修周期，提高了利用率，获全国能源化学地质系统创新成果一等奖；研发的抽油机调平衡专用工具，解决了调平衡工序复杂、强度大等问题，提高工效 70%，获中国石油创新成果一等奖。

2020 年，赵奇峰率领的辽河油田团队参加第二届辽宁省创新方法大赛获得 3 个一等奖、5 个二等奖、4 个三等奖，获奖率为 100%，总成绩位列全省第一。其中，他的工作室“基于 TRIZ 的作业井管内流体控制工具的研制”项目总分排名第一，入围全国总决赛。

积累了一定的经验后，赵奇峰觉得一个人技术再强、水平再高，也只是单打独斗，让身边的工人兄弟都强起来，才能拥有无穷的力量。

2010 年，赵奇峰开始动笔写一本适合稠油开采的指导书。工余时间，他骑着自行车，到各个区块收集资料，一天下来至少要骑行 20 多千米。晚上再连夜编写书稿，在电脑前一坐就到半夜两三点。终于，9 个月后，95 万字的《油水井分析入门与提高》在石油工业出版社出版，开了石油行业岗位工人出书之先河，填补了国内复杂油藏油水井分析专业指导书的空白，获辽宁省自然科学学术成果二等奖。后来他又陆续推出 5 部专著，对石油开采具有重要的指导意义。

不仅如此，赵奇峰更加注重高精尖技艺技能的传承。近 10 年来，他累计带徒 300 多人，教学 2 000 多课时，他帮带出的技师、工程师、管理干部等有 120 余人，培养出中央企业、辽宁省、石油石化行业技术能手 24 名。

多年来，他就是这样，把岗位和企业、国家联系在一起，搞创新、解难题、带徒弟、出教材，成果与奖牌背后，更有一种为辽宁振兴发展和国家伟大复兴而奋斗的责任与担当，诠释出当代大国工匠的劳动之美与奉献之美。

5.3.5 匠心筑梦，不负韶华

在 2019 年 7 月兵器集团举行的第八届职业技能竞赛火炸药理化分析工总决赛上，北化研究院集团西安惠安公司王晓艳脱颖而出，以沉稳的应答和娴熟的操作技巧取得第二名的成绩，荣获“全国技术能手”称号(图 5-10)。作为惠安公司第一位 90 后的劳动模范,这个清秀而温柔的女孩令大家刮目相看。

提起大赛实操项目考试,她记忆犹新。在只有大拇指指甲盖一半大小的仪器上称量 0.5 毫克的铝粉和 0.5 毫克的黑索金,并在规定时间内完成混合。赛场上,她动作轻缓细微,努力让误差控制在 0.01 毫克之内,每一秒都在挑战着“技能极限”。她专注于毫厘之间,抓住每个细小的得分环节,最终 DSC 项目取得了满分的好成绩。

图 5-10 王晓艳在比赛现场

只要一有空闲,王晓艳就沉浸在滴定、称样、测量这些基本操作中,晚上常常练习到 10 点多,周末也整天整天地泡在实验室。就连做饭、吃饭时,她手里都拿着理论题库在背,她要求自己将所有题目和答案都熟记于心。在比赛前一周的一天,她拿着学习资料边背边下楼,一不留神踩空扭伤了脚,脚立刻肿了起来。休息半天后,她忍着疼痛,依旧一瘸一拐地来到实验室练习操作。

王晓艳一直以工匠的标准要求自己。作为一名技术员,她在工作中对产品进行认真的分析检测,严把质量关。在基本功练习上,她格外认真,对于每个操作细节,她对自己的要求不只是合格,而是想方设法做到最好。除了在实验室反复练习外,每天晚上睡觉前她都会将当天的操作在脑子里过一遍。她还非常注重先进设备仪器和分析方法的学习,先后完成了硝化棉纸燃速、裂断长、卡尔费休法测定水分、真空安定性等分析检测。对于标准上正在使用的分析方法,她都会逐一进行学习和对比,在实践中摸索出各个方法的优缺点,不断对现有分析检测方法进行优化。她谨慎细心,多次纠正了样品检测中存在的问题,因此被大家笑称为“实验室里的火眼金睛”。

王晓燕说:“在踏上分析岗位的第一天,我便有了一个工匠梦,这是我的初心,也是我的目标。因为只有成为工匠,才能真正将分析工作做好,只有不断拼搏才能不负韶华!”面对沉甸甸的荣誉,王晓燕认为,荣誉只能代表过去,未来要走的路还很长。

5.3.6 把创新当习惯,大庆石油女工的“初心”坚守和成长密码

26 年的采油人生并不算长,刘丽却演绎得生动而精彩。她用忠诚与奉献诠释着铁人精神,用创新和质量传承着大庆精神。

在大庆油田采油二厂第六作业区采油 48 队,采油女工刘丽拥有一处让人羡慕的、以她个人名字命名的“刘丽工作室”。据统计,自刘丽工作室建立以来,大庆采油二厂的创新创效成果数量由过去的每年 100 多项增加到现在的每年 300 多项;工作室共研制革新成果近千项,累计创效近亿元。

1997 年, 23 岁的刘丽经过层层筛选,赢得了代表大庆油田参加全国青年岗位能手技能比赛的机会。比赛中,她背着 35 公斤的皮带仅用 15 秒完成作业,这一纪录至今无人打破,但却由于一个小失误,最终取得了第三名的成绩。别人都觉得这个成绩很好了,但是领奖的时候,

她自己却在哭。

刘丽认为石油行业不是一个掘地三尺找油、只需埋头苦干的粗活，采油工要想干出水平来，光靠力气不行，技术水平的提升很重要。

在刘丽众多的革新成果中，有一项杰作——上下可调式盘根盒，创意竟是受到口红启发，一朝功成，创利千万元。

更换盘根盒中的密封圈的工作，看似普通，却是采油工在巡检中发现井口出现漏油时必须要做的，在过去，采油工最不愿意做的也是这个活儿。

刘丽认真查找资料，设计图纸，反复琢磨，第一个上下可调式盘根盒在2000年生产出来，刘丽第一时间把它装到了自己管理的抽油井上试验。

试验初期还算顺利，但是密封圈的磨损会造成漏油。为了找到合适的密封圈材料，刘丽几乎跑遍了大庆市的所有五金店，终于找到了一种尼龙棒。刘丽通过加工、扣形制作，最终解决了漏油的问题。

最终研制成功的上下可调式盘根盒，不仅延长了盘根的使用寿命，而且减轻了岗位工人的劳动强度。该成果于2002年获得国家专利。

图 5-11　刘丽获奖感言照片

在刘丽看来，只要是工作中不顺手、不方便、效率不高的地方，都可以创新。

随着取得的成果和获得的奖项越来越多，刘丽成了年轻油田职工的榜样（图 5-11）。被聘为工人技师后，刘丽便开始帮带身边的员工提升技能。

以井场为教场，用管钳当教具，哪里技术薄弱教哪里，哪里有问题去哪里。她倾其所学助力员工技能提升，采取"阶梯式"培训法，累计培训学员1.5万多人次，5人被聘为技能专家，56人被聘为高级技师、技师，135人被评为厂级以上技术能手。她培养过的学生，从大庆油田冠军到省冠军再到集团公司个人、团体双冠军，刘丽实现了教练生涯的大满贯。

近10年中，刘丽共出版专业技术书籍19册，发表论文10篇，编写培训教材38套，制定操作标准105项并推广应用。

刘丽的父亲刘文生是第一代大庆油田人，获得过"黑龙江省劳动模范"称号。如今，刘丽成为全国五一劳动奖章获得者，超越了父亲。融在大庆石油人骨子里的"大庆精神""铁人精神"依然在延续。

5.3.7 "油井神医"杨义兴：创新灵感来源于实践最后一千米

"西北大修打捞王""油井大修第一家""集团公司技能专家""甘肃省十大杰出青年""五一劳动奖章获得者"，杨义兴（图 5-12）身上的诸多荣誉和诸多赞誉，无一不来源于实践。

与高原、荒山、大漠相伴22年，凭着对修井工作的挚爱和一手"望闻问切"的绝活，杨义兴带领团队战陇东，上内蒙，进陕北，闯宁夏，先后参加 11 个油田的开发建设，累计实施油水井措施作业 1 800 多口、维修检泵作业 8 600 多口，创经济效益 1.3 亿元，当之无愧地成为大山深处的油井“神医”。“油井神医”有哪些秘籍呢？

秘籍一：修井不只是力气活，更是技术活。

1995 年，19 岁的杨义兴从长庆油田技工学校毕业，被分配到甘肃陇东油区一个修井小队当修井工。他不满足于师父言传身教，自己看业务书、画钻具图，日积月累写下 40 多万字的读书笔记，画出几万张钻具结构图，记下千余个技术数据和计算公式。

1998 年，他参加“长庆杯”职业技能比武，凭借扎实的基本功，获得总成绩第一名。在以后两届“长庆杯”职业技能比武中，他又连续获得第一名的好成绩，被长庆油田破格聘为修井技师。

图 5-12　杨义兴在工作中（右一为杨义兴）

秘籍二：光说不练假把式，又说又练真功夫。

在一次作业中，670 米的油管掉落井筒，由于受重力影响，油管在井筒扭曲变形，打捞难度极大。他接到抢修任务后，一面现场调查事故原因，一面制订多套打捞方案，仔细分析铅模痕迹，研究判断井下状况。

在 21 天的施工作业中，他和工友顶着严寒，来回奔波，现场会诊，先后自制打捞工具 12 件，成功捞获全部落物，使濒临报废的高产井“起死回生”。

在这次打捞作业中，他们研发的“全天候母锥”等 7 件打捞工具，是油井打捞作业首创，全部申请了国家专利，创造了在一口井施工过程中研发工具最多、申请专利最多的历史纪录。

秘籍三：只要思想不滑坡，办法总比困难多。

杨义兴有一股屡败屡战、永不服输的劲头，组织上先后派他到法国道达尔公司、英国 BP 公司学习石油天然气开采技术，这为他更好地钻研创新打下了坚实基础。

怀平 6 井是长庆油田和中国石油历史上第一口水平井，水平段处于地下约 2 000 米深处，长度为 900 多米。这口井钻探完毕后，施工单位将 300 米长的射孔枪、射孔弹碎片以及配套钻具掉落在该井水平段位置无法取出，多个单位打捞半年多，均以失败告终。许多专家调研后断言，这口井只能作报废处理了。

眼看着投资 3 100 多万元的油井一天也没生产，一滴油也没有见到就面临“死缓”的境地，杨义兴和他的团队接受挑战，来啃这块硬骨头。

站在平地上，想办法把 2 000 多米以下的碎片状落物沿着先水平后垂直的方向打捞出来，这在国内此前并无先例，没有经验可借鉴，也没有配套工具。杨义兴和同事在现场吃住两个月，天天泡在泥水里，守在井架旁，经过多次试验，糅合了原有工具的特性，发明出底部带“弹性抓手”管状打捞工具，又利用液体可夹带小件落物回流的原理，开始将井底落物一件件打捞出来。

图 5-13　33 厘米的油井口是杨义兴井下作业的唯一通道

2011 年 11 月 15 日凌晨两点，杨义兴所在修井大队负责的中国首例水平石油井怀平 6 井打捞成功（图 5-13）。该井的打捞方法被广泛推广，填补了长庆油田乃至全国水平井复杂大修打捞作业的空白。

通过“强化教、强化学、强化考”和“抓严教严考、抓兵头将尾、抓包片包效”，杨义兴认真总结教学方法，传授技艺，先后培养出省级技术能手 2 名、公司级技能专家 6 名、厂级技能标兵 18 名，在长庆油田掀起了一股“学技术，练本领，助上产，立新功”的热潮。

5.3.8　田明：油田里“炼”出发明家

地处江苏安徽两省的江苏油田，因为石油资源“贫”而“散”，开采难度非常大，所以油田的很多设备都依赖进口。田明，就是这些设备的“保健医生”。他改进的震击器作业深度从 4 000 米提升至 6 000 米，填补了国产此类工具在高压深井中的使用空白，彻底改变了国外产品在国内市场一家独大的局面。从一名基层的产业工人成长为如今的全国技术能手，田明靠的就是对知识和技术的痴迷。有时为了解决一个技术难题，他经常辗转反侧睡不着觉，灵感来了凌晨三点起床跑到工作室。在外地油田协助工作时，他也会抓紧一切机会向业内高手“偷师”。

2010 年，以田明命名的工作室成立，田明又把自己的知识毫无保留地传授给年轻同事们，并当起了技术创新带头人。目前工作室累计完成革新成果 90 多项，他们的创新成果“试油测试技术的创新与运用”获得 2014 年度国家科学技术进步二等奖，为企业创效 6 000 余万元。

5.3.9　钟本和：艰苦奋斗“老黄牛”深耕化工六十载

图 5-14　钟本和在四川大学化学工程学院制备分析室里进行化学分析实验

钟本和是四川大学杰出教授、化学工程学院博士生导师，她从事磷化工领域的理论研究、技术与工程化实践长达 60 余年，为我国磷化工发展做出了重要贡献（图 5-14）。

20 世纪 80 年代，钟本和率领团队成功首创“中和料浆浓缩法制磷铵新工艺”，于 1988 年获得国家科学技术进步一等奖。这一成果结束了国产中低品位磷矿不能生产磷铵的历史，解决了我国自给自足生产磷肥的关键问题，彻底扭转了我国长期依赖进口磷铵生产磷肥的局面。

多年来，钟本和带领团队继续攻坚克难，在磷肥与生活垃圾处理有机结合、湿法磷酸净化技术、磷石膏废弃物资源化利用等众多领域，攻克了一项又一项的技术难题。

如今，已是耄耋之年的钟本和依然保持着艰苦奋斗的老黄牛精神，继续活跃在科研、教学一线（图 5-15）。2018 年，钟本和领衔的团队入选教育部首批“全国高校黄大年式教师团队”。

图 5-15 钟本和（中）在制备分析室与团队教师讨论

近年来，钟本和带领年轻学生聚焦磷资源高效利用，加强与农业、生物、资源、环境、冶金、轻工、材料、制造、信息等方向结合。“我希望培育和发展新的学科增长点，在更高的起点上引领和支撑我国磷化工领域的科学创新和产业发展”钟本和说。

【结语】

让“大国工匠”成为一种文化，要从年轻一代开始抓起，不能仅仅是一句口号，应是实实在在的行动。这既需要职业教育的培养、制度机制的保障、政府部门的引导，更需要全社会参与其中。这样我们才会对“工匠精神”多一份敬重敬畏，多一份纯粹，多一份脚踏实地，多一份专注持久，才能自觉践行“大国工匠”，才能让“大国工匠”支撑“中国制造”转型升级“中国智造”，才能让“大国工匠”内化为我们的民族气质和精神气质。

【本章小结】

大国工匠精神主要表现在以下五个方面：执着专注、作风严谨、精益求精、敬业守信、推陈出新。当代大学生要弘扬和践行大国工匠精神，认真学习大国工匠实例，深刻理解大国工匠内涵。

【扩展】

1. 搜集身边的大国工匠，理解大国工匠精神传承的意义。

2. 说说作为学生的你，将如何成为新时代大国工匠。

【参考文献】

[1] 杨乔雅. 大国工匠 [M]. 北京：经济管理出版社，2017.

[2] 宋村珠，于加华. 时代呼唤“大国工匠精神”[EB/OL]（2016-10-24）[2022-02-02].http：//www.cndca.org.cn/mjzy/hysq/xljy/1105643/index.html.

第二篇

匠心筑梦
——实现自我发展
铸就精彩人生

第 6 章　如何锻造自身

2020 年 12 月 10 日，习近平总书记致信祝贺首届全国职业技能大赛的成功举办，强调“大力弘扬劳模精神、劳动精神、工匠精神”，“培养更多高技能人才和大国工匠”。在长期的实践中，我们培育形成了“执着专注、精益求精、一丝不苟、追求卓越的工匠精神”。迈向新征程，扬帆再出发，我国急需一大批具有工匠精神的劳动者，亟待让工匠精神在职业院校更加深入人心。

不论是传统制造业还是新兴制造业，不论是工业经济还是数字经济，工匠始终是中国制造业的重要力量，工匠精神始终是创新创业的重要精神源泉。中国制造、中国创造需要培养更多高技能人才和大国工匠，需要激励更多劳动者特别是青年学子走技能成才、技能报国之路，更需要大力弘扬工匠精神，造就一支有理想守信念、懂技术会创新、敢担当、讲奉献的庞大产业工人队伍，为经济社会发展注入动力。

让工匠精神深入人心，就要创造更多工匠故事。一批又一批的国家级技能大师，坚守产业报国的初心，在平凡的岗位上取得了不平凡的业绩。深入贯彻尊重劳动、尊重知识、尊重人才、尊重创造方针，完善工匠政策，提升工匠地位，落实工匠待遇，才能为广大技能人才提供更广阔的舞台，推动更多工匠竞相涌现。

让工匠精神深入人心，还要进一步讲好工匠故事。工匠精神是在生产实践中凝聚而成的可贵品质，充分展现着劳动之美、精神之美、时代之美。讲好工匠故事，能让人们从大国工匠身上感受到劳动的光荣、精神的魅力。开展以弘扬工匠精神为主题的宣传教育，把崇尚工匠精神纳入人才培养全过程，贯通职业教育的各方面，才能让一个个“工匠故事”激励青年学子乃至更多人追求卓越。

2019 年，浙江省杭州市将每年的 9 月 26 日设为“工匠日”。设立“工匠日”是为了激励工匠们创新创造，也是为了培厚工匠精神，建立健全“工匠带徒”制度。众多举措让工匠有荣誉感、成就感，让崇尚工匠精神成为一种新时尚。

时代发展需要大国工匠。站在实现“两个一百年”奋斗目标的历史交汇点上，全社会都要大力弘扬工匠精神，让崇尚工匠精神的理念深入人心，让每一位劳动者在新时代书写出更多更精彩更动人的工匠故事。

6.1 匠心培养

6.1.1 尽职尽责的职业道德

1. 职业道德的产生与发展

职业道德是随着社会分工的发展出现相对固定的职业集团时产生的。人们的职业生活实践是职业道德产生的基础。在原始社会末期，由于生产和交换的发展，出现了农业、手工业、畜牧业等职业分工，职业道德开始萌芽。进入阶级社会以后，又出现了商业、政治、军事、教育、医疗等职业。在一定社会的经济关系基础上，这些特定的职业不但要求人们具备特定的知识和技能，而且要求人们具备特定的道德观念、情感和品质。各种职业集团为了维护职业利益和信誉，适应社会的需要，从而在职业实践中，根据一般社会道德的基本要求，逐渐形成了职业道德规范。

社会主义的职业道德是适应社会主义物质文明和精神文明建设的需要，在共产主义道德原则的指导下，在批判地继承历史上优秀的职业道德传统的基础上发展起来的。由于社会主义的各行各业没有高低贵贱之分，在职业内部的从业人员之间、不同职业之间以及职业集团与社会之间没有根本的利害冲突，因此，不同职业的人们可以形成共同的要求和道德理想，树立热爱本职工作的责任感和荣誉感。中国各行各业制定的职业公约，如商业和其他服务行业的服务公约、人民解放军的军人誓词、科技工作者的科学道德规范以及工厂企业的职工条例中的一些规定，都属于社会主义职业道德的内容，它们在职业生活中已经发挥了巨大的作用。

2. 职业道德的含义

职业道德的概念有广义和狭义之分。广义的职业道德是指从业人员在职业活动中应该遵循的行为准则，涵盖了从业人员与服务对象、职业与职工、职业与职业之间的关系。狭义的职业道德是指在一定职业活动中应遵循的、体现一定职业特征的、调整一定职业关系的职业行为准则和规范。不同的职业人员在特定的职业活动中形成了特殊的职业关系，包括职业主体与职业服务对象之间的关系、职业团体之间的关系、同一职业团体内部人与人之间的关系，以及职业劳动者、职业团体与国家之间的关系。

3. 职业道德的基本要求

概括而言，职业道德主要应包括以下几方面的内容：忠于职守，乐于奉献；实事求是，不弄虚作假；依法行事，严守秘密；公正透明，服务社会。

1）忠于职守，乐于奉献

尊职敬业是从业人员应该具备的一种崇高精神，是做到求真务实、优质服务、勤奋奉献的前提和基础。从业人员首先要安心工作，热爱工作，献身所从事的职业，把自己远大的理想和追求落到工作实处，在平凡的工作岗位上做出非凡的贡献。从业人员有了尊职敬业的精神，就能在实际工作中积极进取，忘我工作，把好工作质量关；就能对工作认真负责，把取得工作成果作为自己的天职和莫大的荣幸；就能认真分析工作的不足和成绩并有吸取的教训和积累的经验。

敬业奉献是从业人员的职业道德的内在要求。市场经济的发展，对从业人员的职业观念、态度、技能、纪律和作风都提出了新的更高的要求。

职业是认识和管理社会的基础性工作。从业人员如果没有无私奉献的道德品质，只有“不唯上、不唯书、只为实”的求实精神，是很难出色地完成任务的。为此，我们要求广大从业人员要有高度的责任感和使命感，热爱工作，献身事业，树立崇高的职业荣誉感；要克服任务繁重、条件艰苦、生活清苦等困难，勤勤恳恳，任劳任怨，甘于寂寞，乐于奉献；要适应新形势的变化，刻苦钻研；要加强个人的道德修养，处理好个人、集体、国家三者之间的关系，树立正确的世界观、人生观和价值观；要把继承中华民族传统道德与弘扬时代精神结合起来，坚持解放思想、实事求是，与时俱进、勇于创新，淡泊名利、无私奉献。

2）实事求是，不弄虚作假

实事求是，不光是思想路线和认识路线的问题，也是一个道德问题，而且是统计职业道德的核心。求，就是深入实际，调查研究；是，有两层含义，一是是真不是假，二是社会经济现象数量关系的必然联系即规律性。为此，我们必须办实事，求实效，坚决反对和制止工作上弄虚作假。这就需要有心底无私的职业良心和无私无畏的职业作风与职业态度。如果夹杂着个人私心杂念，为了满足自己的私利或迎合某些人的私欲需要，弄虚作假、虚报浮夸就在所难免，也就会背离实事求是原则这一最基本的职业道德。

工作者必须有对国家对人民高度负责的精神，把实事求是作为履行责任和义务的最基本的道德要求，坚持不唯书，不唯上，只唯实。从业人员要特别注意调查研究，经过去粗取精、去伪存真、由表及里、由此及彼的分析，按照事物本来面貌如实反映，有一说一，有二说二，有喜报喜，有忧报忧，不随波逐流，不看眼行事。

3）依法行事，严守秘密

坚持依法行事和以德行事“两手抓”。一方面，要大力推进国家法治建设的有利时机，进一步加大执法力度，严厉打击各种违法乱纪现象，依靠法律的强制力量消除滋生腐败的土壤。另一方面，要通过劝导和教育，启迪人们的良知，提高人们的道德自觉性，把职业道德渗透到工作的各个环节，融于工作的全过程，增强人们的道德意识，从根本上消除腐败现象。严守秘密是统计职业道德的重要准则。

4）公正透明，服务社会

优质服务是职业道德所追求的最终目标，优质服务是职业生命力的延伸。服务群众，就是指听取群众意见、了解群众需要、为群众着想、端正服务态度、改进服务措施、提高服务质量。做好本职工作是服务人民最直接的体现，要有效地履职尽责，必须坚持工作的高标准，它是强烈的事业心、责任感的具体体现，也是履行岗位责任的必然要求。

4. 职业道德的重要作用

职业道德是社会道德体系的重要组成部分，它一方面具有社会道德的一般作用，另一方面又具有自身的特殊作用，具体表现在以下方面。

1）调节职业交往中从业人员内部以及从业人员与服务对象间的关系

职业道德的基本职能是调节职能。它一方面可以调节从业人员内部的关系，即运用职业道德规范约束职业内部人员的行为,促进职业内部人员的团结与合作。如职业道德规范要求各行各业的从业人员,都要团结、互助、爱岗、敬业、齐心协力地为发展本行业、本职业服务。另一方面,职业道德又可以调节从业人员和服务对象之间的关系。如职业道德规定了制造产品的工人要怎样对用户负责,营销人员怎样对顾客负责,医生怎样对病人负责,教师怎样对学生负责,等等。

2)有助于维护和提高本行业的信誉

一个行业、一个企业的信誉,也就是它们的形象、信用和声誉,是指企业及其产品与服务在社会公众中的信任程度。提高企业的信誉主要靠提高产品质量和服务质量。而从业人员职业道德水平高是产品质量和服务质量的有效保证。若从业人员职业道德水平不高,则企业很难生产出优质的产品和提供优质的服务

3)促进本行业的发展

行业、企业的发展有赖于高的经济效益,而高的经济效益源于高的员工素质。员工素质主要包含知识、能力、责任心三个方面,其中责任心是最重要的。而职业道德水平高的从业人员有责任心是必要的,因此,职业道德能促进本行业的发展。

4)有助于提高全社会的道德水平

职业道德是整个社会道德的主要内容。职业道德一方面涉及每个从业者如何对待职业,如何对待工作,同时也是一个从业人员的生活态度、价值观念的表现;是一个人的道德意识、道德行为发展的成熟阶段,具有较强的稳定性和连续性。另一方面,职业道德也是一个职业集体,甚至一个行业全体人员的行为表现。每个行业,每个职业集体都具备优良的道德,对整个社会道德水平的提高肯定会发挥重要的作用。

6.1.2 中国化学工业的奠基人

1. 吴蕴初

吴蕴初(图 6-1),化工专家,著名的化工实业家,我国氯碱工业的创始人。

吴蕴初在我国创办了第一个味精厂、氯碱厂、耐酸陶器厂和生产合成氨与硝酸的工厂。他为我国化学工业的兴起和发展做出了卓越的贡献。

1)研制味精

20 世纪 20 年代初,十里洋场上海滩,外货倾销,到处是日商"味の素"的巨幅广告。吴蕴初发出了为何我们中国不能制造的感叹,便买了一瓶回去仔细分析研究,发现"味の素"就是谷氨酸钠。他认识到从蛋白质中提炼谷氨酸,关键在于水解过程。吴蕴初进一步扩资 5 万元,于 1923 年 8 月成立天厨味精公司(图 6-2)。正式定名为"上海天厨味精厂"的当年,产量达 3 000 吨,获北洋政府农商部发明奖。吴蕴初由此成为闻名遐迩的"味精大王"。

2)生产合成氨

1932 年,吴蕴初了解到美国杜邦公司的合成氨试验工厂停业,有一套设备待售,便买下设备,建设了天利氮气厂。这是我国生产合成氨及硝酸的第一家工厂。为使天厨、天原所需耐酸陶瓷做到自给,吴蕴初于 1934 年建成天盛陶器厂,生产多种耐酸陶管、瓷板、陶质阀门及鼓风

机等，开国产耐酸陶瓷工业之先河。

图 6-1　吴蕴初

图 6-2　天厨味精公司

2. 方液仙

方液仙（图 6-3），浙江镇海人，1893 年出生于上海，1911 年创办中国化学工业社，成为当时中国日用化学工业规模最大的厂家之一。

1）创办中国化学工业社

1911 年，“中国化学工业社”（简称“中化社”）在上海圆明园路安仁里挂牌。中化社成功试制了牙粉、雪花膏、生发油、花露水（图 6-4）等产品。为能配套生产，降低成本，形成原料加工、成品包装一条龙，方液仙又兴建了一批直接为中化社服务的工厂，在中国多地设立发行所。至此，中化社业务蒸蒸日上，成为当时中国日用化学工业规模最大的公司。

图 6-3　方液仙

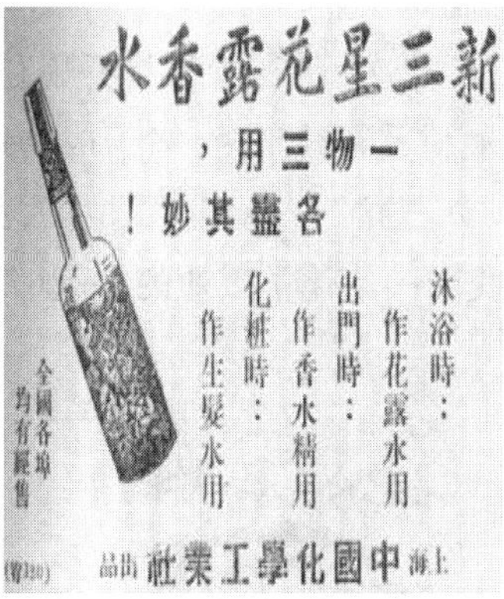

图 6-4　花露水

2）生产三星牌蚊香

20 世纪初，日本的野猪牌蚊香独霸中国市场。方液仙于是以学得的知识验析蚊香的配料比例，琢磨其制造方法，然后从日本购进少量除虫菊，反复试验，终于用手工注压出了盘型蚊香。

方液仙决心把日本机制盘型蚊香技术引进国内，于是拨出专款置办机器，做机制试验，终获成功，随即批量生产，并命名为“福禄寿三星牌蚊香”。从此，国产蚊香开始跻身市场。

3. 范旭东

范旭东（图 6-5），祖籍湖南，生于长沙，中国化工实业家，中国重化学工业的奠基人，被称为“中国民族化学工业之父”。

1）创办我国第一家食盐化工厂——久大精盐公司

1913 年冬，任职于南京临时工商部的范旭东奉命赴德、奥、意各国考察盐政。范旭东目睹西欧食盐化工业十分发达，精制盐品质纯、味正的情况，痛感夹带泥沙的“国盐”亟待改进。考察归国后，他毅然辞去公职，到我国最大的盐区——天津塘沽，同景奔白等人一起创办了久大精盐公司（图 6-6），自任经理兼技师，在荒凉的渤海滩上艰苦创业。经过 3 年努力，久大精盐公司战胜了盐官和旧盐商的夹攻，规模逐步扩大，产品日渐畅销，有力地抵制了洋盐的倾销。

图 6-5　范旭东

图 6-6　久大精盐厂

2）创办制碱工业

永利碱厂首次投产，情况并不顺利，无法与洋碱匹敌。他支持侯德榜，解决了技术和设备上的难题，永利重新开工时，终于成功地生产出洁白的纯碱。同年，在美国费城的万国博览会上，永利产“红三角”牌纯碱（图 6-7），获得金质奖章，大长了国人的志气。永利碱厂的建成和投产，标志我国民族化学工业的崛起（图 6-8）。

图 6-7　红三角牌纯碱

图 6-8　永利碱厂旧址

4. 侯德榜

图 6-9　侯德榜

侯德榜（图 6-9），福建闽侯人，曾任塘沽永利碱厂和南京永利硫酸铵厂总工程师兼厂长，永利化学公司总经理。中华人民共和国成立后，侯德榜曾任化工部副部长、中国科协副主席、中国科学院学部委员、全国政协常委。

1）个人成就

20 世纪 20—30 年代，高压技术逐渐成熟，氨合成催化剂问世，合成氨工业在欧美各国迅速兴起，硫酸铁开始作为主要氮肥在农业上得到广泛应用，侯德榜清醒地认识到，制碱工业的建立只是完成了我国基本化工的一翼，而尽快建立另一翼——氨、酸工业，则必须解决资金和技术两个主要问题，几经波折，永利得到四家银行的支持，于 1933 年 9 月口头约定，各行借款 300 万元共 1 200 万元给永利兴办硫酸铵厂。

2）发明侯氏联合制碱法

为了探索新的制碱方法，他首先分析了其他制碱法的优缺点，设计了好多方案，最终一一推翻。后来他想到，能否把索尔维制碱法和合成氨法结合起来？这样氯化铵既可以作为化工原料，又可以作为化肥，还可以大大提高食盐的利用率，同时省去许多设备。经过 500 多次循环试验，分析了 2 000 多个样品后，他才把试验搞成功，使设想成为现实。这个制碱新方法被命名为“联合制碱法”，它使盐的利用率从原来的 70%，一下子提高到 96%。此外，污染环境的废物也成为对农作物有用的化肥，还可以减少三分之一的设备，从而开创了世界制碱工业的新纪元。中国化学工程师学会一致同意将这一新的联合制碱法命名为“侯氏联合制碱法”。这个方法把世界制碱技术水平推向了一个新高度，赢得了国际化工界的极高评价。从此，中国化学工业技术跃上世界舞台。

5. 申泮文

申泮文（图 6-10），吉林省吉林市人，无机化学家和化学教育家，中国民主促进会会员，中国科学院院士、南开大学教授。

1）专注于教育、教学、科研

1940 年，他毕业于昆明西南联合大学化学系，任南开大学新能源材料化学研究所学术委员会主任，1980 年当选为中国科学院学部委员院士，他执教无机化学基础课逾 40 年，编写和翻译化学专著多种。他长期从事无机合成和金属氢化物化学研究，为创建南开大学新能源材料化学研究所、南开大学化学系应用化学研究所奠定了基础。他多次举办不同层次的无机化学教师讲习班，撰写并翻译出版了一批无机化学专著和教科书，为发展我国无机化学教育事业做出了贡献。他长期从事金属氢化物化学的研究工作，以我国独特的方法合成了一系列离子型金属氢化物，包括硼和铝的复合氢化物，以化学方法合成并研究了三类主要的储氢合金，在储氢合金研究的基础上，又发现了镍金属氢化物可逆电池，取得较新成果。

2）不断尝试新事物、宣扬国家精神

在南开大学（图 6-11），曾经每天骑自行车来去的老教授申泮文，被学生们描述为“上坡不下车,下坡不刹车”的骑车“九段”高手。骑车的他,曾是校园里一道特殊的风景。2007 年 1 月,年过九旬的申泮文老院士追赶时代的步伐,在网上开设了个人博客。为了实现自己的教育强国理想,这位著名的化学家将博客取名为“申泮文教育家博客”,通过互联网宣传南开大学和自己的教育理念。这位耄耋之年的网络写手,只要身体条件允许,就经常更新博客的内容。谈起自己的博客,申泮文很自豪:“大部分都是我一个字、一个字打的。我打字很快,然后贴上去就行了。”申先生的博客很受网友欢迎,访问量接近数万人次,网友评论数百条。

图 6-10 申泮文

图 6-11 南开大学校园

在同事、学生眼中,申先生永远保持着一颗年轻的心。申泮文 80 高龄开始学电脑,并将计算机技术运用到科研和教学, 85 岁时凭借《化学元素周期系》多媒体教科书软件,获得国家级教学成果一等奖。为了推动计算机与化学结合,申泮文在南开大学化学系成立了一个由青年教师和学生组成的“化软协会”,要把化学推向未来。

6.1.3 对难题攻坚克难的决心和勇气

一个民族之所以伟大,是因为其在任何困难和风险面前都从来不放弃、不退缩、不止步,百折不挠,为自己的前途命运而奋斗。

1. 中国制碱之父的诺言

1890 年 8 月 9 日,侯德榜出生于福建省闽侯县坡尾村一户贫苦的农家。爷爷期望他将来能够高榜得中,有出息,给他起名为德榜。1910 年,侯德榜考上清华大学。3 年后,清华大学公布第一批 16 人赴美留学名单,侯德榜榜上有名,并被保送入美国麻省理工学院化工科学习。留学期间,由于学习成绩优异,侯德榜顺利成为美国科学会会员和美国化学会会员。此时,大洋彼岸,永利碱业公司老板范旭东诚邀侯德榜回国发展。范旭东告诉侯德榜,中国的纯碱市场被英国垄断,他们漫天要价,横征暴敛,把纯碱的价格提高到一盎司黄金一磅纯碱。范旭东说:“中国没有自己的纯碱,就发展不了自己的化学工业。”侯德榜毅然决然地放弃了美国的高薪高位,答应范旭东到永利碱业公司就职。侯德榜说:“改制革为制碱,只为祖国需要!”

1921 年 10 月,获得美国哥伦比亚大学研究院博士学位的侯德榜出任永利碱业公司技师长。回国后,他立即走进车间,和工人们一起操作。

由于当时的制碱工艺被英国公司垄断，侯德榜要制碱，只能靠自己摸索。从工艺设计、材料选择、设备的挑选和安装等，他攻克了一个又一个难关，最后终于掌握了索尔维制碱法的各项技术要领。1924 年 8 月 13 日，永利碱厂正式投产。

正当大家兴高采烈地等待纯碱从烘烧干燥炉中出来时，却不知为何，本该是雪白的纯碱呈现出暗红色。这给大家当头泼了一盆冰水。有人干脆对范旭东说："不要再浪费时间了，直接花大价钱去请英国人来当总工程师吧。"范旭东直截了当地怼了回去："我们中国人一定要有自信，我相信侯德榜！"

侯德榜没有辜负范旭东的信任，他冷静地寻找事故原因，经过分析，很快就发现纯碱变成暗红色是由于铁锈污染。随后，他们用少量硫化钠和铁塔接触，使铁塔内表面结成一层硫化铁保护膜，再生产时，纯碱就变成纯白色了。永利碱业公司日产 180 吨纯碱，真正打破了洋碱的垄断。1926 年，永利碱业公司生产的红三角牌纯碱在美国费城举办的万国博览会上荣获金奖。

2. 化工先导范旭东

他让中国有了纯碱、烧碱，又有了硫酸、硝酸；他建立了中国首个化工研究机构，奠定了中国化学工业基础；他去世后，毛泽东主席亲笔写下挽联："工业先导，功在中华"。他就是范旭东，中国近代化工之父。

范旭东人生的前 30 年，大多数时候是在困苦中度过的。因幼年丧父，范旭东跟随母亲谢氏和兄长范源濂辗转到长沙定居。范旭东家庭生活十分贫困，不仅无钱读书，连糊口都很难，他一度靠长沙城中的慈善机构保节堂供养度日。其兄范源濂早年受社会进步风气影响，曾与蔡锷同时就学于梁启超主讲的时务学堂，并获到梁启超赏识，得以在学堂半工半读，赡养老母和培育幼弟读书。范旭东也很上进，在兄长的帮助下，于 1900 年东渡日本留学。

1905 年，范旭东完成了中学学业考入冈山第六高等学校。在冈山第六高等学校，范旭东由于学习刻苦努力，深得校长酒井佐保器重。临近毕业，范旭东向酒井佐保征求意见，提出自己将来想从事军工专业，以坚舰利炮来拯救中国。不料酒井佐保对范旭东哈哈一笑，轻蔑地说："俟君学成，中国早亡矣！"范旭东听后义愤填膺，并从中进一步洞察到日本人处心积虑图谋中国的野心，报国之志益坚，遂放弃造兵救国之念，坚决以化学为出发点，走工业救国之途。

1911 年 10 月 10 日，武昌起义爆发。1912 年元旦，孙中山在南京宣誓就任临时大总统，宣告中华民国正式成立。面对国内这一惊天动地的变化，范旭东欣喜异常，当即决定回国。

1926 年，永利碱业公司终于生产出了第一批合格的碱。为与洋碱相区别，范旭东决定将永利的碱命名为"纯碱"，由此，"纯碱"一词在华夏大地流传开来。此时，永利用苏维尔法生产纯碱，日产量超过 30 吨，碳酸钠含量达到 99% 以上，在世界上名列第 31 位，在远东名列第 1 位，比工业先进的日本还提前一年，这一成就已永远载入中国化工史册。

3. 申泮文，大学精神的象征

1916 年，申泮文出生在松花江畔，因是家中第六个孩子，故名为"阿六"。申泮文的父亲是造币厂的工人，母亲在家中料理操劳。在他的记忆中，父亲可谓甩手掌柜，而母亲则非常能干。他从小便会做家务，爱动手动脑，凡是新鲜事物，一定要动手亲自学，在他看来自己这一生"动手敢干”都得益于母亲。“申泮文”这一名字是小学语文老师为他取的，寓意“入泮学文”。

1923年，申泮文全家迁至天津。在广东小学读书时，教国文的赵老师曾在讲《项羽本纪》时提及“彼可取而代之”是项羽的气概，而正是这一句“彼可取而代之”支撑着申泮文度过“文革”那一段最为艰难的岁月，也正是因为相信“彼可取而代之”，申泮文在面对教学改革重重阻力时，没有放弃。

申泮文不仅长期为化学系的本科生上课，还经常应邀为各系同学讲校史、讲老校长张伯苓先生的教育思想和教学理念。每逢“七七事变”纪念日前后，在南开大学大中路的树林边，人们都会看到老先生用自己珍藏的历史照片做成展板，偶尔还亲自为观众讲解。南开大学遭逢日军轰炸，南开人不屈压力，展开各种斗争，在艰难中南迁长沙、昆明，与北大、清华共同组成西南联大开创了世界教育史上奇迹般的故事，由他本人娓娓道来。申泮文不仅是南开的风景，还被称为“南开精神”的象征。

他十分推崇创校校长张伯苓先生“允公允能，日新月异”的教育思想，并长期付诸实践。这八个字的南开校训，告诉人们要“培养学生爱国爱群之公德，与服务社会之能力”，只有德才兼备，才是赋予大学长久创造力的精神力量，才能实现日新月异。对“允公允能，日新月异”八个字的解释，申先生一下子就能讲半天，而且逻辑严密，举例生动。重要的是，他还能够常讲常新，让人听过还想再听。因此，南开各系经常请他去讲南开的精神与历史。对此，他也很少拒绝。如果各系讲座时间接近，他会建议找个大点的地方，大家一起来听。

他认为大学不仅要传授知识，培养探究知识的能力，更要培养精神，养成一种浩然之气。知识会不断翻新，但精神却可以成为一种人文的底蕴和血脉的渊源，积淀为大学和人生最可贵的力量。

生前，申泮文曾经给自己的职业做了一个排序：首先是教育家，其次是翻译家，最后才是科学家。他一直有个梦想，就是“让中国的高等化学教育走在世界前列”。77岁那年，申泮文罹患胃癌，切除了五分之四的胃器官。他不仅没有被击倒，之后的人生继续放射出夺目的光彩。因为教学成果突出，申泮文曾连续三届（2001、2005、2009）获得国家级教学成果奖，他所讲授和重点改革的化学课程“化学概论”，被评为国家级精品课程和国家精品资源共享课程，他个人被评为国家级教学名师。

申泮文一生勇于创新，如同他对化学这门古老学科的理解：“没有一门科学能像化学这样创造出新的物质，所以化学是一个创造新世界的科学。”与此同时，他又十分重视基础和传统，他认为南开和西南联大在教育史上最根本的意义，就在于树立了真正的大学精神，给今天的教育开辟了很好的培养人才的模式。

南开和西南联大的老教授、名教授都坚持给本科生上课，这种情况在国际知名大学其实比较普遍，只是国内越来越稀有。在他看来，老教授、名教授上课，不仅仅是一种形式，而且是传达一种气质，那是一种渗入骨髓的对真理的思辨与追求，是智慧的闪光，具有迷人的魅力，会对青年学生产生巨大的影响。他希望南开能够保持这个传统，各个大学也能够理解这个传统，大家一起把它发扬光大。

6.1.4 开创精神

做一个成功者,有一个必不可少的条件,要有开拓创新的精神。重复别人的事情,走别人的老路,在眼前或许能够取得一点点成绩,但是走不了多远。

要想获得成功,你必须是一个事业的开拓者。你有你的思考,有你的想法,有你的方法,有你的领域。现代社会需要开拓创新的精神,它与企业的生存密切相关。没有竞争就没有生存,而要竞争就要不断创新。

要想有所作为,你必须有开拓的勇气,必须具备创新能力,善于接受新鲜事物,富有想象力,思想开阔,善于提出新设想、新方案,对具体的工作任务都要有新目标、新追求。人的开拓创新的能力有强弱之分,也是可以培养的。人对开拓创新抱什么态度非常重要。是因循守旧、墨守成规、怕担风险,还是锐意进取、不畏风险、勇于创新,这直接反映着每个人对本职工作的态度,因而就不能不是一个道德标准。开拓创新的职业道德含义在于它不迷信传统,反对保守,不畏风险,敢于和善于接受新鲜事物。

要做一个成功的人是很不简单的,只有学问、知识是不够的。以年资评定,选一个服务时间最长的人出来,也未必能胜任某项重要的工作。做一个成功者,有一个必不可少的条件:要有开拓创新的精神。卡耐基在谈到企业经营者用人策略问题时曾告诫人们,一定要多用开拓型、创造型的人才,讲的就是这个道理。

做开拓创新型人才,首先必须解放思想,勇于创新,对事业有强烈的进取心和献身精神,同时也要具有开创新事业的基础知识和能力。此外,还要敢于坚持原则,敢想、敢做、敢为,直陈己见,不怕得罪人,甚至可以“好高骛远”“狂妄”“出风头”“刺头儿”等。

做开拓创新型人才还要培养善于独立思考问题的习惯。善于独立思考的人,有明显的特征:一是能大量吸收、储存、加工各种活生生的信息,同时富于联想,能通过接收到的信息激发起灵感,激起思想火花,沿着思想火花去追踪、捕捉潜在的发展趋势;二是知识面比较宽,能从宏观、微观上综合考虑问题,在宽大的知识领域里寻求解决问题的方案;三是思考问题的角度往往与众不同,常从别人没有想到的新的角度切入,使问题呈现出新的面貌和质变。

要激发发明的精神,必须以“开拓,再开拓”为人生信条,而非“苦干致富”。生活提供了很多的机会,要注意拓宽视野,克服习惯思维障碍,注意捕捉机会,发挥独创力;要雷厉风行,立即行动。理论和常理相通是困难的,但你要打破常理,有把理论贯彻到底的勇气、决心和行动;灵感是发明的特征,是突然降临的东西,它是在不断学习、努力和积累中达到了顶峰,正如充满电时就会放电一样;面对强大的竞争对手,要先发制人和集中优势兵力,要有“不计得失、满怀信心地行动”的信念;遇到困难和挫折要锲而不舍,坚忍不拔,充分准备,持之以恒,努力、再努力,就一定会征服险峰,取得成功,度过有意义的人生。

创新的力量有多强,文明的进步就有多大。从原始社会的钻木取火、石器的利用,到现代的蒸汽机、原子弹、电子计算机……创新伴随着人类文明发展的全过程。创新、创新精神、创新思维紧密相连,是进入信息时代的通行证,也是培养高素质人才的迫切需要。青少年是未来的主人,寄托着明天的厚望,希望广大青少年朋友在了解过去创新成果的同时,还能从他人的道路中得到启发与教益,激发创新欲望,从而自觉行动起来,努力成才。

天津是中国现代化学工业的发源地,先后涌现出了范旭东等一批民族实业家和侯德榜等一批科学家,他们先后创办了“永久黄团体”,即永利碱厂、久大精盐、黄海化学工业研究社。范旭东先生提出的“四大信条”和享誉全球的中国第一号专利“红三角”支撑了渤海化工文化品牌的辉煌。百年化工铸就辉煌,天津化工产业的兴起,为化工职业教育的诞生和发展奠定了坚实的基础。

多年来,天津渤海职业技术学院坚持“立足化工、面向社会、服务经济”的办学宗旨,坚持“市场运作、突出特色、开放办学、校企结合”的教育理念,坚持规模、质量、品牌协调发展战略,始终把发展建设与产业发展同步规划、与产业升级同步实施、与技术进步同步提升,创建了涵盖中职、高职、本科层次教育于一体的渤海职教集团,支撑了集团乃至天津石化产业的人才需求,走出了一条具有行业特色的集团化办学创新之路,为经济和社会的发展培养了一大批优秀技能人才,赢得了“化工企业人才的‘黄埔军校’”的美誉。

6.1.5 对事业的执着精神,劳模精神

习近平总书记始终多次在重要会议、重要场合围绕崇尚劳动、热爱劳动、追逐事业、充分发挥劳模示范引领作用等发表重要讲话,勉励劳模和广大劳动者,礼赞劳动创造,讴歌劳动精神。2016 年,习近平总书记在知识分子、劳动模范、青年代表座谈会上指出,劳动模范是劳动群众的杰出代表,是最美的劳动者。劳动模范身上体现的爱岗敬业、争创一流、艰苦奋斗、勇于创新、淡泊名利、甘于奉献的劳模精神和工匠精神,是伟大时代精神的生动体现。

2020 年 11 月 24 日,习近平总书记在全国劳动模范和先进工作者表彰大会上指出,“劳模精神、劳动精神、工匠精神是以爱国主义为核心的民族精神和以改革创新为核心的时代精神的生动体现,是鼓舞全党全国各族人民风雨无阻、勇敢前进的强大精神动力”。要激励全党全国各族人民弘扬劳模精神,使劳模精神在新时代不断发扬光大。

新中国成立 70 多年来,在劳模精神的引领和鼓舞下,我国工人阶级和广大劳动者在社会主义革命、建设、改革的伟大事业中用勤劳和汗水、智慧和创造,营造了劳动光荣、知识崇高、人才宝贵、创造良好的社会风尚,谱写了气壮山河的壮丽篇章。在新时代,重温劳模精神的丰富内涵,继续大力弘扬劳模精神,必将激励全党全国各族人民鼓足干劲,奋勇拼搏,乘风破浪,开拓进取,为全面建设社会主义现代化国家、实现第二个百年奋斗目标而继续奋斗。

1. 爱岗敬业、争创一流

爱岗敬业重在“爱”和“敬”,“爱”是对岗位和职业的热爱之情,“敬”是对岗位和职业的尊重之心,“热爱”与“尊敬”相互促进,是成就事业重要的推动力,是奋斗路上战胜困难的强大原动力,更是执着于事业追求的必要支撑力。争创一流重在“争”和“一流”,强调的是肯学肯干肯钻研,练就一身真本领,掌握一手好技术,力争做出一流贡献。广大劳动者只有做到爱岗敬业、争创一流,才能成长成才,才能在劳动中成就不一样的事业,锻造不一样的情怀,实现不一样的人生。

新中国成立初期,百废待兴。广大工人阶级和劳动者以坚如磐石的信念、只争朝夕的劲

头、坚忍不拔的毅力，不畏艰难困苦，创造了一个又一个人间奇迹。太行山区农民李顺达带领老西沟的乡亲们在自然条件恶劣、物质条件落后的情况下，肩扛手挑，用锹耙犁锄，夜以继日地战天斗地，变不可能为可能，用难以想象的付出将老西沟这个“谁见也发愁”的穷山沟、苦山沟，变成了农林果牧共同发展的富裕沟、幸福沟。多次受到毛泽东同志接见的鞍钢工人孟泰为恢复生产，带领广大工人建成了著名的“孟泰仓库”，成为新中国企业修旧利废的起点。他还坚持技术攻关，先后解决技术难题十几项，并成功自制大型轧辊，谱写了一曲爱岗敬业、争创一流的赞歌。

改革开放特别是党的十八大以来，广大劳动者用一代又一代的接力拼搏，创造了一个又一个劳动奇迹，用一个又一个动人的故事汇集成全民族的奋斗诗篇。

在这些劳模身上，我们看到了真正的“爱岗敬业”与孜孜不倦的职业追求，看到了真正的“争创一流”与持之以恒勇攀高峰的精神力量。正是一代又一代劳动者、一位又一位劳动模范，用他们对事业的尊重与热爱、坚守与奉献、拼搏与进取，干一行、爱一行、钻一行，在中华人民共和国 70 多年的历史中，在祖国的土地上，种下了一粒粒平凡却坚韧的种子，收获了绚丽的人生篇章，也助力了国家的复兴与时代的进步。

2. 艰苦奋斗、勇于创新

艰苦奋斗是中华民族的优良传统，也是劳模精神的重要内涵，即在劳动实践中，拥有不畏艰难、锐意进取的钢铁意志，展现坚忍不拔、顽强拼搏的精神风貌，保持艰苦朴素、勤劳节俭的生产生活作风。勇于创新是劳模精神的核心要义之一，就是在看待问题上不墨守成规，敢于打破固有思维束缚，积极探索劳动过程中的新规律和新方法，灵活地运用知识和经验，推动劳动技术和工艺的创新创造。伟大见于奋斗，奇迹源于创造，新中国 70 多年发展的里程碑上记录着一大批艰苦奋斗、勇于创新的劳动模范以及他们的伟大事迹。

高喊“有条件要上，没有条件创造条件也要上”的“铁人”王进喜为甩掉中国“贫油落后”的帽子，把北风当电扇、大雪当炒面，用身体当“搅拌机”，用血肉之躯同钢铁和困难搏斗，向人类的生命极限挑战，充分展示了在困难多、条件差、环境恶劣的情况下，劳动者坚如磐石的信念、不畏困苦的斗志、只争朝夕的劲头、坚忍不拔的毅力。正是在这种以苦为乐、不向困难低头精神的带动下，广大劳动者克服了常人无法想象的困难，创造了一个又一个辉煌的业绩。“当代毕昇”王选把“高科技应做到‘顶天立地’”作为一生奋斗的信条，“顶天”即不断追求技术上的新突破，“立地”即把技术加以大量推广、应用，使中国传统出版印刷行业得到彻底改造，“告别铅与火，迎来光与电”。多次当选全国劳动模范的包起帆被称为“改革开放中的中国工人创新先锋”，有着 40 多年港口生产管理工作经验。哪里不安全、哪里效率低、哪里成本高，他和同事们就在哪里动脑筋、想办法、搞创新。小到一个零部件的制造、一个施工方法的改良，大到一个港口系统、一个国际标准的设计，他们都事无巨细、艰苦钻研。据不完全统计，40 多年来，包起帆与同事们共同完成了 130 多项技术创新项目，其中 3 项获得国家发明奖，3 项获得国家科技进步奖，36 项获得巴黎、日内瓦、匹兹堡、布鲁塞尔、纽伦堡等国际发明展览会金奖，授权国家和国际专利达 50 项。

2013 年 4 月，习近平总书记在同全国劳动模范代表座谈时指出：幸福不会从天而降，梦想不会自动成真。实现我们的奋斗目标,开创我们的美好未来,必须紧紧依靠人民、始终为了人民,必须依靠辛勤劳动、诚实劳动、创造性劳动。一批批拥有“看家本领”的高素质劳动者或专业领域的高级知识分子,他们不仅具备艰苦奋斗、吃苦耐劳的优良传统,更善于开拓、勇于创新,用知识技术和创造性劳动推动生产发展和技术进步,也创造了日益美好的生活。

3. 淡泊名利、甘于奉献

无论是在革命战争年代还是在和平建设时期,“淡泊名利、甘于奉献”始终是一代代劳模们的本色和追求。他们不辞辛苦、甘愿付出、不求索取、不为名利,彰显了报效祖国、服务人民的崇高追求和高尚品质。

被誉为“中国的保尔·柯察金”的特等劳动模范吴运铎自参加革命之日起,就把献身党的事业作为毕生追求,刻苦钻研,勤奋工作,以铮铮铁骨书写了兵工发展史上的一段传奇,一颗“把一切献给党”的赤子之心,永远闪耀着灿烂的光辉。“宁肯一人臭,换来万户香”的时传祥用行动诠释了什么是奉献。隐姓埋名30年的黄旭华,为研究核潜艇,将自己的人生“深潜”在了祖国的大海,殚精竭虑、默默奉献。秉持“正直、爱国、为人民做事”信条的水利水电专家张光斗,为中国的江河治理和水资源开发利用栉风沐雨,刻苦钻研,建立了卓越功绩。甘愿辞去“政委”职务从事平凡工作的杨怀远,挑起扁担为旅客服务,这一挑就是38年,热情服务过千千万万名旅客。这些劳动模范们没有惊天动地的豪言壮语,只有敦厚质朴的笑容,他们只问耕耘、不计得失,在超越小我中成就大我,以实际行动诠释了中国人民的伟大创造精神、伟大奋斗精神、伟大团结精神、伟大梦想精神。正如“新时期的铁人”王启民所说:“获得国家勋章、国家荣誉称号的每个人都有共同的特点,就是忠诚、执着、朴实。追求‘短、平、快’,当不了英雄;想着‘名、利、奖’,造不出伟大。”

“爱岗敬业、争创一流,艰苦奋斗、勇于创新,淡泊名利、甘于奉献”的劳模精神是一个有机整体,集中彰显了刻苦勤勉、兢兢业业、敦本务实、埋头苦干的实干精神;持之以恒、孜孜不倦、锲而不舍、牢记使命的坚守精神;淡泊名利、甘于奉献、不图回报、不计得失的无私精神,是中华优秀传统文化、革命文化和社会主义先进文化以及社会主义核心价值观的集中体现。中华民族是勤于劳动、善于创造的民族。正是因为劳动创造,我们拥有了历史的辉煌;也是因为劳动创造,我们拥有了今天的成就。如今,“十四五”壮阔蓝图正在徐徐展开,全面建设社会主义现代化国家新征程即将开启。习近平总书记指出:“立足新发展阶段,贯彻新发展理念,构建新发展格局,推动高质量发展,在危机中育先机,于变局中开新局,必须紧紧依靠工人阶级和广大劳动群众。”劳动模范是民族的精英、人民的楷模,是共和国的功臣。在新的起点上,我们要继续大力弘扬爱岗敬业、争创一流、艰苦奋斗、勇于创新、淡泊名利、甘于奉献的劳模精神,用劳动模范和先进工作者的崇高精神和高尚品格鞭策自己,辛勤劳动、诚实劳动、创造性劳动,努力在全面建设社会主义现代化国家新征程上创造新的时代辉煌,铸就新的历史伟业。

6.1.6 践行初心使命的崇高品格

初心,就是在人生的起点许下的梦想,是一生渴望抵达的目标。不忘初心,人生才会有方向,才会坚定自己的追求,抵达自己的初衷。每一个人对待每一份事业都有自己的初心。

共产党员的初心，就是在党旗下的铮铮誓言，就是融入血脉的全心全意为人民服务的不变宗旨。习近平总书记在党的十九大报告里所说的，共产党人的初心和使命就是为人民谋幸福，为中华民族谋复兴。这个初心和使命是激励中国共产党人不断前进的根本动力。

不忘初心，这既是党的性质宗旨、理想信念、奋斗目标的集中体现，是激励我们党永远坚守和砥砺前行的精神动力，也是中国共产党人在改革创新实践中淬炼党性、保持党性纯洁的修养功夫。这种知行合一的修养功夫，以人民幸福和人类大同为价值追求，以科学地谋取现实利益为行动依据，在人类文明的视野下体现出一种“文理交融”的新型人文精神。这种新型人文精神，强调通过东西方文明交流互鉴化解不同类型文明国家间的冲突和对抗，努力构建“人类命运共同体”，持续推进“一带一路”建设，积极维护现代世界的和平发展，弘扬了一种“包容贵和”的和平发展精神。这种和平发展精神，把初心和使命作为激励中国共产党人不断前进的根本动力，在当代中国改革实践中，进一步把马克思主义的普遍原理与中国实际相结合，实现认识和实践、改造客观世界与改造主观世界的互促共进，彰显了新时代条件下“知行合一”的改革创新精神。

习近平总书记关于“不忘初心、牢记使命”重要论述，既是广大党员在改革创新实践中砥砺心性、保持党性纯洁的修养功夫，也是把握德性与理性、人文与科学辩证关系的哲学智慧，体现的正是一种科学与人文相融通的人文精神。一方面，“不忘初心、牢记使命”重要论述以人民幸福、民族复兴和人类大同为价值追求，以现实的大写的人为根本的价值标准和尺度，体现了对人的价值和人性尊严的维护，对自由平等和个性解放的高扬，彰显了以人为本的人文情怀。习近平总书记强调：“不忘初心、牢记使命，说到底是为什么人、靠什么人的问题。以百姓心为心，与人民同呼吸、共命运、心连心，是党的初心，也是党的恒心。想问题、作决策、办事情都要站在群众的立场上，通过各种途径了解群众的意见和要求、批评和建议，真抓实干解民忧、纾民怨、暖民心，让人民群众获得感、幸福感、安全感更加充实、更有保障、更可持续。”这充分说明，中国共产党人坚持人民主体地位，着力践行以人民为中心的发展思想，人是直接的目的，不是手段；人要以最本真的方式工作和生活，尊重初心的选择。另一方面，“不忘初心、牢记使命”重要论述以改造世界为目的，强调以科学的态度来认识纷繁复杂的客观事物，把握事物发展的规律，为人民谋取现实利益，反对空想和空谈，体现出求真务实的理性姿态。我们党在中国这样一个有着 14 亿人口的大国执政，面对着十分复杂的国内外环境，肩负着繁重的执政使命，始终强调运用理论思维和科学方法，认识国情，把握党和国家事业发展大势，遵循历史发展规律，能动地推进各项工作。习近平总书记指出：“以人民为中心的发展思想，不是一个抽象的、玄奥的概念，不能只停留在口头上、止步于思想环节，而要体现在经济社会发展各个环节。要坚持人民主体地位，顺应人民群众对美好生活的向往，不断实现好、维护好、发展好最广大人民根本利益，做到发展为了人民、发展依靠人民、发展成果由人民共享。”在革命、建设、改革各个历史时期，我们党运用历史唯物主义，系统、具体、历史地分析中国社会运动及其发展规律，在认识世界和改造世界过程中不断把握规律、积极运用规律，推动党和人民事业取得了一个又一个胜利。党的十八大以来，以习近平同志为核心的党中央站在我国改革开放和现代化建设新的历史方位上，以全新的视野深化了对共产党执政规律、社会主义建设规律、人类社会发展规律的认识,推动党和国家事业取得全方位、开创性历史成就,带领人民进入了中国特色社会主义新时代。

不同行业劳动者的初心,就是把党的要求、国家利益、人民需要作为工作的第一考量,坚守勇于奉献、不计名利、忠于职守的精神特质。明确了初心,才能明白自己工作的意义所在,才能站稳立场,把好方向,干出成绩。

不忘初心,就要牢记担当使命。不同行业劳动者的使命担当,就是要在新的形势下,时刻铭记对党忠诚、为国贡献、为民服务的职责,把个人工作和共产党员的神圣使命结合起来,切实增强"四个意识",坚定"四个自信",做到"两个维护"。贯彻落实党的路线、方针、政策,围绕大局,服务中心。适应新形势,引领新常态,与时俱进,开拓创新,不断提高自身工作的科学发展水平。

各行各业的工作者要解放思想,拓宽服务领域,积极服务经济建设、政治建设、文化建设、社会建设和生态文明建设;要关注发展新动态,围绕精准脱贫、乡村振兴等党委、政府重点工作,深入思考谋划,主动做好服务,做到经济社会发展到哪里,工作就延伸到哪里;要坚持依法工作,严格规范各项程序,切实提高依法行政水平;要以改革创新的精神,夯实工作基础;要积极开拓开发利用工作新领域,发挥工作育人作用;要着力推进信息化建设,提升工作上到一个新的发展水平。

6.1.7 提高素质,增强技能本领

1. 大学生的就业形势问题严峻

1)因不能适应社会经济结构变化的需求而不能顺利就业

大学一般是3~4年的学制,学生在选择专业时,肯定是选择比较热门的专业,而经过3~4年的时间,社会经济结构发生了一定的变化,毕业生的专业、知识以及技能等很可能不再适应经济结构变化的要求,而社会对一些新兴行业的人才需求,高校又无法很好地满足,导致人才缺口大,然而大学生就业却不是非常顺利。

2)眼高手低,找不到合适的岗位

大学生经过几年的学习,掌握了一定的知识和专业技能,但是实践水平相对欠缺,常常无法满足用人单位的需求,而大学生由于眼光较高,通常对基层工作、一线工作不太满意,如此眼高手低,自然找不到合适的岗位。

3)无法搞清就业方向与职业定位,跳槽率高

很多大学生在就业时并没有找到与所学专业对口的工作,他们常常无法搞清楚就业方向与职业定位,在毕业时随意找一份工作,然后每隔一段时间跳一次槽,以至于过去了很多年,依然没有找到自己的定位,依然在求职路上。

2. 职业技能培训对大学生就业的影响

开展职业技能培训有利于大学生树立正确的择业观,有利于大学生客观分析自身与岗位特点,找到满意的就业方向,有利于学生更快速地融入社会生活与工作岗位,对大学生就业有着很大的影响力。

1）有利于大学生树立正确的择业观

进行职业技能培训能够促使大学生树立正确的择业观，巩固就业技能，厘清就业意向，培养科学的就业意识。比如，在职业技能培训过程中，学生能够了解到择业并非一件非常简单的事，需要认真对待，需要综合考虑多方因素再做出选择；而择业也并非一件非常复杂的事，只要掌握了岗位所需的技能，具备相应的素质，就能够获得更多的就业机会。

2）有利于大学生客观分析自身与岗位特点，找到满意的就业方向

大学生经过3~4年的知识与技能的学习，具备了一定的岗位所需要的素质，但是并不完善。职业技能培训则是根据大学生的具体情况和岗位需求所定制的岗前培训，能够帮助大学生客观地分析自身与岗位特点，找到满意的就业方向。比如，有的学生眼高手低，在校期间认为自己可以找到一份跨专业的工作。在职业技能培训中，他发现岗位需要经验非常丰富的人才，而自己并没有经验，自己的专业技能还存在着很大的欠缺，因此就会理性地选择就业岗位，从而真正从自身出发，从岗位特点出发，找到满意的就业方向。

3. 如何充分发挥职业技能培训促进学生就业的作用

要想充分发挥职业技能培训对大学生就业的影响，促进大学生更好地就业，学校需要在职业技能培训中强化学生对社会需求的了解，提升学生的认知水平和职业观念，树立全新的培训理念，着眼于学生的生存和发展，为学生制定系统、科学的培训规划，以培训促发展，采用灵活的培训方式，将被动培训转变为主动学习，建立健全职业培训考核机制，以机制保实效。

1）在职业技能培训中强化学生对社会需求的了解，提升学生的认知水平和职业观念

在职业技能培训中，我们应该多强化学生对社会需求的了解。因为学生对社会需求的了解通常来说是比较少的，其认知水平和职业观念都是需要提升的。而学校在这方面具有很多的资源，因此，应该强化学生对社会需求的了解。比如，现如今，社会需要的人才，不仅要具有丰富的专业知识、较强的技能水平，还需要具有终身学习能力，因为时代在不断变化，岗位需求也在不断升级，如果没有终身学习能力，学生就无法真正适应社会需求。因此，增加大学生对社会需求的了解，对于大学生提高职业培训认知水平具有重要的意义，这样才能保证职业培训的观念被大学生认同，才能有效实施职业培训。

2）树立全新的培训理念，着眼于学生的生存和发展

在职业技能培训中，要想发挥培训对学生就业的影响作用，就必须树立全新的培训理念，着眼于学生的生存和发展，改变原有陈旧的观念，将职业培训与大学生个人职业生涯发展战略紧密联系在一起，要着眼于大学生生存和发展，把大学生职业培训工作提到重要议事日程。

3）为学生制定系统、科学的培训规划，以培训促发展

大学期间的学习是比较系统的，也是理论与实践相结合的。但是，如果真正走向工作岗位，还需要更系统的、科学的职业技能培训规划。为此，学校应该根据大学生的专业情况、就业意愿等，为学生制定中长期发展规划和短期目标，制定科学的、合理的职业培训方案。比如，在某一个阶段开展哪方面的培训，要达到何种目的等。对职业培训的内容、方法、时间、师资等，都需要进行合理安排。要对不同的培训对象提出不同的目标，设计不同的培训内容，使这个计划既符合大学生整体发展需要，又满足大学生目前的需要。彻底改变存在的培训盲目性、无规

划、凭经验、赶时髦的做法，真正做到用培训去促进大学生发展，用培训去引导大学生发展。

4）建立健全职业培训考核机制，以机制保实效

为了确保职业技能培训对大学生的就业影响作用的发挥，我们应该建立健全职业培训考核机制，只有制定并健全了考核机制，才能真正调动起学生的兴趣。比如，对达到或者超过培训目标的大学生进行奖励和表彰。表彰的形式可以是奖励基金，也可以是"技术能手""创新能手"等荣誉证书。对培训效果差的大学生则给予通报批评。只有这样才能引起大学生的重视，进而使其全身心投入到培训中。

4. 职业教育、职业技能培训硕果累累

尊重劳动、尊重知识、尊重人才、尊重创造，是我们党治国理政的一项重大方针。"十三五职业教育改革发展"期间，我国职业教育培养了一大批支撑经济社会发展的技术技能型人才。

1）在服务国家战略上

全国职业学校开设了 1 200 余个专业和 10 余万个专业点，基本覆盖了国民经济各个领域，每年培养 1 000 万左右的高素质技术技能人才。在现代制造业、战略性新兴产业和现代服务业等领域，一线新增从业人员 70% 以上为职业院校毕业生，职业教育社会认可度显著提升，国家制定并实施了《制造业人才发展规划指南》，加快培养制造业紧缺人才。

2）在服务区域发展上

实施职业教育东西协作行动计划，推进"东西职业院校协作全覆盖、东西中职招生协作兜底、职业院校全面参与东西劳务协作"三大行动，累计投入帮扶资金设备超过 18 亿元，共建专业点 683 个、实训基地 338 个、分校（教学点）63 个，共同组建职教集团（联盟）99 个，就业技能培训 14 万余人，岗位技能提升培训 16 万余人，创业培训 2.3 万余人。

3）在服务脱贫攻坚上

职业院校 70% 以上的学生都来自农村，千万家庭通过职业教育实现了拥有第一代大学生的梦想。"职教一人，就业一人，脱贫一家"成为阻断贫困代际传递见效最快的方式。"十三五"期间，共创国家级农村职业教育和成人教育示范县 261 个。在促进教育公平上，中职免学费、助学金覆盖率分别已经超过 90% 和 40%，高职奖学金、助学金分别覆盖近 30% 和 25% 以上的学生。用三年时间扩招 300 万人，主要服务"六稳六保"，推动了中国高等教育普及。

只有不断提高受教育者素质，增强技能本领，才可以为社会提供源源不竭的劳动力资源。为更好地适应社会和时代的需求，职业教育要打造全新的课堂模式形态，不断完善"工学结合、校企合作、顶岗实习"等教学模式改革，全面提升学生职业技能素养，让更多具有高素质、高技能的职业教育人才服务于社会需求，提高就业率。

6.2 化工职业精神和化工工匠精神的融合

6.2.1 化工职业精神的培养

EPIP 是工程（Engineering）、实践（Practice）、创新（Innovation）、项目（Project）四个英文单

词首字母的缩写。工程实践创新项目（EPIP）是现代产业转型视野下，探索出的一种教育界与产业界互动，是以实际工程项目为指引，以实践应用为导向，以创新能力培养为目标，以项目实践为统领的教学模式。工程实践创新项目旨在提高学生的综合素质，增强工程实践能力，培养创新精神和创新能力。

EPIP 旨在围绕学生的独立探究和实践制造，培养学生的科学探究能力，强调学生的学习能力，增强团队合作意识，加强动手实践能力，提高解决问题的能力，鼓励学生具备创新型思维，激发学生的创新激情。培养学生的自主学习意识和终身学习意愿，丰富学生的能力结构，形成一个有效解决所有问题的系统。

EPIP 具有“8 度”特点，“8 度”即实践案例的真度，技术应用的深度，创新空间的广度，教学资源的厚度，软硬结合的密度，仿真形式的效度，学习过程的乐度，人才培养的适度。

EPIP 是适应新形势的产物。EPIP 教学模式就是在一个综合的科技环境下进行教学，培养学生解决问题、探索知识和系统思维等方面的能力，这是专业人才必须具备的基本能力。EPIP 是一种团队合作下的探究式学习，提升个人能力、人际交往技能；通过递进式的工程实践创新项目训练，使学生在创造能力、认知能力、分析能力、判断能力等方面形成优势，从而获得复合型、应用型专业人才所具备的知识、能力和经验。这些在一定程度上能够弥补当前学习过程过于关注“硬技能”的不足，有利于“软技能”的发展，也能为跨学科的交流奠定基础，使学生成为未来工程技术人才的“毛坯”，再经过实际工作的锻炼，最终成为技术熟练的人才。

2010 年，天津的吕景泉教授启动了 EPIP 工程实践创新项目。2016 年 3 月，EPIP 工程实践创新项目教育理念的实践平台暨“鲁班工坊”项目，使中国职教走出去，与世界共享。

2016 年 3 月 8 日，天津渤海职业技术学院和泰国大城技术学院合作共建的“鲁班工坊”投入使用，成为我国在海外设立的首家职业教育领域的孔子学院。“鲁班工坊”是由中泰两所学校共同建设的学生现代技术实践训练基地，将天津作为国家现代职业教育改革创新示范区的优秀职业技术和职业文化，采取学历教育与职业培训的方式输出国门，实现了中国先进职业教育理念、中国职业教育最好的装备、中国职业教育最好的资源在泰国落地，搭建起中国职业教育与世界对话和交流的桥梁。此次在大城技术学院设立的“鲁班工坊”，以工程实践创新项目为核心理念和主线，分为仿生机器人学习体验区、电脑鼠走迷宫学习竞赛区、POWERON 创新套件实训区、自动化生产线教学区四个区域。“坊外”还将配备中国职业院校技能大赛主赛区使用的天津产新能源汽车和充电桩等整套服务装备。

“鲁班工坊”作为我国职业教育在国外的一种技术技能服务、技术文化传承的交流合作窗口，以工程实践创新项目为核心理念和主线，由以工程实践创新项目为支撑的硬件平台组成，其建设与发展将直接促进输入国对我国技术技能、企业标准的认知、理解与接纳，使中国工匠精神远播海外，提升了中国企业在国际上的竞争力，服务“一带一路”国家战略以及“中国制造2025”规划重点产业的国际化布局。

6.2.2 化工工匠精神的培养

1. 探索现代学徒制，实现校企共育人

天津市作为现代工业文明的发祥地，工业发达，门类齐全，是中国重要的老工业基地和中国传统与现代融合的产业基地，近代和现代化工产业占有重点地位，久大精盐公司、永利碱厂等曾开中国化学工业之先河，如今化学工业依然是天津乃至环渤海地区的支柱性产业。区域经济的快速发展需要大量的化工技术性人才，这为以化工为特色的渤海职业技术学院提供了机遇和挑战。

为服务化学工业转型升级带来的对高技能型人才需求，深化产教融合、校企合作，进一步完善校企合作育人机制，创新技术技能人才培养模式，培养社会有需要、企业有需求的高级蓝领人才，学院获批了石油化工行业现代学徒制试点项目，开展了现代学徒制教学改革。我们把开展现代学徒制项目作为重中之重，全面启动现代学徒制，为培养具有现代化工职业精神的工匠探索出了一条创新之路。

深入贯彻党的十八大精神，按照现代学徒制的基本内涵和主要特征，即学校和企业双元培养，实施课堂与车间、教师与师傅、学生与学徒、作品与产品“四合一”教学，促进行业、企业参与职业教育人才培养全过程。实现专业设置与产业需求对接，课程内容与职业标准对接，教学过程与生产过程对接，毕业证书与职业资格证书对接，职业教育与终身学习对接，真正实现校企一体化育人，提高人才培养质量。

我们紧抓最关键环节，扎实有效地进行探索和尝试，积极以“招生即招工、入校即入厂、校企联合培养”的现代学徒制为指引，努力闯出现代学徒制的新路径。

坚持以学徒为核心，对接就业岗位，实施教学模式与方法改革。以组建“德凯”校企学徒制试点班作为项目，在二年级学生中进行选拔，通过层层筛选和考核，确定了 37 名学员组成试点班。“德凯”试点班采取第二课堂教学形式，组织了三大模块的教学课程。

校企共同制订科学完备的人才培养方案，实现了渤化职教中—高—本—留人才培养“立交桥”。学生技能水平不断提升，在近年来参加的各级各类职业技能竞赛中频频取得优异成绩，学生创新创业能力不断增强，就业率不断提升，连续 5 年学生就业率在 95% 以上，专业对口率、就业稳定率、起薪水平逐步提升，涌现了一批又一批的优秀毕业生。

天津渤海职业技术学院能源化工系石油化工生产技术专业的梁永昌，毕业后进入天津德凯化工股份有限公司制造部，主要负责染料喷雾干燥塔的仪表控制并担任班长，有了在学校学习中积累的深厚的学科理论知识，兼具一定的实践经验，同时在日常工作中善于总结，把自己学到的专业知识运用到实际工作中，在一期喷雾干燥塔试车工作期间，负责喷雾系统中需要计算整个系统热量的损失和物料干燥时的热交换。梁永昌接到任务后，立即投入到紧张而繁杂的物料衡算和热量衡算之中，很快就拿出了可行性强的方案措施和计算准确的测算结果。在后处理喷雾干燥塔工作期间，他提出了很多有关喷雾干燥塔的改进措施，在实际生产中取得了很好的效果，提高了生产效率，降低了能源消耗。其论文《喷雾干燥塔尾气回收技术的浅析》荣获天津市化工协会颁发的科技研究成果奖二等奖。2013 年，梁永昌获得集团级“青年突击手”荣誉称号，成为难得的青年骨干，先后被评选为厂级、公司级优秀共产党员。正是学校理论与实践兼备的教学模式，使学生在课堂学到的理论知识同在生产训练中学到的操作知识相融合，在思想与理念上与企业快速接轨，促进了工作能力的快速提升。

2. 现代学徒制人才培养模式，培养大国工匠

传统工匠技艺的传承主要靠学徒制，师傅“手把手”“一对一”地将技艺传授给徒弟，师傅在传授技艺的同时更重要的是将职业精神传承给下一代。所谓职业精神也就是工匠对自己的产品精雕细琢、精益求精的精神理念。工匠精神便这样进行了历史传承。

现代学徒制是将传统学徒制培养与现代职业教育相结合，学校与企业联合招生招工，被录用的学生同时具有学校学生和企业学徒的双重身份，校企联合共同培养行业、企业需要的高素质技能型人才。

现今社会迫切呼吁工匠精神的回归，我国从制造大国转向制造强国，需要培养大批具有工匠精神的高级技术技能人才，技术技能人才的培养正是职业院校的办学宗旨，因此，工匠精神的培育有赖于职业教育，而职业教育中推行的基于校企合作的现代学徒制教学模式，也为工匠精神的培育提供了体制基础，这就要求职业院校在推行现代学徒制教学模式过程中必须融入工匠精神的内涵建设。

天津渤海职业技术学院紧抓关键环节，扎实有效进行探索和尝试，积极开展“招生即招工、入校即入厂、校企联合培养”的现代学徒制，闯出了现代学徒制的新路径。

在现代学徒制培养模式下坚持对接就业岗位，实施教学模式与方法改革。校企深度合作，双师紧密合作，对接目标岗位，构建企业特色课程体系，制定基础技能模块、专项技能模块与素质能力模块三大模块化课程，构建分级制职业技能考核体系。2015 年 9 月，天津渤海职业技术学院组织学生自愿报名，进行面试、笔试，经过层层严格考核选拔，确定了 37 名学员组建德凯试点班。

天津德凯化工股份有限公司是一家坐落在天津滨海新区的企业，2015 年与天津渤海职业技术学院共建校企合作，校企共同承担学生学徒制全程管理，企业方面委派兼职人员与学院教师配合，密切关注学生的学习和生活。企业全程参与教学，委派技术人员担任兼职教师，指派师傅担任学生的导师，在教学过程中创新了“学生、学徒、员工三位一体，工学交替”的人才培养模式，建立了校企互通的课程体系。为确保与企业间的深度融合，学校与企业签订了“现代学徒制校企合作培养协议书”，聘请企业技术顾问、企业导师作为学生的师傅，探索与实践基于“双元育人、双师携手”的现代学徒制人才培养模式，培养“本企化”的技术技能人才。学生走进企业走上岗位真刀真枪训练，使学生的实际操作技能得到了极大的提升，使学生对理论知识有了更加直观与深入的认识，德凯试点班真正将理论与实际相结合的高职教育理念落到实处，培养了一批学生骨干，使更多的学生顺利通过职业资格鉴定考试，遴选出的优秀选手在全国“石油与化工行业化工生产技术学生大赛”中取得了优异成绩。

学校在现代学徒制模式下不断完善集团化办学体制机制，持续推进集团基层合作载体、专业共享课程资源与教学评价标准等建设，大力实施现代学徒制人才培养模式改革，争取今后对促进职业教育改革发展发挥更大的作用，培养更多的大国工匠。

6.2.3 化工职业精神与工匠精神融合的培养

2016 年 3 月 5 日,李克强总理在政府工作报告中提出,鼓励企业开展个性化定制、柔性化生产,培育精益求精的工匠精神,增品种、提品质、创品牌。自此,“工匠精神”一词渐入大众视野。

所谓工匠精神就是指工匠对自己的产品精益求精、精雕细琢,追求极致和完美的一种精神理念。工匠精神的主要内涵体现在以下方面。一是耐心,专注,坚持,不断提升产品和服务质量,在专业领域上不断追求进步。二是精益求精,注重细节,追求完美和极致,孜孜不倦,不惜花费时间和精力。三是严谨,一丝不苟,不投机取巧,必须确保每个产品的质量,不达要求绝不轻易放弃。四是敬业,专业,淡泊名利,用心做好一件事,打造最优质的产品。

工匠精神对高职院校学生有着潜移默化的影响,能够不同程度地影响大学生的三观,同时对大学生的品质、道德修养以及人格修养都有提高的作用。工匠精神在创业起步阶段能够起到培育、促进、凝聚和提高的作用。在推崇创新人才的年代,高职院校更应该注重专才,更应强调工匠精神,将工匠精神完全融入高职创新创业教育。

1. 创客的内涵及核心素养

在化工职业精神与工匠精神的融合培养方面,有一种教育模式不得不谈,就是创客教育。

创客本指勇于创新,努力将自己的创意变为现实的人。在中国,创客与“大众创业,万众创新”联系在了一起,特指具有创新理念、自主创业的人。作为热衷于创意、设计、制造的个人设计制造群体,创客最有意愿、活力、热情和能力在创新 2.0 时代为自己,同时也为全人类创建一种更美好的生活。创客运动最重要的标志是掌握自生产工具,他们坚守创新、持续实践、乐于分享,体现了一种积极向上的生活态度,同时有一种通过行动和实践去发现问题和需求,并努力找到解决方案的含义。

狭义的创客教育,是创客文化与教育的结合,基于学生兴趣,以项目学习的方式,使用数字化工具,倡导造物,鼓励分享,培养跨学科解决问题的能力、团队协作能力和创新能力的一种素质教育。广义的创客教育通过鼓励学生进行创造,在创造过程中有效地使用数字化工具,培养学生动手实践的能力,让学生在发现问题、探索问题、解决问题中将自己的想法作品化,并具备独立的创造思维与解决问题的综合能力的一种教育方式。

2014 年 3 月,“核心素养”一词首次出现在教育部发布的《关于全面深化课程改革 落实立德树人根本任务的意见》中,被置于深化课程改革、落实立德树人目标的基础地位,成为新一轮课程改革的方向。

2015 年 9 月,教育部发布《关于“十三五”期间全面深入推进教育信息化工作的指导意见(征求意见稿)》,其中提到了要“探索 STEAM 教育、创客教育等新教育模式,使学生具有较强的信息意识与创新意识,养成数字化学习习惯”。

2016 年 9 月,在教育部的委托下,北京师范大学发布了《中国学生发展核心素养》研究成果。中国学生发展核心素养以科学性、时代性和民族性为基本原则,以培养“全面发展的人”为核心,分为文化基础、自主发展、社会参与三个方面,综合表现为人文底蕴、科学精神、学会学习、健康生活、责任担当、实践创新六大素养，具体细化为人文积淀、理性思维、国家认同等18个基本要点。

如何在创客教育中落实核心素养？

我们首先了解一下创客教育核心素养的内涵。创客教育核心素养，以创新性、科学性、实践性为基本原则，分为创客精神、创客能力、创客价值三个维度，综合表现为创新精神、工匠精神、团队精神、创新思维、默会知识、设计制造、优化迭代、自我价值、应用价值、产业价值十项指标。其中，创客精神主要是指创新精神、工匠精神和团队精神。创新精神具体表现为培养学生运用已有的知识、信息、技能和方法提出新方法、新观点的思维能力，不墨守成规，具备进行发明创造、改革、革新的意志、信心、勇气和直面困难的智慧。工匠精神特指创造者所具有的“精益创造、雕琢不辍，力求尽善尽美、享受细节升华”的人格品质。这种品质是作为一名创客所必备的一种精神内涵。在创客教育课程中，应鼓励学生“积极发现问题、充分感知细节、勇于尝试变化、执着追求成果、精细应用工具、专注静心打磨”。

创客教育的学习过程，需要综合各学科的核心知识，形成默会知识，能利用默会知识进行立体思考形成创新思维，并用于设计制造且不断对产品进行改进、优化、升级、迭代。在这样的过程中，学生在学习及以后的生活中，学会学习，从而保有一种有价值、有尊严的健康生活。创客教育重在实践创新，并通过工匠精神承载责任担当。

2. 将工匠精神融入育人体系

把工匠精神融入到创新创业教育中去可以帮助高职大学生提高品质、道德修养以及人格修养，在学生创新创业起步阶段起到培育、促进、凝聚和提高的作用。在推崇创新人才的年代，注重专才也显得尤为重要。高职院校可以从校园文化建设、课堂实训、校外实训、制度建设、众创空间建设等方面把工匠精神融入到教育中去。

1）在校园文化建设中营造工匠精神的氛围

要想把工匠精神融入到创新创业教育中，就必须重视精神文化建设。高职院校要充分发挥校园文化的陶冶塑造功能，也要重点优化校园氛围，构造有浓厚工匠精神的氛围，如把工匠精神加入到院训、系训中，在教学楼楼道悬挂工匠画像和事迹，在校园内摆放工匠的雕像。高职院校应把工匠精神深深植根于每个学生心中，定期举办工匠大讲堂讲座、工匠精神教育论坛等；邀请国内知名劳模、技能好手、企业一线工匠高手和杰出毕业校友，围绕技能、工匠重要热点课题与师生进行深入交流、探讨；每年召开“杰出工匠”校友评选活动，建设工匠育人基地，在基地内宣传国内知名工匠和“杰出工匠”校友的工匠案例，形成浓郁的工匠精神氛围。

2）在课堂、实训中培养工匠精神的理念

高职院校要在课堂、实训中构建培养学生耐心、精益求精的各种实践载体，充分发挥校内课堂、实训基地的作用，在课堂上讲述各种工匠成才案例，树立学生精益求精的工匠精神，在课下让一部分学生参与教师的科研项目，让学生动手操作设备，了解最新的科研方法，培养学生动手能力和创新思维。根据企业对员工的综合素质、知识结构、动手能力的要求，对教学课程进行改革，建立符合高技能人才的培养体系。定期派教师到企业轮岗，到企业生产一线参与生产，学习最新的生产技术，认识最新的生产设备，学习操作规程，学习企业的生产文化，了解企业生产场景。建立劳模工作室、大学生众创空间、创业基地、创业中心，引导和帮助学生开展创新创业实践。为大学生实践技能训练和实战演练提供强大平台。

举办大学生“挑战杯”、科技发明竞赛、创新创业大赛与手工制作大赛，让学生在比赛中获得间接经验（如技能必备条件、耐心、细心、专业储备等）。锻炼学生的动脑思考能力、交流沟通能力、动手操作能力等。高职院校具有培养技能操作型人才的特点，可以定期举办职业技能大赛，围绕各个专业的学生组织竞技比武，让学生在设备上赛技能、赛风格，增强学生的技术意识和精品理念，选拔一批技能高超、技术精湛的学生，给学生提供技能展示平台，对优秀学生给予表彰奖励，给其他学生树立榜样。

开展假期实践育人活动，让学生深入企业、厂房与工人开展面对面交流，学习工匠的优秀品质和崇高精神，提高自身的综合素质。鼓励和支持大学生尽早参与社会实践、技能训练、技术开发等创新活动。在日常实验实训教学中，要及时发现、选拔有技能潜质的学生。在高职院校的毕业论文环节，变写论文为做出一个产品或作品作为毕业条件。将毕业论文答辩变成产品展示，使学生的毕业设计真正具有创新性和实践性。

3）在实习中树立工匠精神的品质

工匠精神的树立应坚持以人为本、统筹协调、内涵发展和推陈出新的原则。每年国内的毕业生人数都在增加，就业压力越来越大，大学生毕业即失业将成为常态化，高职学生本来就没有本科生的学历高，如何在企业中立足，这就需要毕业生树立严谨、敬业的工匠精神，提高自身的综合素质。高职院校的学生一般都有半年的顶岗实习阶段，在实习阶段就要树立良好的工匠精神品质。高职院校要与校外知名企业、公司建设一批产品开发、生产、营销、服务实习实训基地，让学生熟悉岗位技能、熟悉工作环境，毕业能尽快融入到工作中去。

学校应加强学生在实习阶段各方面能力的培养。首先是爱岗敬业的职业道德。高职类毕业生进入工作岗位，一般都是一线操作工人，工作强度大，环境差，这个时候学生就要学会吃苦耐劳，踏踏实实工作，在平凡的岗位上，创造不平凡的业绩。其次是专业的知识和技能的培养，岗位上需求的技能和知识学校里不一定都有，在实习阶段，高职学生就要沉下心来跟着师傅学习，掌握本领，尽快胜任工作岗位。最后是培养综合能力，在企业、社会上要学会沟通交流，学会为人处世，正派做人。

4）在制度上保障工匠精神的推广

工匠精神的有效推广及传播必须依赖于制度文化建设。高职院校必须完善规章制度，才能在校园内弘扬工匠精神。从制度上鼓励师生参加创新创业比赛和技能大赛，对获得证书的师生给予奖励，优先晋升职称和评选奖助学金。鼓励学生发明创造，对学生申请国家专利的费用，学校全部报销，并可以抵消创新创业学分。

定期组织年轻教师去企业实践、参加技能培训班学习并取得相应的资格证书，加强“双师型”师资队伍的建设。对“双师型”教师从职称评定、教学业绩和科研业绩等各方面加强导向影响，形成全校良好的推崇氛围。

5）高职院校众创空间工作融入工匠精神

将工匠精神融入众创空间建设上，将学生入驻众创空间，评优评先与职业综合素养考核挂钩。以“蓝领人才”创建为抓手,激励学生参与企业技术服务、新产品研发、扶贫助农等社会实践,争做践行工匠精神的先锋模范。树立学生的职业理想,学生就有了职业奋斗的方向,就会产生动力。

总之,工匠精神和创新创业教育是相互依存、紧密相关的系统工程,要想把工匠精神融入到创新创业教育中,需要从影响力、执行力和感召力三方面着手,需要学校多部门协同合作,给予相关资金和政策支持,采取有效措施,这样才能更好地树立和推广工匠精神。培养学生的工匠精神,是现代高职创新创业教学改革的重点,也是社会发展的需要。

4. 化工高技能人才的“黄埔军校”

化工企业是我国的基础产业、支柱产业,而化工行业存在工艺复杂,高温高压,物料有毒有害、易燃易爆、易腐蚀等特点,安全环保压力巨大。因此“建设知识型、技能型、创新型劳动者大军,弘扬劳模精神和工匠精神,营造劳动光荣的社会风尚和精益求精的敬业风气”对化工企业生产尤为重要。

作为培养化学化工专业人才的摇篮,天津渤海职业技术学院依托行业办学背景,与天津渤海化工集团有限责任公司下属各企业合作,形成了全方位育人体系。学院是工匠精神的创造者,始终将培养素质高、技术硬的技能型人才作为根本目标,加强德育教育建设,把德育活动和思想政治课程作为工匠精神的载体,将工匠精神作为思想政治课程的首要内容,积极承办职业技能大赛和创新创业大赛,鼓励老师和学生积极参加,让“匠人”成为大家学习的榜样,始终加强“双师型”教师队伍建设,积极策划邀请劳动模范、技术大咖,举办“技大讲坛”“大国工匠”等讲座,重拾学生的自信和自我认同感,让大国工匠成为学生崇拜的偶像和追求的目标。

天津渤海职业技术学院有着60多年的办学历史,是天津唯一一所化工高职学院,继承着化工先驱的优良文化传统,承载着现代化工企业技术工人的培养重任,秉承将化工职业精神和工匠精神深度融合的教育理念,为经济和社会的发展培养了大批优秀技能人才,赢得了“化工企业人才的‘黄埔军校’”的美誉。

多年来,天津渤海职业技术学院坚持“立足化工、面向社会、服务经济”的办学宗旨,办学规模逐步扩大,办学实力稳步增强,实现了“校园绿色生态、服务辐射明显、专业产业融合、师资团队一流、校企合作发展”的发展目标,走出了一条具有化工特色的职业教育集团化办学创新之路。学院先后被评为石油和化工行业高技能人才培养突出贡献单位、“十一五”天津市职业教育先进单位、天津市“五一劳动奖状”先进单位,连续多年荣获“天津市文明学校”称号,被确定为首批天津市高职示范校建设单位和国内一流化工实训基地建设单位,被首批命名为“全国石油与化工行业职业教育与培训全国示范性实训基地”,被教育部和天津市政府命名为滨海新区技能型紧缺人才培养基地。同时,学院是全国职工教育培训示范点,是中国企业培训示范基地,是中国化工教育协会副会长单位,是全国石油化工职业教育教学指导委员会主要成员单位,并荣获中国化学工业思想政治工作先进单位、中国石油和化学工业文化建设示范单位。

学院技能大赛叫响全国。自2006年开始,学院承办天津市、国际级各类技能大赛:天津市工业系统职工分析工技能大赛、“渤化杯”全国石油与化工职业院校学生化学检验工技能大赛、全国职业院校高职组水环境监测与治理技术赛等。学院荣获五次全国化工总控工技能大赛团体一等奖，荣获八次全国化学检验工技能大赛团体一等奖，荣获四次全国环保类专业环境监测技能大赛团体一等奖，荣获两次全国化工仪表自动化技能大赛团体一等奖，荣获一次全国职业院校技能大赛化工生产技术赛项团体一等奖。

2016 年 3 月 8 日，由渤海职院在泰国大城技术学院建立的“鲁班工坊”正式挂牌成立，这是我国在海外设立的首个职业教育领域的“孔子学院”。它的成立标志着天津作为国家现代职业教育改革创新示范区，围绕国家“一带一路”倡议，配合中国装备“走出去”和国际产能合作，正式启动把自己的优秀职业教育成果输出国门，与世界分享计划实施，并搭建起天津职业教育与世界对话、交流的实体桥梁。

多年来，学院为经济和社会发展输送了大批化工人才。在化工、环保、医药等大项目的建设中，到处都有渤海学子的足迹和身影，他们由“入门小匠”成为进修工匠，工匠精神融入他们的血液，在今后职业生涯中，不断提高和进步，终将成为大国工匠！

6.3 匠心筑梦，实现自我价值

6.3.1 严守安全与环保红线，筑牢发展之根

1. 化工生产的安全与环保危险

作为我国国民经济的核心，化工产业为我国经济发展提供了充足的能源，满足了消费的需求，在推动生产力发展和提高社会生活水平方面体现出了极其重要的意义。然而我们也应该清楚，化工企业具有很强的危险性，一旦有安全事故发生，给社会经济发展带来的经济损失是无法估量的，并且还会对环境造成无法消除的损害，所以在追求化工企业快速发展的同时，化工安全与环保工作如何实现也是目前企业与部门不断深入研究的问题。

化工产品一般具有强腐蚀性、毒性、高危险性以及易燃易爆等特点。化工行业的原材料一般危险性较大，导致其在生产、原料运输以及储存建设过程之中均面临着更多的状况。此外，由于化学反应对反应条件的要求较为苛刻，部分反应需要在一定的温度、压强下才能进行，甚至有些需要超低温以及真空环境，化工行业的生产规模通常情况下都非常大，现阶段我国的化工企业大多朝着大规模的自动化生产发展。随着计算机的广泛应用、科学技术的不断更新，化工行业的生产方式方法也在发生着深刻而全面的变革，从以前的传统手工操作渐渐发展为半自动化甚至全自动化的生产模式。

化工行业的发展给我们的环境带来了一些污染问题，这些污染会给生态系统造成直接的破坏和影响，例如沙漠化、森林破坏等，而且这些间接的环境污染甚至会比直接污染的危害更大。同时，这种环境污染在某种程度上也具备一定的滞后性，就是当污染发生的时候，人们往往没有意识到它的严重性，但是当这一类问题发展到比较严峻的地步时，就会影响到人们的生活质量。例如雾霾，当雾霾出现的时候，人们的发病率会呈现出一种上升的趋势，又或者是水污染，等等。

2. 化工生产的安全与环保对策

1)确定指导思想

对于一个化工企业来说,安全生产是最重要的基础保障,只有做好安全工作才能使整个化工生产顺利进行。员工应该在工作过程中树立预防和控制生产现场质量的理念。首先,员工必须足够了解化学生产各个过程的难易程度,这样即使生产过程有无法避免的安全隐患,也可以通过科学知识进行最小化。在这个过程中,预防工作就显得尤为重要。企业要在保证生产质量满足要求的前提下减少生产对环境的污染程度,要从上到下明确分层,详细部署管理人员全权负责管理生产现场,要认真监督现场的每一个施工操作人员,规范他们的行为。另外,工作人员在具体工作中必须落实安全措施,要做好提前搜集信息数据等准备工作,对过去发生的安全事故的原因进行分析,为今后的预防工作打下良好的基础,并据此制定相应的制度。

2)建立完善的管理体系

在进行生产技术管理时,企业领导应综合考虑各项实际情况,这样可以确保制定出的管理体系能够适应实际情况,管理体系得以最大程度发挥自身作用,这样企业也能够安全生产。依据相关法律法规进行管理,一方面可以使企业的制度愈加完善,另一方面,使人员管理更加成熟。针对化工企业的安全生产没有明确的法律法规,因此很多企业的安全管理工作都未能取得很卓越的成就,管理体系有很大缺陷,因此无法完成预期的管理目标。所以,化工企业要想显著提高技术管理的效率就必须建立完善的管理体系,加强员工的安全意识。

3)加强对工作人员的培训

很多化工企业的安全事故都是由人员的主观因素引起的,因而对生产人员进行安全意识培训是十分有必要的。安全教育的目的是要生产人员学习安全知识,牢固树立安全意识,更要有能力将所学知识应用于实践,将其转化为实用技能。安全教育工作比较复杂,要从安全知识、安全态度等诸多方面下手,其中安全知识传授是最重要的一个环节,主要目的是给生产人员普及安全生产知识,指导生产人员操作,对生产人员存在的操作问题,及时予以纠正。安全态度同样直接决定了安全培训的成败。态度指导实践,要想减少违法违规操作的出现,端正的工作态度是必不可少的。所以,企业领导者应建立健全评估体系,并根据生产人员的工作条件进行全面评估,从而形成更加规范的运作流程。

4)重视生产工艺的规范化

化工企业应重视生产的规范化操作。部分企业仍旧采用传统的生产方式和生产设备,而这些生产方式或生产设备中存在着一些缺陷,无法保障员工的生命安全。因此,在实际生产的时候,企业管理者应该高度重视可持续发展的工艺标准,尽量选择一些符合当前发展需求的工艺流程,这样才能提高企业生产的安全率。

5)积极引入高新技术,转换生产方式

化工企业中生产工艺和观念落后,才是环境污染和安全问题频发的主要原因。在生产过程中,如果出现技术上的问题,就会导致出现大量的废弃物,同时也会增加运输成本与处理成本。因此,积极引进高科技,提高整体生产效率,是化工企业得以发展的必经之路。企业选择采用清洁的生产方式,从点到面地进行相应的推广,这样才能达到改善生产工艺的目的。从技术上出发,利用能源净化、环保净化等一系列关键技术,以此来促进产业的升级和改造。此外,企业也要同当地政府、居民保持紧密合作,及时更新排污设备,确保在实际生产中能够满足环保的基本要求。

总而言之,要想实现化工产业的可持续发展,就需要从制度、技术等方面出发,积极吸收先进的技术管理经验,构建科学的设计控制系统,降低事故的发生概率。同时,环境保护也是化工行业应该重视的问题。为了人们的健康,化工产业相关人员应认真协调好经济同环境之间的关系,守好安全与环保红线,筑牢发展之根,达到最终互惠共赢的目的。

6.3.2 坚持技术创新,激活发展之源

我国经济快速发展,科学技术水平迅猛提升,这在一定程度上有效促进了我国化工产业的快速发展。现阶段,化工产业已经成为我国经济的支撑性产业,化工产业发展的同时带动了我国经济增长,加快了我国国民经济增长速度,有效提升了人们的生活质量。随着自动化行业的快速发展,我国对化工技术创新研究力度在不断加大。随着我国科学技术水平的快速提升,我国在化工研究方面取得了许多优异的成绩。

1. 绿色化工技术的重要性

绿色化工是以可持续发展观为基础的新型化工理念,也是未来我国化工业的发展趋势。把绿色化工技术运用到化工中,可以显著地减少化工所需成本,进而增加工程的经济效益。

目前,绿色化工理念及技术不断推广,更加广泛地运用在了化工中。绿色化工技术的作用主要有以下几点:其一,可以在保证化工质量满足化工标准的情况下减少化工的成本并且提高其利用率,绿色化工技术的运用可以有效减少化工物对周围生态环境和其本身的影响,解决了资源占用的问题。其二,可以有效降低对环境的污染,对生态环境起到了保护作用。在化工过程中,通过绿色化工技术的运用,可以有效解决传统化工过程中材料以及能源的浪费造成的环境污染、水污染,以及化工设备在运行过程中产生的噪声污染等,对化工行业的可持续发展有着重要作用,因此,在化工过程中,绿色化工技术的运用可以有效解决以往的化工生产中出现的环境破坏、资源利用率不足等问题,起到了对环境的保护作用。而将绿色化工技术普及化可以更好地促进其发展和创新,进而实现化工业的可持续发展,这也是未来化工业的主要发展方向。

2. 绿色化工技术的特点

1)最大限度地利用无污染能源资源

传统化学化工生产主要采用的是粗放型化学化工方式,在化学化工生产过程中,会给生态环境带来极大的威胁。在化学化工生产过程中贯穿绿色发展概念,能够克服传统方法的局限,减少能源资源的浪费,提高资源的利用效率。在选用能源资源时,尽量选用无污染的能源资源,最大限度地利用生产材料,有效地发挥产品材料的价值,以便更好地保护生态环境,节约能源,促进经济社会的进一步发展。

2)明确保障化学产品的环保性

绿色化工能够对生产材料的结构进行新的重组以及改造,同时也能够及时修复材料中的

有毒和有害物质,从而改变传统化学化工生产模式,更好地保护生态环境。充分利用无害的绿色清洁能源,提高能源的使用效率,能够更好地完成绿色化工的无毒无公害生产,减少对生态环境的影响,促使经济可持续发展,保证所生产的化学产品的环保性更强。

3)能够减少对外界环境的破坏以及废物的排放

传统化学化工生产过程中,会排放出大量的废气、废水,给生态环境带来极大的危害,给人们的生命健康带来极大的威胁。为了能够更好地保护生态环境,减少有害物质对生态环境的影响,便需要促进绿色化工产业的进一步发展。绿色化工产生化学反应的首要前提便是能够对相关物质的结构进行重组以及改造,从而有效减少或者消除生产材料中所存在的有害成分,让重新组合后的化学物质结构能够在反应过程中保存生产材料自身的主要特征,同时不会对外界环境带来极大的破坏以及污染,从而更好地保护人们的生命健康。

3.绿色化工技术的应用策略

1)清洁生产技术的应用

清洁技术在工业生产过程中的冶金和海水淡化领域最为常见。大量实践证明,这一技术没有任何毒害,不会产生任何污染物。清洁技术能够将废弃物、污染物的影响控制在合理范围内。具体而言,在海水淡化的生产过程中,使用了清洁技术,主要采用的是清洁和具有可行性的化学方式,海水就作为了原材料,那么淡水就成为最终的产物。从整个环节可以看出,从始至终使用的清洁技术并没有对海洋环境造成污染。

2)生物技术的应用

生物技术就是在化工工程的工艺中,将生物化工和化学进行有机的结合,这个过程的主角是微生物和细胞,将可再生的资源进行转化,从而完成化学产品的从无到有。比如,酶在生态环境中广泛存在,酶在化工工程的生产过程中并没有污染物排放现象,并且它的反应条件相对来说是十分温和的。在旧有的化工生产过程中,动植物内部的原料作为生产的有机原料,这样就可以方便后期在自然环境下应用一次性能源,比如石油或者是煤炭。通过与绿色化工技术有机结合,技术人员可以在丙烯胺的生长环境,这样生物酶就会被作为催化剂,就可以减少能源浪费,并且不会污染环境。

3)对环境友好环保的产品生产

人类对自然的过度索取,造成环境污染和生态破坏的情况逐渐恶化。各个行业都对其产品的环保提出了新的要求。因为环境友好型产品的研发和使用,不仅可以减少生态破坏和环境恶化,而且还可以对化工工程的生产进行合理的改进,从源头上对污染进行有效的控制。基于此,绿色化工技术人员应该从具体的实践出发,提高其作用于社会而产生的社会效益和经济效益。通过对传统一次能源汽油的分析,在其燃烧的过程中会产生大量的尾气,这就会对环境造成了严重的影响,不仅如此,如果人呼吸到污染的空气也会对人的健康造成不良的影响。这是因为在汽油产品内部含有氟利昂的物质,这种物质对臭氧层具有严重的威胁,为人们的生活和社会的发展进步埋下安全隐患。基于此,绿色化工技术人员可以研发新型的产品来代替造成过度污染的汽油,就是我们所说的环保型的汽油和其他的新型燃料作用在化工工程的生产的过程中。酒精的生产,目前生产原料主要是甘蔗,通过便于提取的新型乙醇汽油来替换现在污染较大的汽油,并获得了广泛的应用。

在新时代下,越来越多的人环保意识不断增强,对新型燃料和清洁产品的需求也不断增长,所以一些化工公司和一些涉及社会生活的企业将更多的产品转向与环保相结合的道路,在现实生活中得到了很好的解决,不论对环境来说还是对社会效益来说都有着积极的作用。

6.3.3 勇担社会责任,践行企业精神

新时代的青年学生必须坚守初心、勇担使命、巩固和发展爱国统一战线,深入学习和贯彻习近平新时代中国特色社会主义思想,凝聚全党全国各族人民的思想共识与智慧力量,共同建设新时代中国特色社会主义,推进实现中华民族伟大复兴的梦想,全心全意为中国人民谋幸福、为中华民族谋复兴。

1. 企业精神的内涵

企业精神是指企业的精神状态、思想境界、工作作风、意志风气、道德风尚和理想追求,是企业文化的灵魂。

企业精神主要包括五方面内容:①企业群体的信念;②对社会、国家、民族做出贡献的理想追求;③由企业优良传统、时代精神、中国精神和企业个性融合的共同信念、作风和行为准则;④员工对本企业的特质、情感、意志、意识、形象、风气和道德的认识和认同;⑤员工对本企业的发展、命运和未来抱有的理想和希望。

企业精神具有七个特征:①企业精神是现代意识与企业个性相结合的一种群体意识;②企业精神反映企业的特质;③企业精神通过意识支配行为,通过潜意识产生行为;④企业精神是全体员工共同拥有、普遍掌握的理念;⑤企业精神是稳定性和动态性的统一;⑥企业精神具有独创性和创新性;⑦企业精神具有时代性。

2. 企业精神的表达

1)中国精神

中国精神是社会主义核心价值体系的精髓,以社会主义核心价值观为核心内涵,体现了社会主义荣辱观。中国精神贯穿于中华民族五千年历史、积蕴于近现代中华民族复兴历程,特别是在中国的快速崛起中迸发出来的具有很强的民族集聚、动员与感召效应的精神及其气象,是中国文化软实力的重要显示。中国精神是高瞻远瞩、坚持不懈的历史主动性,是众志成城、共克时艰的强大凝聚力,是迎难而上、自强不息的英雄气概,是把握未来、锐意进取的坚定意志,是豁达开放、担当责任的宽广胸襟。

2)时代精神

时代精神是时代发展的产物,是人类文明在每一个时代的精神体现。以爱国主义为核心的民族精神和以改革创新为核心的时代精神交相辉映,为伟大的中国精神注入了崭新的时代元素。中国共产党在带领广大人民进行革命、建设、改革的奋斗历程中,培育形成了一系列彰显和反映民族精神、体现时代要求、凝聚各方力量的“精神”,大大丰富和发展了中国精神,如五四运动精神、井冈山精神、长征精神、延安精神、抗战精神、西柏坡精神等。

3）英雄人物精神

英雄人物往往体现着一种精神，如：雷锋精神、铁人精神、焦裕禄精神、时传祥精神。

4）关键事件精神

关键事件，常常体现着一种精神，如：北大荒精神、红旗渠精神、大庆精神、两弹一星精神、抗洪精神、抗震救灾精神、深圳特区精神、载人航天精神。这些精神，熠熠生辉！

3. 青年人牢记初心使命勇担责任的途径

1）深思悟透坚守初心，用理想信念筑牢发展根基

中国共产党从民主革命救国救民到社会主义改造利国利民，到20世纪改革开放后的强国富民，再到中国特色社会主义新时代，这个光辉历程就是“不忘初心、牢记使命”的最好见证。对此，新时代青年人应当以“全心全意为人民服务”为旗帜，增强四个意识，坚定四个自信，做到两个维护，对四大考验和四种危险保持清醒的认识，将初心使命真正落实到实现中国梦的具体行动之中。

2）实干争先勇担使命

每一代人都肩负不同的责任使命。青年人要始终将党的初心与使命铭记于心，将人民放在心中最崇高的位置，始终将为人民谋幸福作为长期的责任，并勇于承担这份责任。在工作中，做到面对面、心贴心，实打实做好群众工作，将人民群众的安危始终放在心上，为人民群众解决现实生活中的利益问题。牢记初心使命意味着青年人要勇于承担责任，内心深处根植强烈的使命感与责任感，树立成事必在担当的责任意识，勇于担负起责任、使命，不惧压力，敢于斗争。

3）扛起担当重任，磨炼担当本领

对于青年来说，不管是干事业，还是攻坚克难，都需要有一身扎实过硬的本领。以掌握全面系统的马克思主义理论为基础，重点学习习近平新时代中国特色社会主义思想，用以武装头脑，指导和推进实践工作，突出专业知识和能力，培养青年“干一行爱一行、专一行精一行、管一行像一行”的专注专业品质。在不断学习中增强自我才干，提高自身本领，肩负起使命和责任，积极主动地将这份担当落实到实践之中，做好带头榜样，并促进产生真正的实际效用，最终实现自身的个人价值。

4）注重以问题为导向、效果为导向，拒绝任何形式主义

青年要杜绝个人情绪影响工作、个人利益大于单位利益的行为，要坚持原则，按照规章制度办事，敢于担当，遇到问题时要直面、分析和解决问题，做到求真务实，拒绝假姿势、假动作，将每一件事，每一个工作都落到实处，确保取得实实在在的效果。

5）强化党章意识，坚定信仰，勇于担当

青年要深入学习党章，强化党章意识，坚定理想信念，领会党章精神要义，牢记初心，学习和贯彻习近平总书记重要讲话精神，巩固和发展爱国统一战线，做到知行合一，以理论指导实践，并积极探索创新工作方法，提高工作质量和工作效率。

将想干事、干成事的信念感根植于心，学习先辈矢志不渝的决心与信心，真正做到担当责任和使命，坚定斗争意志和信念，不断增强斗争本领，继往开来不辱使命。

6)加强思想教育,增强青年的政治思想素质

加强青年的政治思想教育是提高期开展思政工作的前提和基础,因而应将提高青年的政治思想素养作为日常重点工作。一方面,加强政治思想理论教育,结合党的方针政策提高青年的思想政治修养,提高他们认识、分析和解决问题的综合能力,与市场经济观念相结合不断创新政治改革观念;另一方面,培养和增强青年的奉献精神和创业精神,培养青年的责任意识,让他们以坚强的意志力迎接挑战,为社会主义经济建设做出贡献。

此外,青年也应当顺应时代发展,做到与时俱进,积极创新和调整工作方法,为自己的工作赋予新的目标。

7)对青年加强业务培训,提高青年队伍的业务素质。

要将青年业务能力培训与提高纳入日常工作,为青年创造优越的学习条件,在实践应用中设置"一岗双责"的工作机制,促使思想工作与业务工作相协调,不仅要用马列主义、毛泽东思想去武装青年的政治头脑,还要有良好的技能素养和技术水平培养。青年要善于与群众沟通,与领导交流,通过积极协调组织顺利开展工作。在培养青年的政治思想觉悟的同时还要加强科学文化知识、管理知识、岗位业务技能培训,发挥青年在社会经济建设和管理中的先锋模范作用。

此外,拓宽政工干部的选拔机制和渠道,积极引进高素养、高学历、高政治觉悟的青年,认真观察那些综合能力强的青年,并为他们的个人发展提供岗位空间,作为后备力量进行培养。将不同岗位上的优秀人才吸引到政工队伍建设中,建立公平、合理的竞争机制,做到任人唯贤,根据青年人才的特点用人,真正做到将那些政治可靠、素质良好和具有真才实学的青年引入并充实党员队伍。

中国梦是每一个中国人的梦想,青年人作为中国特色社会主义建设的重要力量,作为新时代的奋进者,担负着民族走向复兴的重要的使命责任,青年的理想与国家前途命运紧密相连,与民族兴衰息息相关。

6.3.4 创新发展,和谐发展

"创新是一个民族进步的灵魂,是一个国家兴旺发达的不竭源泉,也是中华民族最鲜明的民族禀赋。"习近平总书记强调,当今世界,谁牵住了科技创新这个"牛鼻子",谁走好了科技创新这步先手棋,谁就能占领先机、赢得优势。"十三五"期间,从探月、"北斗"再上层楼,到高铁、5G日新月异,从量子、干细胞研究深入"无人区",到疫情防控得到有力支撑,创新的脉动,随处可以感知。

1. 推进观念创新,勇于开拓进取

思想和观念是行动的先导,观念创新则是工作创新的前提。推进思想观念的创新,就是要坚持解放思想、实事求是、与时俱进,努力克服因循守旧、墨守成规的观念,从不合时宜的旧思想、旧传统中解脱出来,跟上新时代经济社会发展的步伐,站在新的高度,从新的角度看待中国共产党领导经济社会发展工作的重要性。要把我们肩负的责任和使命放在重要位置,通过认真研读《中共中央关于制定国民经济和社会发展第十四个五年规划和二〇三五年远景目标的

建议》等相关文件，对照2035年基本实现社会主义现代化远景目标进行深入思考，做到刻苦学、深入学、用心学，着力在领会精神实质上下功夫，不断打牢创新的思想基础，提高创新的自觉性和主动性。面对新时代经济社会发展的新趋势、新机遇、新矛盾和新挑战，必须用新的发展理念引领发展行动。要善于将党的方针政策同本地区、本部门实际结合起来，抓住新机遇，解决新问题，创造新方法，开拓新思路，开创新业绩。

2. 尊重客观规律，把握发展大势

认识客观规律、按规律办事，是中国共产党治国理政的基本理念。“十四五”时期，国际体系和国际秩序深度调整，不稳定不确定因素明显增多，挑战与机遇并存，困难与希望同在。党员干部应该勇立变局潮头，站位关键节点，化危为机。“十四五”规划各项内容是符合我国基本国情和发展特征的，虽然受新冠肺炎疫情影响，各类经济主体明显感受到了“寒意”，但并不能改变我国经济持续向好的发展势头。要掌握并尊重经济社会发展客观规律，尊重自然规律，尊重社会规律，尊重思维规律。工作中要学会在分析诸多不确定因素的基础上，明确所要坚持的内容，保持战略定力；绝不能随波逐流，失去判断。要努力认清历史方位，把握发展大势，发扬斗争精神，运用战略思维、历史思维、辩证思维、创新思维、法治思维、底线思维，以变应变、以变制变，在把握大局大势中谋新篇开新局。

3. 追寻绿色之路，促高质量发展

党的十八大以来，我们高度重视生态文明建设，不以牺牲环境为代价求得一时的经济发展，满足人民群众日益增长的对优质生态环境的需求，坚持“绿水青山”就是“金山银山”的发展理论，为了“绿水青山”可以不要“金山银山”，深入推进经济高质量发展，力促经济结构转型升级，建设美丽中国。党的十八大以来，我国“生态环境治理明显加强，环境状况得到改善。引导应对气候变化国际合作，成为全球生态文明建设的重要参与者、贡献者、引领者”。中国在汲取自身发展经验和教训的同时，努力将中国发展的成功经验带入世界发展事业之中。

4.“一带一路”建设的内涵及重大意义

2013年，习近平总书记提出了共建丝绸之路经济带和21世纪海上丝绸之路的倡议，引起了国际社会的广泛热议和沿线国家的普遍支持。随后，习近平总书记从理念到规划、从原则到方案、从历史到未来等方面对“一带一路”倡议做了全面深刻论述，初步形成了共建“一带一路”的基本框架。作为习近平新时代中国特色社会主义思想的重要组成部分，“一带一路”倡议具有重大理论与实践价值，不仅描绘了新时代中国改革开放再出发的壮丽前景，也对当今经济全球化和世界发展具有重要意义。

1)“一带一路”建设的内涵

“一带一路”是“和平之路、繁荣之路、开放之路、创新之路、文明之路”。习近平总书记对共建“一带一路”倡议的深刻阐述，向世界特别是广大发展中国家贡献了中国智慧和中国方案。“一带一路”倡议是中国提供给世界的国际公共产品，是处于不确定中的世界的一条各国携手发展的通路，从“大写意”的摸索发展，到“工笔画”的高质量发展，“一带一路”倡议实现了中国发展与世界发展的对接，更实现了世界各国各自发展与世界发展大趋势的对接。

共同发展是方向。发展是基础，发展是解决一切问题的总钥匙。习近平总书记说：“推进

‘一带一路’建设,要聚焦发展这个根本性问题,释放各国发展潜力,实现经济大融合、发展大联动、成果大共享。

和平发展是底色。实现发展离不开和平安全环境,只有和平安宁才能繁荣发展。“偏见和歧视、仇恨和战争,只会带来灾难和痛苦。相互尊重、平等相处、和平发展、共同繁荣,才是人间正道”。

合作共赢是基础。“一带一路”是中国与世界的互利共赢之路。习近平总书记对“合作共赢”理念作了精辟论述,指出“在国际合作框架内,各方秉持共商、共建、共享原则,携手应对世界经济面临的挑战,开创发展新机遇,谋求发展新动力,拓展发展新空间,实现优势互补、互利共赢”。共建“一带一路”倡议一经面世,就受到沿线国家甚至太平洋彼岸他国的广泛响应,不仅发展中国家争先恐后抢抓“一带一路”机遇,发达国家也不甘落后争抢这一商机。

共商共建共享是原则。所谓“共商”,就是沿线各国无论大小、强弱、贫富,都是“一带一路”的平等参与者,在不干涉他国内政的前提下,都可以积极建言献策,集思广益,兼顾各方利益和关切。所谓“共建”,就是“一带一路”要体现沿线国家共同参与。各国地方政府、金融机构、跨国公司、国际组织、非政府组织都可以参与其中,各方优势和潜能能得到充分发挥,从而形成新的合作优势,产生“一加一大于二”的整合效应。所谓“共享”,就是中国和所有沿线国家都是“一带一路”的利益攸关方,在寻求各方利益契合点和合作最大公约数的基础上,求大同,存小异,努力让合作成果惠及沿线各国,惠及广大民众。

民心相通是人文基础。“民心相通是‘一带一路’建设的重要内容,也是‘一带一路’建设的人文基础。要坚持经济合作和人文交流共同推进,注重在人文领域精耕细作,尊重各国人民文化历史、风俗习惯,加强同沿线国家人民的友好往来,为‘一带一路’建设打下广泛社会基础。”

构建人类命运共同体是目标。习近平总书记指出:在“一带一路”国际合作框架内,各方秉持共商、共建、共享原则,携手应对世界经济面临的挑战,开创发展新机遇,谋求发展新动力,拓展发展新空间,实现优势互补、互利共赢,不断朝着人类命运共同体方向迈进。世界上越来越多的人相信,通过以共建“一带一路”为平台推动构建人类命运共同体,将会让人类生活更加幸福美好。

2)“一带一路”倡议的重大意义

“一带一路”倡议是我国在新的历史条件下实行全方位对外开放的重大举措,是推行互利共赢的重要平台。过去40年,中国经济发展是在开放条件下取得的,未来中国经济实现高质量发展也必须在更加开放的条件下进行。今日中国之开放,不只是自我发展,更是回击逆流、引领潮流的主动担当。

“一带一路”国际合作是中国倡导的方案,也是全球公共产品,功在当代、利在千秋。时代是出卷人,我们是答卷人。习近平总书记关于共建“一带一路”的重要论述,顺应大势,着眼全局,契合了世界各国和平发展的共同愿望和当今世界发展的总体趋势,提出了解决当今世界难题的中国方案,充分彰显了关注人类前途命运的天下情怀,充分体现了为人类做出新的更大贡献的历史担当。

"一带一路"倡议是发展的倡议,更是促进人类社会共同发展的机遇。绿色发展之路会将我们的共同家园保护好,更为"一带一路"沿线国家的协作发展、合作开发涂上了一层绿色的生态文明保护色。"工笔画"时代的"一带一路"建设,绿色是最好的颜料,更是杜绝古丝路古城楼兰因生态而衰的历史悲剧的最好保障。"生态兴则文明兴,生态衰则文明衰。生态环境是人类生存和发展的根基,生态环境变化直接影响文明兴衰演替。

共建"一带一路"为完善全球治理体系变革做出了新贡献,对推动构建人类命运共同体意义深远。国际社会越来越多的人真切感受到,唯有追求互利共赢的合作,才能汇聚共同发展的力量,共建"一带一路",为完善全球治理体系变革做出重要贡献,将有力推动构建人类命运共同体事业不断向前发展。"一带一路"倡议是新时代中国特色社会主义绽放的和平、发展、合作、共赢之花,必将为促进世界经济发展和构建人类命运共同体做出新的更大贡献。

人类只有一个地球,在气候变化深刻影响人类生存与发展的时刻,只有从全球利益出发,树立可持续的发展理念,才能将全球共同的发展价值搭建起来。习近平总书记深刻指出:"宇宙只有一个地球,人类共有一个家园。霍金先生提出关于'平行宇宙'的猜想,希望在地球之外找到第二个人类得以安身立命的星球。这个愿望什么时候才能实现还是个未知数。到目前为止,地球是人类唯一赖以生存的家园,珍爱和呵护地球是人类的唯一选择。"

总之,新时代要有新气象、新作为、新担当。以开拓进取的精神和求真务实的作风,勇于探索和实践,在继承中创新,在创新中发展,就会不断开创我国经济社会发展新局面,为全面建设社会主义现代化国家开好局、起好步,以崭新的面貌和成就做好"两个一百年"奋斗目标的有机衔接。

5."鲁班工坊"的内涵及服务"一带一路"建设重大意义

1)"鲁班工坊"的内涵

A. 发展定位

鲁班是中国 2 500 年前的工匠、发明家,已成为古代劳动人民勤劳、智慧的象征,是中国古代技能大师的代表。

鲁班工坊将天津作为现代职教示范区的优秀职业技术和教学成果,采取学历教育与职业培训的方式输出国门与世界分享,搭建起中国职业教育与世界合作交流的实体桥梁。

鲁班工坊紧紧围绕所在国家的产业和我国"一带一路"建设对接需求,以天津"国家现代职业教育改革创新示范区"优质资源为支撑,以建立院校合作基础上的技术技能人才培养项目机构为载体,以天津研发的国际化专业教学标准为依据,以工程实践创新项目为教学模式,将中国优质职业教育和中国优质产品技术向合作国输出,培养当地熟悉中国技术、产品、标准的技术技能人才。

B. 建设原则

鲁班工坊建设秉持平等合作、开放包容、互学互鉴、互利共赢的精神,坚持共研、共建、共享、共用、共赢的"五共"机制,其建设原则如下。

(1)平等合作原则。基于合作方对于中国职业教育和技术装备、专业标准认同,双方平等合作,共同商讨合作方式、项目实施与专业建设。

（2）因地制宜原则。根据不同国家的政治、经济、社会环境以及技术技能水平，在统一标准框架下，充分考虑合作方的诉求，建设国别特点鲜明的“鲁班工坊”。

（3）优质优先原则。优先选择国际化水平较高的优质专业、优质课程、优质教师、优质资源和通用性技术技能率先输出，保障“鲁班工坊”的教育质量和品牌。

（4）强能重技原则。在遴选优质技术装备基础上，强化国赛“装备”输出，强化中国职业院校技能大赛与当地院校合作，强化中国职业教育理念模式认同基础上的相互借鉴，为所在国家培养急需的技术技能人才。

（5）产教融合原则。发挥天津职业教育行业办学优势，实施产业、行业、企业、职业、专业的“五业联动”，发挥政、行、企、校、研的“五方携手”，凝聚合力，高标准、品牌化实施项目。

C. 教育模式

依托天津职业院校国际化专业教学标准和国家级教学成果奖成果经验（工程实践创新项目教学模式）进行设计，天津职业院校对外方教师进行团队化项目集训，境外鲁班工坊主体由合作国家院校按照中国标准和要求组织实施，采用中国现代职教理念，突出天津职教校企合作、国际合作内涵性成果运用，呈现“互联网+”职业教育的远程教学实践，致力于培养当地学生的专业职业能力、综合实践能力和创意创新能力。

2）“鲁班工坊”服务“一带一路”建设重大意义

教育对外开放是我国改革开放事业的重要组成部分。伴随着“一带一路”建设的推进，一批重大工程和国际产业合作项目相继在沿线国家落地，迫切需要中国教育走出去，支撑和服务“一带一路”建设对本土化技术技能人才的需求。天津市职业教育经过国家职业教育改革创新试验区、示范区连续10年建设，尤其是2015年成为全国首个“国家现代职业教育改革创新示范区”以来，将提高职业教育国际化水平作为示范区建设的重要任务。落实教育部《推进共建“一带一路”教育行动》，在天津市教委的大力支持下，2016年3月8日，由天津渤海职业技术学院创建的中国首个境外“鲁班工坊”在泰国大城技术学院正式落成启用。2017年5月18日，天津市第二商业学校与英国奇切斯特学院集团合作建立英国“鲁班工坊”项目正式启动，这是在欧洲建立的首个“鲁班工坊”，开展“中餐烹饪艺术”专业教学；12月8日，天津轻工职业技术学院和天津机电职业技术学院，联合天津所在地中国500强机械制造企业，在印度金奈理工学院建立印度“鲁班工坊”；12月12日，天津市东丽区职业教育中心学校在印尼东爪哇省波诺罗戈市第二职业技术学校建立印尼“鲁班工坊”。2018年7月18日，天津现代职业技术学院在巴基斯坦旁遮普省技术教育与职业培训局设立巴基斯坦“鲁班工坊”；10月28日，天津中德应用技术大学在柬埔寨国立理工学院设立澜湄职业教育培训中心与柬埔寨“鲁班工坊”揭牌；12月5日，天津机电职业技术学院与葡萄牙塞图巴尔理工学院合作建立葡萄牙“鲁班工坊”正式揭牌。截至目前，按照“一国一坊”的原则，天津市职业院校为“一带一路”沿线国家已建成7个“鲁班工坊”，到2020年天津市还将在吉布提、埃及、埃塞俄比亚、尼日利亚、南非等国设立“鲁班工坊”。

“鲁班工坊”作为中国职业教育国际化的新模式，服务国家“一带一路”倡议，配合中国企业、中国装备“走出去”，促进“一带一路”沿线国家对中国技术技能、企业标准的认知、理解与接纳，培养当地熟悉中国技术、产品、工艺的技术技能人才，提升中国企业国际竞争力。海外“鲁班工坊”建设得到了党和国家领导人高度重视。2018 年，中非合作论坛北京峰会开幕，习近平总书记出席开幕式并发表主旨讲话，在“实施能力建设行动”中指出“在非洲设立 10 个鲁班工坊，向非洲青年提供职业技能培训”。2018 年 5 月，孙春兰副总理在参观“鲁班工坊”体验馆时指出，借助“鲁班工坊”这一载体将中国的职业技术传播到国外，服务国家“一带一路”倡议，值得充分肯定。教育部和天津市委市政府给予了大力支持。2018 年 3 月，在 2018 年度职业教育与继续教育工作视频会议上，教育部副部长孙尧指出“要继续推进并建设好鲁班工坊项目，争取新的突破”。《教育部 2018 年工作要点》中也明确提出继续实施“鲁班工坊”“中非 20+20”“丝路 1+1”“友好使者”等特色项目。

“鲁班工坊”以我国古代杰出的工匠和发明家鲁班命名，不仅传承了中国优秀班墨传统文化，也体现了当今中国培育大国工匠，弘扬工匠精神，大众创业、万众创新的时代价值。鲁班工坊的建立标志着中国职业教育昂首进入国际市场，搭建了中国职业教育与世界交流互鉴的实体机构；服务于“一带一路”沿线国家的社会经济发展，促进就业，增进福祉；服务于国际产能合作，助力中国企业走出去；服务于中国职业教育国际化发展，进一步提高国际影响力；彰显中国改革开放教育领域取得的成就，增进世界之人力资本，为携手构建人类命运共同体打造教育领域的样板。

6.3.5 适度多元，创新应变

在 2018 年 9 月举办的中非合作论坛北京峰会上，习近平主席指出：“中国愿同国际合作伙伴共建‘一带一路’。我们要通过这个国际合作新平台，增添共同发展新动力，把‘一带一路’建设成为和平之路、繁荣之路、开放之路、绿色之路、创新之路、文明之路。”习近平主席在主旨讲话中指出，要将“一带一路”建成绿色之路。绿色发展是中国重要的发展理念之一，在发展中努力践行“绿水青山”就是“金山银山”的发展理论，将中国生态文明建设的重要理念和实践成果，融入“一带一路”建设之中，不但丰富了“一带一路”建设的内涵，而且必将助推“一带一路”建设高质量发展。“一带一路”倡议走过了 6 周年，6 年的时间各国携手合作，聚焦发展问题，将“一带一路”建设成各国谋合作、谋发展、谋共赢的明星工程，也实现了从“五通”到“六路”的转变，内涵更加丰富、发展对接更加翔实、合作规划更加细腻、文明交流互鉴更加频繁。绿色之路是“一带一路”倡议走向高质量发展阶段的必然选择，这不但是发展之需，也是各国合作之需，更是中国自身发展理念成功实践，奉献给世界的中国方案。

1. 分类建设国际合作机制

“一带一路”各参与国经济社会发展水平不均衡，其生态环境保护理念也存在差异。但也要看到，“一带一路”各参与国在生态环境保护制度、技术和相关产业等方面各有所长。这就需要对不同区域、不同发展水平、不同合作需求和不同合作基础的国家制定各具特色的、有针对性的双边、三方或多边合作机制，共同塑造更加平衡和更加优化的合作发展格局，逐步形成生态环境问题共商、生态技术服务共享的多赢局面，推动生态安全保障体系不断完善。

2. 引进基础设施建设的环保标准

基础设施是制约发展中国家经济发展的瓶颈，加快基础设施互联互通，是共建“一带一路”的关键领域和核心内容。应将构建全方位、复合型的基础设施互联互通，作为共建“一带一路”的优先方向，努力推动高质量、可靠、抗风险、可持续的基础设施建设。在加强基础设施建设的同时，要继续充分考虑环境因素，不断引入绿色交通、绿色建筑、绿色能源等行业的国际环保标准，提升低碳化水平，既保证经济效益，也把对环境、社会可能造成的直接风险、间接风险降到最低，有助于各参与国的可持续发展。特别是在关键道路、口岸基础设施、航空基础设施、管道网线等重点工程的建设中，应着力规避风险、降低风险，把握好经济增长、社会进步和环境保护之间的平衡。

3. 推动建立绿色供应链管理体系

“一带一路”参与国生态环境要素差异较大，不少国家在生态环境保护方面的基础比较薄弱。因此，我国在推进绿色供应链管理体系的过程中，可以优先考虑在减排潜力大的地区和领域开展合作，从采购、生产、包装、流通、消费和循环利用等各个环节加强绿色供应链国际合作，有重点、有步骤地推进绿色供应链管理体系建立，以点带面、逐步推广；将绿色产品、绿色工厂、绿色工业园区和绿色企业的发展有机结合，发挥核心企业的龙头作用，放大生态环境保护的示范效果，促进供应链体系企业之间的合作，提高全链条上每个企业的环保意识，推动生态文明建设向广度、深度发展。

4. 积极发展绿色金融

加大对生态环保企业的资金支持，减轻生态环保企业的经济负担，为相关企业提供多元化和可持续的投融资支持，是加强生态文明建设、开展绿色金融服务的重要措施。需开展对“一带一路”参与国绿色环保项目的投融资需求研究，制定相应的绿色投融资指南，探索绿色投融资的管理标准、认定程序和方法。对于加大环保生产技术投入、积极转变粗放生产方式的企业，可考虑放宽金融信贷条件，在融资额度和贷款利率等方面给予优惠，保障绿色投融资精准对接，促进资金投入向生态文明建设方面聚焦。

5. 充分发挥民间力量的作用

在生态环境保护合作中，以民营企业、民间机构、民间组织为主体的民间力量不可或缺。加强各国民间力量之间的多领域沟通交流，充分发挥民间力量的桥梁纽带作用，对推动绿色发展具有重要的战略意义。目前，我国已与“一带一路”参与国中的很多国家，共同开展了诸如公益慈善活动、论坛、展会等多种形式的民间交往，促进了沿线国家人民对生态文明建设的关注，推动形成绿色发展共识。今后，应进一步扩大各国民间力量在“一带一路”生态文明建设中的参与度，形成各界力量携手推动生态文明建设的良好局面。

大道之行，天下为公。世界的发展谁也离不开谁，全球生态文明建设的责任谁也无法逃避。各国在追求发展的进程中，排他性的倡议不会赢得人心，更不会获得多边支持。建设美丽中国是中国对中国人民的责任，更是对中华民族繁衍的责任，建设清洁美丽的世界是美丽中国的延续，更是中华民族对人类文明发展的责任与贡献。绿色的“一带一路”体现的是发展价值的转变，更彰显中国全球生态文明建设的重要参与者、贡献者、引领者的担当，精雕细琢

"工笔画"下的"一带一路"永远不会缺少绿色这一抹亮丽之色、发展之色。

【本章小结】

劳动者素质对一个国家、一个民族的发展至关重要。技术工人队伍是支撑中国制造、中国创造的重要基础,对推动经济高质量发展具有重要作用。

工匠精神就是一种严谨认真、精益求精、追求完美、勇于创新的精神。党的十八大以来,习近平总书记多次强调要弘扬工匠精神。党的十九大报告提出"弘扬劳模精神和工匠精神"。党的十九届四中全会《决定》提出"弘扬科学精神和工匠精神"。在新时代大力弘扬工匠精神,对于推动经济高质量发展、实现"两个一百年"奋斗目标具有重要意义。

青年学子们要不断追求卓越、勇攀高峰,在学习和生活中,树立强国理想,坚定复兴信念,在坚守中追求突破、实现创新,把工匠精神融入学习、生活、就业的每一个环节,精雕细琢、追求完美、匠心筑梦,在新时代书写出更多更精彩更动人的"工匠故事"。

【参考文献】

[1] 李英. 工程实践创新项目(EPIP)教学模式的探索与研究 [J]. 专业教学, 2019(22): 48-49.

[2] 刘明明. 现代学徒制人才培养模式下"工匠精神"培育研究 [J]. 高等教育在线, 2017(2):195-196.

[3] 左晓静. 职业院校如何依托现代学徒制培养学生的"工匠精神"[J]. 漯河职业技术学院学报,2018(3):1-3.

[4] 左常江. 现代学徒制视域下化工技术类专业工匠精神培育的研究与实践 [J]. 山东化工,2020(7):233-236.

[5] 赵崴."互联网时代"下如何塑造学生的"工匠精神"[J]. 祖国,2019(6):200-201.

[6] 吕景泉. 服务"一带一路",职业教育的新作为:"鲁班工坊"[J]. 天津职业教育联合学报,2018(1):3-8.

[7] 曹晔. 天津海外"鲁班工坊"建设调研报告 [J]. 职教论坛,2019(6):147-152.

[8] 陈源波. 基于现代学徒制的高职学生工匠精神培育 [J]. 教育与职业,2019(5):49-54.

[9] 杨红荃. 基于现代学徒制的当代"工匠精神"培育研究 [J]. 职教论坛,2016(16):27-32.

[10] 张莉."现代学徒制"人才培养模式与"工匠精神"培育的耦合性研究 [J]. 江苏高校, 2019(2):102-105.

[11] 王佑镁. 成为自造者:众创时代的创客素养及其发展 [J]. 中国电化教育, 2017(4): 10-16.

[12] 蔡双娇. 培育工匠精神,助力新建本科院校"双创"教育 [J]. 吉林工程技术师范学院学报,2018(1):13-15.